1,000,000 Books

are available to read at

---◆---

www.ForgottenBooks.com

---◆---

Read online
Download PDF
Purchase in print

ISBN 978-0-265-68995-0
PIBN 10382197

1 MONTH OF
FREE
READING

at
www.ForgottenBooks.com

By purchasing this book you are eligible for one month membership to ForgottenBooks.com, giving you unlimited access to our entire collection of over 1,000,000 titles via our web site and mobile apps.

To claim your free month visit: www.forgottenbooks.com/free382197

English
Français
Deutsche
Italiano
Español
Português

www.forgottenbooks.com

Mythology Photography **Fiction**
Fishing Christianity **Art** Cooking
Essays Buddhism Freemasonry
Medicine **Biology** Music **Ancient**
Egypt Evolution Carpentry Physics
Dance Geology **Mathematics** Fitness
Shakespeare **Folklore** Yoga Marketing
Confidence Immortality Biographies
Poetry **Psychology** Witchcraft
Electronics Chemistry History **Law**
Accounting **Philosophy** Anthropology
Alchemy Drama Quantum Mechanics
Atheism Sexual Health **Ancient History**
Entrepreneurship Languages Sport
Paleontology Needlework Islam
Metaphysics Investment Archaeology
Parenting Statistics Criminology
Motivational

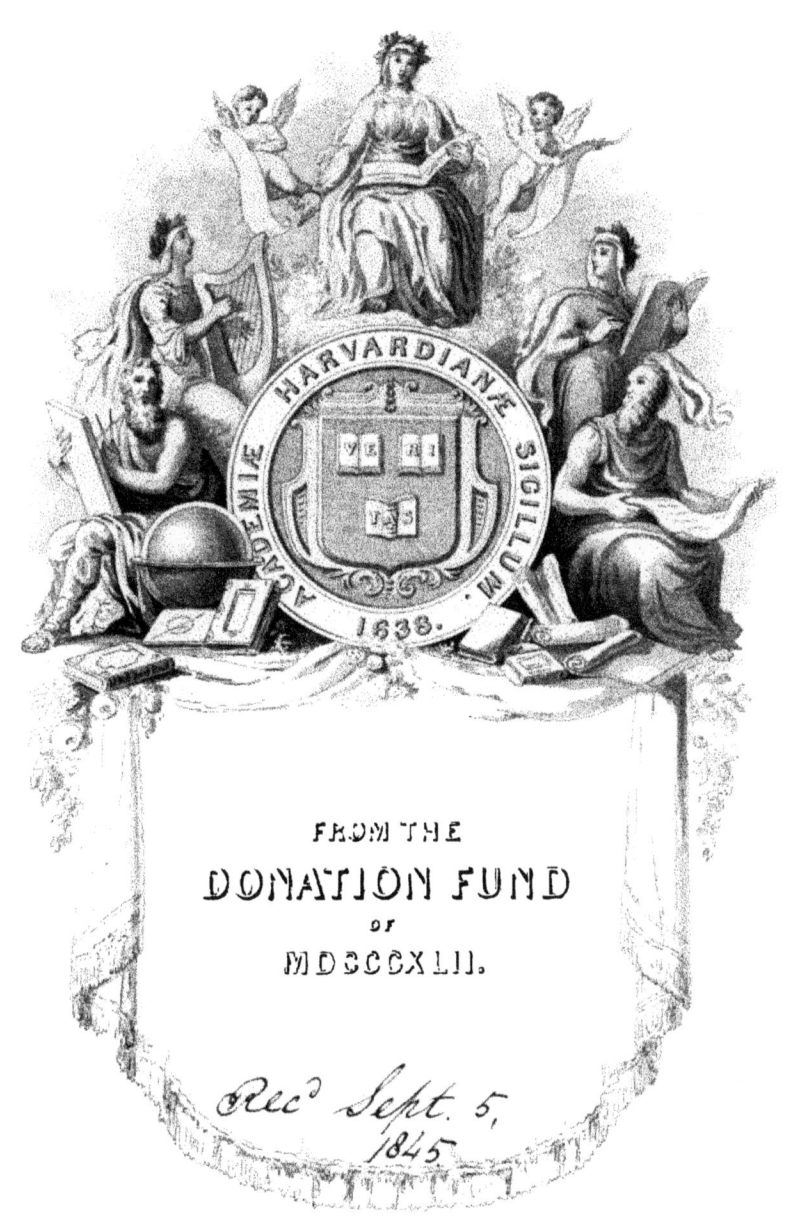

BULLETIN
DES SCIENCES TECHNOLOGIQUES.

TOME X.

LISTE

DE MM. LES COLLABORATEURS

DE LA V⁰ SECTION

DU BULLETIN UNIVERSEL DES SCIENCES

ET DE L'INDUSTRIE (1).

Rédacteur principal : M. DUBRUNFAUT.

ARTS CHIMIQUES. — *Collaborateurs :* MM. d'Arcet, Berthier, de Bonnard, Bussy, Boquillon, Chevallier, Chevillot, Dunglas, Dussard, Gaultier de Glaubry, Julia Fontenelle, Payen, Perdonnet, Péclet, Puymaurin fils, Robinet, Baron Thénard.

ARTS ÉCONOMIQUES. — *Collab. :* MM. d'Arcet, Billy, Chevallier, Chevillot, Dunglas, Gaultier de Claubry, Payen, Péelet, Le Normand, Molard.

ARTS MÉCANIQUES. — *Collab. :* MM. Armonville, Augoyat, Benoît, Billy, Desormeaux, Duleau, Baron Charles Dupin, Ferry fils, Francœur, Girard, Hachette, Leblanc, Le Normand, Molard, Navier, Baron de Prony, Théodor Olivier.

CONSTRUCTIONS. — *Collab. :* MM. Augoyat, Baude, Benoît, Duleau, Baron Charles Dupin, Ferry fils, Girard, Grangers, Mallet, Navier, Baron de Prony.

(1) Ce Recueil, composé de huit sections, auxquelles on peut s'abonner séparément, fait suite au *Bulletin général et universel des annonces et des nouvelles scientifiques*, qui forme la première année de ce journal. Le prix de cette première année (1823) est de 40 fr. pour 12 numéros, composés de 10 feuilles d'impression chacun.

PARIS. — IMPRIMERIE DE A. FIRMIN DIDOT,
RUE JACOB, N° 24.

BULLETIN

DES SCIENCES TECHNOLOGIQUES,

RÉDIGÉ PAR M. DUBRUNFAUT.

⸻ ◆ ⸻

5ᵉ SECTION DU BULLETIN UNIVERSEL,

PUBLIÉ

SOUS LES AUSPICES

De Monseigneur le Dauphin,

PAR LA SOCIÉTÉ

POUR LA

PROPAGATION DES CONNAISSANCES

SCIENTIFIQUES ET INDUSTRIELLES,

ET SOUS LA DIRECTION

DE M. LE BARON DE FÉRUSSAC.

⸻

TOME DIXIÈME.

⸻ ◆◆◆ ⸻

A PARIS,

Au Bureau central du Bulletin, rue de l'Abbaye, n° 3,
Et chez M. Carillan-Goeury, quai des Augustins, n° 41.
Paris, Strasbourg et Londres, Chez MM. Treuttel et Wurtz.
1828.

BULLETIN
DES SCIENCES TECHNOLOGIQUES.

~~~~~~

ARTS CHIMIQUES.

1. OUTREMER ARTIFICIEL; par M. GMELIN, prof. à Tübingen. (*Hesperus*; mars 1828, n° 76, p. 301.)

On prend de la silice et de l'alumine hydratées, obtenues par les moyens ordinaires et bien lavées à l'eau bouillante : on détermine par la dessication le poids réel d'oxide qu'elles contiennent. La silice employée par l'auteur en renfermait 56 parties sur 100, et l'alumine seulement 3, 24. Alors on fait dissoudre, dans une solution chaude et aqueuse de soude caustique, autant de silice hydratée qu'il peut s'en dissoudre, et on évalue la quantité dissoute. Sur 72 parties de silice supposée anhydre on ajoute 70 parties d'alumine supposée au même état. On fait évaporer le tout en remuant toujours, jusqu'à ce qu'on obtienne une poudre humide.

D'autre part on met dans un creuset de terre exactement fermé par son couvercle un mélange de deux parties de soufre et d'une partie de carbonate de soude bien sec et privé de son eau de cristallisation : on chauffe graduellement jusqu'à ce que la masse soit en fusion tranquille; alors on projette par petites portions le mélange d'alumine, de silice et de soude au milieu du sulfure de soude en fusion. Quand le creuset est resté pendant une heure exposé à une chaleur modérée, on le retire du feu, on le laisse refroidir. Il contient l'outremer avec un excès de sulfure, qu'on enlève par le lavage à l'eau : quant au soufre non combiné, qui pourrait rester dans la masse, on le dissipe par une douce chaleur. Ensuite, si toutes les parties ne sont pas uniformément colorées, on porphyrise avec de l'eau (1).

(1) Dans la séance de l'Acad. roy. des sciences du 31 juin, M. Gay-Lussac a présenté un échantillon de l'outremer artificiel de M. Guimet, supérieur, selon lui, aux plus beaux échantillons mis jusqu'à présent dans le commerce, et ne coûtant que 25 fr. l'once. M. Gay-Lussac a fait mention de la recette publiée par M. Gmelin dans l'*Hesperus*. «M. Guimet qui tient la sienne secrète, a-t-il dit, doute qu'on puisse, par le procédé de M. Gmelin, obtenir l'outremer au prix auquel lui-même il le livre au commerce.» (*Le Globe*, 9 juill. 1828.)

Arts chimiques.

2. SUR LA PRODUCTION DE LE COCHENILLE.

(*Extrait d'une lettre de Gibraltar*, du 10 avril, d'un voyageur anglais à un de ses amis du midi de la France.) J'ai reconnu à Cadix l'exactitude de ce qu'on m'avait dit relativement à la culture du *nopal* et aux insectes produisant la *cochenille*, que la Société économique de Cadix a importés du Mexique, et élève dans son jardin d'*acclimatation* des plantes d'Amérique avec le plus grand succès.

Les Français s'en étaient procuré pendant leur séjour dans cette ville; on dit qu'un apothicaire les a acclimatés dans l'île de Corse; mais cette extraction fut faite avec la mesquinerie ordinaire aux agens de votre nation. Vous connaissez le prodigieux succès de notre transplantation dans l'île de Malte; ses pauvres mais industrieux habitans doivent bénir le nom des Anglais qui ont porté cette richesse dans leur pays. C'est à notre consul à Cadix qu'elle est due; son Exc. le gouverneur-général de Malte a fait de cette culture l'objet de sa sollicitude et de ses soins particuliers; on a distribué gratuitement aux insulaires des arbustes et des insectes.

C'est avec peine que je vous annonce que nous serons devancés pour son importation dans l'Inde, parce que mes lettres de Malte n'ont pas été communiquées à la Société de Londres, qui n'aurait pas manqué d'appeler l'attention de notre Compagnie royale des Indes sur un objet aussi important.

Le roi des Pays-Bas, ayant eu connaissance de l'acclimatation en Andalousie du *nopal* et des insectes produisant la cochenille, conçut de suite l'idée de s'en procurer pour l'île de Java dont le climat est très-propre à cette culture. Beaucoup et de grandes difficultés étaient à surmonter pour l'exécution de ce projet. 1° La jalousie très-soupçonneuse des Espagnols; 2° la Société patriotique de Cadix avait fait prononcer par le roi Ferdinand la défense d'extraction, pour l'étranger, des nopals et des insectes, sous des peines sévères; 3° il fallait pouvoir obtenir des arbustes et des insectes en assez grande quantité pour obvier aux nombreuses chances de leur mortalité pendant une traversée aussi longue et tant d'autres inconvéniens; 4° se procurer un sujet qui eût la connaissance de leur culture. — Le roi des Pays-Bas envoya et a tenu, pendant près de 2 ans, à Cadix, un de ses sujets, fort intelligent, qui s'est introduit et initié peu à peu dans le jardin de la Société de Cadix. Il a su remplir la commission de son souverain, pour laquelle, dit-on, le monarque avait lui-même rédigé des instructions.

A Cadix, on ne s'est pas méfié des démarches compassées du voyageur batave, aussi flegmatique dans son extérieur national qu'activement adroit dans l'exécution de sa commission. Avec le temps, il a si bien fait qu'il a réussi, dit-on, à avoir pour son souverain mille nopals environ, jeunes et vigoureux, une quantité considérable d'insectes, et de plus il a su, au moyen de grands avantages, déterminer le jardinier principal du jardin d'acclimatation à se mettre, pour 6 ans, au service du roi de Hollande, pour aller à Batavia. On prétend qu'on lui a assuré 8 à 10,000 piastres fortes pour ce voyage; il ne gagnait, au service de la Société, que 3 schelings par jour, payés à la façon espagnole.

Lorsque le roi des Pays-Bas a été assuré de l'exécution de son projet, il a fait expédier de Flessingue une corvette de guerre de sa marine. Ce bâtiment (*la Lys*) arriva à Cadix au commencement de mars; je l'ai vu sur la rade : c'est une assez jolie corvette. Par le mérite personnel de son capitaine, il m'a paru qu'il y a eu dans son choix par le roi autant d'intelligence que dans celui de l'agent explorateur de la commission.

Pendant la nuit toute la pacotille et le jardinier furent portés à bord. La corvette prit la mer le jour suivant, et vogua avec sa précieuse cargaison vers Batavia. — Ce n'est qu'après son départ que l'on a eu connaissance à Cadix des faits dont j'ai su les détails par l'un des membres de la Société patriotique. Nourri et élevé dans les préjugés nationaux pour les systèmes exclusifs et le monopole, il s'exhalait en plaintes contre les Anglais qui, disait-il, non contens d'avoir fait perdre à l'Espagne ses possessions d'Amérique, lui avaient encore enlevé les premiers, dans la cochenille, une branche de culture qui était sa propriété légitime.

Quoi qu'il en soit, honneur au roi de Hollande et des Pays-Bas qui sait largement dépenser pour l'utilité de ses possessions. Les Français, si long-temps maîtres de Cadix, auront été spectateurs indifférens des efforts de notre industrie et de celle des Hollandais. (*Le Phare du Hâvre*, 30 avril 1828.)

4   *Arts chimiques.*

3. Notice sur la fabrication de la fonte et du fer en Angleterre, précédée d'un aperçu sur les différens dépôts houillers de ce pays; par MM. Dufrenoy et Élie de Beaumont. 2ᵉ partie : *de la fabrication de la fonte et du fer.* (*Annal. des mines*; 2ᵉ série, T. 2, p. 3 et 177, 4ᵉ et 5ᵉ livr., 1827; avec 5 pl.)

Nous avons fait connaître, dans la 2ᵉ section du *Bulletin*, la partie géologique de cet intéressant mémoire, le dernier de ceux qui composent le *Voyage métallurgique en Angleterre* des auteurs. Il nous reste à donner une idée de la partie métallurgique. Elle commence par quelques renseignemens historiques sur la marche graduelle des perfectionnemens qui se sont introduits depuis 60 ans en Angleterre dans le traitement du fer. Le plus grand de ces perfectionnemens, l'affinage de la fonte au fourneau de reverbère par l'action d'un feu de houille, a été inventé, il y a environ 40 ans, par Cort, et les auteurs expriment avec justice le regret, qu'un homme qui a rendu un service aussi éminent à l'industrie de son pays, n'ait pas reçu de récompense, et que son nom soit à peine cité dans quelques ouvrages métallurgiques.

MM. Dufrenoy et Élie de Beaumont divisent leur travail en 3 sections, ayant pour objet : 1° la fabrication de la fonte par le coke; 2° l'affinage de la fonte par les procédés anglais; 3° une comparaison entre la fabrication de la fonte et du fer, au charbon de bois, et la même fabrication à la houille.

1ʳᵉ section : *fabrication de la fonte.* Le Staffordshire et le Shropshire produisent des fontes très-grises ou noires, propres au moulage; dans le Glamorgan, au contraire, la fonte est moins douce, et à peu près exclusivement employée à la production du fer en barres. Les auteurs décrivent séparément les procédés du Staffordshire et ceux du Glamorgan. Ils commencent par indiquer la forme et les dimensions des hauts fourneaux : leur hauteur varie de 36 à 60 pieds anglais; des machines soufflantes à cylindres, mues par des machines à vapeur ou des roues hydrauliques, leur fournissent l'air par 2 ou par trois tuyères, et on estime que la force d'un cheval répond à la production de de 2,10 à 2,50 tonnes de fonte par semaine. Dans l'usine de Cyfarthfa à Merthyrtydvil, la force de 350 chevaux est dépensée pour souffler 12 hauts fourneaux et les 12

fineries correspondantes. Chaque fourneau dépense moyenne-
ment pour cet objet une force de 25 à 26 chevaux. Le creuset
est construit en grès dit *millstone grit*, et toute la *chemise* en
briques réfractaires; ces hauts fourneaux restent en feu plusieurs
années de suite.

MM. Dufrenoy et Élie de Beaumont distinguent 2 variétés
principales dans les minérais de fer carbonaté du Staffordshire;
l'une en boules, à cassure un peu conchoïde, on la nomme *gub-
bin*, l'autre en rognons très-applatis, appelée *blueflat*. Dans le
Glamorgan on traite aussi un peu d'hématite du Lancashire.
Les auteurs indiquent la composition des minérais, leur prix,
leur mode de grillage, leurs mélanges, la nature et la quantité
de castine employée, le mode de fabrication du coke, la marche des hauts fourneaux, leurs dérangemens (qu'on reconnaît
par la nature des laitiers), leur produit en fonte qui, d'après
la hauteur du fourneau et d'autres circonstances, varie de 36
à 70 tonnes par semaine. Ils entrent dans de grands détails sur
les consommations de tout genre et sur les frais de la fabrication d'un quintal métrique de fonte, frais qu'ils évaluent, dans
une usine du Staffordshire, à 12 fr. 95 c., dans une autre usine
à 11 fr. 70 c., et dans les usines du Glamorgan à 9 fr. 91 c. seulement. Enfin ils font des observations intéressantes sur la nature des laitiers, et sur l'utile addition d'un excès de castine,
pour que la chaux s'empare du soufre des minérais, et s'oppose
à la décomposition du phosphate de chaux. En conséquence on
ne s'arrête, dans l'addition de la castine, que parce qu'une proportion trop grande de chaux rend les laitiers trop infusibles.
La proportion généralement adoptée est d'une partie de castine
pour 2 parties et $\frac{1}{4}$ de minérai grillé. Dans cette proportion la
silice contient à peu près autant d'oxigène que toutes les bases
réunies.

Deux planches représentent les plans, élévations et coupes de
divers hauts fourneaux anglais, avec appareil d'élévation des
minérais, et régulateur des machines soufflantes.

2e section : *affinage de la fonte* : il se compose de 3 opérations. La 1re s'exécute dans des fourneaux analogues à nos
foyers de mazéage, et produit une fonte affinée (*fine metal*) ;
la 2e, qui complète l'affinage, s'appelle *pudlage*, et s'opère dans
des fourneaux à réverbère dits *puddling furnaces*; la 3e, qui

consiste à corroyer et souder le fer pudlé pour le rendre plus homogène, s'opère aussi dans des fourneaux à réverbère nommés *balling furnaces* ou *mill-furnaces*. Les auteurs décrivent d'abord les fourneaux et machines qu'on emploie à ces opérations. Les foyers d'affinerie ou *fineries* (*refinery furnaces*) ont un creuset de 2 ½ pieds de profondeur, et de 3 pieds de long sur 2 de large, formé de 4 plaques de fonte. La tuyère, inclinée de 25 à 30 degrés, plonge sur le bain de métal fondu. Une finerie consomme 400 pieds cubes d'air par minute, ou la 8° partie de ce que consomme un haut fourneau anglais. Dans la description des *puddling furnaces* l'on remarque que la sole (de 6 pieds de long sur 4 de large) est tantôt en briques, tantôt en fonte, et en général recouverte d'une couche de sable réfractaire, ou de scories pilées, ce qui procure, dit-on, économie de fer et de combustibles. La largeur intérieure des cheminées est de 14 à 16 pouces; leur hauteur est de 45 pieds. Les fourneaux à réchauffer (*balling furnaces*) sont semblables aux précédens, mais plus larges surtout sur le devant. La sole est également recouverte de sable. Une planche fait connaître avec détail les plans, coupes et dimensions de ces fourneaux. Les mécanismes, dont l'ensemble est mu par une machine à vapeur ou par des roues hydrauliques, sont des *marteaux* de 10 pieds de long, entièrement en fonte, des *cisailles* très-fortes qui coupent sans secousse des barres de fer de 6 à 8 lignes d'épaisseur; des *cylindres cannelés* de plusieurs espèces, servant, soit à degrossir la loupe soit à étirer le fer en barres de grandes ou petites dimensions. Ces mécanismes, et particulièrement les cylindres, sont représentés avec beaucoup de soin sur les 2 dernières planches du mémoire.

Nous ne pouvons suivre les auteurs dans la description des opérations : l'opération de l'affinage dure 2 à 3 heures; elle a lieu sur 1250 à 1500 kilog. de fonte, dont le déchet est de 12 à 17 p. o/o, et consomme 250 à 350 kilog. de houille réduite en coke. Cette opération est tout-à-fait analogue au mazéage du Nivernais : le fer qui en résulte n'est pas aussi bon que lorsque l'affinage est exécuté au bois, ce qui a lieu dans un petit nombre d'usines où l'on fabrique du fer destiné à être converti en tôle. Une finerie suffit pour le produit d'un haut fourneau. L'opération la plus importante, le *pudlage*, est décrite avec beaucoup de détail : elle dure 2 heures ou 2 ½ heures ; la perte n'est que de 8 à 10 p. o/o dans un bon travail ; la consommation est de 10 parties de houille pour 9 de fer. Il faut 5 fourneaux à pudler pour desservir un haut fourneau et une finerie. Les petites loupes ou balles produites sont *cinglées*, soit au marteau, soit entre les *cylindres ébaucheurs*, puis réchauffées et étirées entre les autres cylindres. Une machine à vapeur de 30 chevaux peut, en une semaine, comprimer et étirer (*rough down*) 200 tonnes de fer.

Le calcul des consommations et des frais de tout genre de l'affinage, porte les auteurs à conclure que le quintal métrique de fer en barres revient à 22 fr. dans le Staffordshire, et à 20 fr. dans le Glamorgan, et que la consommation de combustible, pour l'ensemble des opérations de fonte et affinage, est d'environ 8 parties de houille pour une partie de fer en barres produit.

3° *Comparaison entre le travail du fer à la houille et au charbon de bois.* Dans cette section, les auteurs récapitulent les dépenses calculées dans les 2 sections précédentes ; ils présentent ensuite les tableaux des dépenses de la fabrication de la fonte et du fer en France, dans les départemens de la Haute-Saône (62 fr. le quintal métrique de fer), de la Dordogne (41 fr.) et de la Côte-d'Or (38 fr.). La valeur moyenne ou 47 fr. est plus du double des frais de fabrication en Angleterre; mais les auteurs pensent que cette valeur moyenne est portée trop haut. Ils examinent ensuite les causes qui influent dans les 2 pays sur le prix de fabrication. Le bas prix de la houille en Angleterre, la plus grande capacité que son emploi permet de donner aux fourneaux, la plus grande chaleur qu'elle développe, et au moyen de laquelle on peut s'emparer du soufre et du phosphore par une plus grande proportion de chaux, enfin l'emploi des fourneaux à réverbère et celui des cylindres, qui produisent beaucoup plus, dans le même temps et avec le même nombre d'ouvriers, que ne peuvent le faire nos forges, sont les causes principales des avantages économiques des procédés anglais.

Les auteurs concluent de leur examen qu'il faut introduire d'abord de préférence l'emploi de la houille et des méthodes anglaises dans l'affinage du fer, et réserver le charbon de bois pour produire de la fonte, opinion analogue à celle que M. de

Bonnard avait exprimée en 1803, à la fin de son mémoire sur la fabrication du fer par le moyen de la houille (*Journal des Mines*, n° 100), et dont l'expérience de ce qui s'est fait en France depuis quelques années démontre la justesse. MM. Dufrénoy et Élie de Beaumont pensent que notre fonte, généralement plus propre au travail du fer que là fonte anglaise, pourrait même, le plus souvent, être traitée immédiatement dans les fourneaux à *pudler*, sans avoir besoin d'être convertie préalablement en *fine metal*, et que, lorsque la fonte serait trop grise, on pourrait avantageusement substituer à cette opération intermédiaire, soit un simple *mazéage*, soit une fusion dans un fourneau à réverbère, à sole très-inclinée, avec exposition à l'air et *coulée* en plaques minces. Enfin ils pensent que dans les lieux où le bois est à très-bas prix, il serait peut-être possible de s'en servir pour chauffer les fourneaux à reverbère (comme on l'a essayé dans l'établissement du duc de Raguse, à Châtillon-sur-Seine), si l'on pouvait amener économiquement et promptement à une dessiccation complète une quantité de bois suffisante pour la consommation d'une grande usine. Ils font remarquer qu'il faut en effet que les usines de ce genre soient établies sur une grande échelle, pour que les produits puissent être en rapport avec les frais considérables que nécessite leur établissement.

Les auteurs terminent leur mémoire par une évaluation approximative de ces frais, dont ils présentent les devis détaillés pour chaque partie des usines. Ils estiment ainsi les dépenses de l'érection de 3 hauts fourneaux au coke à 487,000 fr. (MM. Manby et Wilson portent cette évaluation à 546,700 fr.) Le fond de roulement nécessaire à ces 3 hauts fourneaux est évalué de la même manière, par MM. Dufrenoy et Élie de Beaumont, à 564,200 fr. — L'érection d'une forge à l'anglaise, qui correspondrait à l'usine précédente, coûterait, pour 3 fineries, 45,000 fr., et pour 18 fours à réverbère, avec les marteaux, laminoirs, mécanismes et constructions de tout genre en dépendant, 502,000 fr. Enfin le fond de roulement nécessaire à cette dernière usine doit varier beaucoup en raison de sa position relativement à l'établissement qui lui fournira des fontes. Mais, en supposant qu'elle soit réunie aux hauts fourneaux, ce fond de roulement, d'après les calculs des auteurs, ne peut pas être moindre de 300,000 fr. Ainsi cet ensemble de 3 hauts fourneaux au *coke* et des usines d'affinage correspondantes, nécessite l'emploi d'un capital de prés de 2 millions de francs, et cette nécessité est un inconvénient réel en France, où l'esprit d'association n'est pas encore parvenu au point nécessaire à toute l'extension possible de notre industrie. Mais l'établissement des forges anglaises apporte une économie de près d'un tiers dans la transformation de la fonte en fer, et cette vérité ne pouvant tarder d'être universellement reconnue, on doit espérer que bientôt, la substitution des fours à réverbère chauffés à la houille à nos forges actuelles devenant générale, la production de la fonte pourra être considérablement accrue, par l'emploi de l'énorme quantité de charbon de bois que l'affinage consomme aujourd'hui. Le beau travail de MM. Dufrenoy et Élie de Beaumont contribuera sans doute beaucoup à l'introduction dans nos procédés métallurgiques de cette importante amélioration, ainsi que les auteurs en expriment le patriotique désir.   B—D.

4. Sur l'encre a écrire et sur ses effets sur le papier et sur le parchemin; par John Reid (*Philosoph. Magazine;* août 1827, p. 111.)

L'auteur attribue à la composition du papier ou du parchemin sur lequel on écrit, la cause pour laquelle l'encre employée maintenant ne conserve pas sa couleur aussi bien que l'encre des anciens écrits. Il remarque que l'encre faite sans gomme ou sucre, ou autre ingrédient est pâle, et que chacune de ces matières, quand elle y existe, s'y combine et augmente l'intensité de sa couleur. Ce fait le met à même d'expliquer pourquoi l'encre qui ne contient point de gomme devient aussi intense que celle qui en contient, après qu'on a écrit sur le papier; celui-ci lui présente une substance avec laquelle l'encre peut se combiner et développer la couleur qui lui est propre. M. Reid croit que l'encre ne contient point de tannin et que celui-ci est contenu dans le précipité formé peu de temps après que l'encre est faite. Quand on a précipité le tannin de la noix de galle par la gélatine, la liqueur donne encore une égale quantité d'encre avec le sulfate de fer et sans occasioner de nouveau précipité. Si l'on expose à l'action de l'air une décoction de noix de galle, l'oxigène est absorbé, il se dégage de l'acide carbonique, la liqueur perd son goût astringent, devient acide et la gélatine n'y fait plus de précipité, le tannin est alors converti en acide gallique; le sulfate n'y produit qu'un très-léger précipité, encore ne s'opère-t-il qu'au bout de quelques jours. La quantité d'encre que fournit la noix de galle traitée de cette manière est presque triplée. Voici son procédé pour faire l'encre. On prend noix de galle 372,9 gram., bois de Campéche 186,3 gram.; persulfate de fer et gomme arabique, de chaque, 559, 39 gram.; on fait bouillir la noix de galle dans 1 litre 438 d'eau, jusqu'à réduction de 0 litre 946 de liquide; on décante celui-ci, on ajoute 1 litre 419 d'eau et on fait bouillir de nouveau, jusqu'à réduction de 0 litre 946 de liquide, on réunit les 2 décoctions, que l'on expose à l'air (1) pendant 10 jours en remuant la liqueur tous les jours 2 ou 3 fois pendant quelques minutes; on ajoute alors la décoction de bois de Campéche faite dans 4 litres 730 d'eau réduits à 3 litres 312, et on y fait dissoudre le sulfate de fer et la gomme; après avoir laissé tout en repos pendant 2 ou 3 jours, l'encre doit être décantée et conservée dans des vases de verre ou de terre vernissés et bien bouchés. M. Reid pense que sur du papier fabriqué sans alun, tel qu'on le préparait vers le commencement du xviiie siècle, l'encre conserve beaucoup mieux sa couleur que sur le papier que l'on emploie maintenant, et qui contient toujours une portion de ce sel. Il s'occupe des moyens de faire adhérer l'encre au parchemin sur lequel on la fixe difficilement à cause du corps gras que contient la peau dont il est formé.   . Chev...t.

Nota. Tous les phénomènes signalés dans cet article s'expliquent bien par les théories connues et ne présentent pas de faits bien nouveaux.

5. Sur la culture des graines oléagineuses et l'extraction de leur huile; par M. Dubrunfaut. (*Industriel*; juin 1828, p. 65.)

Cette 1re partie du Mémoire est relative à la culture des graines et à leurs qualités.

Les graines oléagineuses d'où l'on extrait le principe oléagineux en grand, sont : les colzats d'hiver et de mars, l'œillette ou pavot, la cameline, le lin et le chanvre.

(1) Cette exposition à l'air a pour objet, d'après l'auteur, de convertir le tannin de la noix de galle en acide gallique et d'augmenter beaucoup la quantité d'encre obtenue.

Plusieurs de ces récoltes sont des ressources agricoles précieuses. Ainsi le colzat de mars est une ressource des colzats d'hiver gélés ou perdus par une cause quelconque; l'œillette est une ressource du colzat de mars; et la cameline remplace avec succès l'œillette dont la récolte est manquée.

Le colzat d'hiver se sème en juillet, on cueille le plant en octobre et on repique immédiatement en billons. Le colzat de mars se sème en mars, à la volée; on ne repique pas. On récolte les colzats en juillet, on met en meules et on bat en septembre après la récolte des céréales.

L'œillette se sème en avril, on sarcle pendant la végétation 2 fois, elle fleurit en juillet et l'on récolte en août. La cameline se sème fin mai et se récolte 2 mois après, un sarclage lui suffit. Le lin se sème en mars et se récolte en juillet. On sème à la volée et l'on sarcle avec beaucoup de soin.

Les graines oléagineuses ont des formes différentes et des qualités différentes, qu'on reconnaît à l'inspection des grains, à leur odeur, à leur sécheresse et à leur couleur, à celle de leur chair, etc. On apprécie la quantité du principe oléagineux, en écrasant quelques grains entre les ongles des pouces, et par leur consistance plus ou moins grasse et onctueuse on conclut leur valeur.

Le tableau suivant donne les divers caractères des graines et leur qualité exprimée en huile.

Graine.	Sa forme.	Sa couleur.	Couleur de la chair.	Poids d'un hect.	Hect. utiles pour faire 1 tonne d'huile de 90 kilog.
Colzat d'hiver	ronde	noit (1)	jaune serin	58 à 70 k.	3 1/4 à 4 1/4
» de mars	ronde (2)	»	»	55 à 65	4 à 5
Œillette....	ronds et petits	noirs et durs	peu colorée	58 à 61	4 à 4 3/4
Cameline...	globules irréguliers et petits	jaun. et durs(3)	jaune	54 à 60	4 à 5 1/4
Lin.........	plates allongées et lisses	jaune foncé	peu colorée	65 à 74	4,8 à 4,75
Chanvre.....	ronds et très-petits	noirs	blanches	40 à 55	7 à 9.

6. Invention pour teindre les fils de lin, coton, soie, laine, etc. Patente à B. Woodcroft. (*Lond. Journ. of Arts;* avril 1828, p. 32.)

Le patenté a pour objet d'imprimer une couleur ou un mor-

(1) Les rouges annoncent une récolte avant maturité.
(2) Les grains sont souvent plus petits que ceux du colzat d'hiver.
(3) La couleur rouge annonce une mauvaise qualité.

dant sur lin, coton, soie ou laine, avant d'en former des tissus. Pour cette opération, on enroule d'abord les fils sur un cylindre, en les faisant passer à travers un peigne qui les distribue également sur la surface de ce cylindre. Lorsque plusieurs de ces cylindres ont été ainsi couverts de fils, on les place sur un chassis incliné contigu à la presse, ensuite ces fils sont dirigés, en traversant un peigne, vers le cylindre qui doit en terminer l'impression. La machine qui sert à cette impression peut être la même que celle qui sert à imprimer le calicot. Par exemple, cette impression peut se faire à l'aide d'un cylindre pesant, placé au-dessus d'un autre et entre lesquels les fils passent en étant séparés par un feutre. La matière avec laquelle les fils sont imprimés peut être, soit une couleur ou un mordant pour produire et fixer une couleur lorsque le tissu est définitivement teint. En sortant de la presse, les fils ou écheveaux sont conduits au moyen de cylindres porteurs sur des caisses chauffées à la vapeur afin de sécher la composition ou la couleur imprimée; les écheveaux sont ensuite divisés en 2 portions, passent à travers des peignes et finalement sont enroulés sur un tambour, afin de s'en servir.   CHEV...T.

7. Sur la Maklend, ou teinture noire de Siam.

La substance d'où l'on extrait cette teinture, est une baie qui croît sur un grand arbre forestier de Bankok. Le mode de la préparation et de l'emploi de cette teinture est très-simple : on broie la baie dans de l'eau; peu après il s'établit dans le récipient une forte fermentation. Alors on plonge dans le tout l'étoffe que l'on se propose de teindre; puis on la met à sécher au soleil. On renouvelle l'opération, et en deux ou trois immersions, le coton ou la soie reçoivent une couleur noire excellente et durable. L'objet, s'il est blanc, ou s'il a été déjà teint en rouge, n'en recevra que plus facilement la couleur noire. (*London and Paris Observer;* 13 avr. 1828.)

8. Observations critiques sur une nouvelle exposition de peintures sur verre, et en général sur ce genre de peinture; par M. Alex. Lenoir. (*Journal des Artistes;* mars et avril 1827.)

L'auteur commence par présenter un résumé rapide de l'histoire de l'art et des divers travaux dont il a été l'objet; ce résumé ne présentant rien de technique qui soit nouveau, nous n'en extraierons rien. Il critique les tableaux commandés par le gouvernement français à M. Collens de Londres. Il donne ensuite des détails sur les diverses manières de peindre le verre, dont nous ferons les extraits qui suivent.

L'art de couler des plaques de verre minces, d'une certaine grandeur, est une découverte de temps moderne. En effet, plus on remonte dans l'antiquité, pour les peintures sur verre, plus les pièces dont elles se composent sont petites : celles des deux roses de Notre-Dame; celles de la cathédrale de Chartres, ainsi que celles de l'ancien chevet de l'église de St-Denis, en sont la preuve. Chaque morceau de verre n'a environ que trois pouces de large sur cinq de long, parce qu'on soufflait la matière au lieu de la couler, comme on l'a fait depuis, et qu'on ne pouvait employer que les bords des plaques soufflées, attendu que le centre n'offrait qu'un nœud considérable à l'endroit où on avait introduit le tube pour les souffler. Les couleurs en sont d'une grande beauté, et chaque pièce, réunie par une lame de plomb, forme néanmoins un tout solide et d'un effet admirable; c'est avec raison que j'ai donné à ces peintures le nom de mosaïques transparentes.

Un mot sur l'art des antiques peintures sur verre ne sera pas déplacé ici. Avant de peindre sur verre, selon l'ancienne manière, on fait un carton, c'est-à-dire, que l'on dessine et que l'on colore le sujet que l'on veut traiter, sur du papier collé sur un carton de la grandeur et tel que l'on veut l'exécuter; ensuite on choisit des morceaux de verre, teints pour les draperies, et blancs pour les carnations, que l'on taille sur des patrons exactement pris sur le dessin, pour y peindre par partie les figures et de manière que les diverses pièces puissent se rapprocher et qu'étant réunies par le plomb, les couleurs des corps et des vêtemens ne perdent pas la pureté primitive du dessin. Lorsque toutes les pièces sont taillées suivant le dessin et la grandeur du tableau, on les marque par des chiffres ou par des lettres pour les reconnaître; ensuite on peint chaque morceau séparément, avec les couleurs convenables et conformes au modèle que l'on a devant soi. Le tout étant terminé, on le passe au four pour que le feu, en amollissant le verre, y incorpore les couleurs et les rende inaltérables à toute espèce d'agent chimique.

On ne retire les pièces du four que lorsqu'il est complètement refroidi. Il arrive quelquefois, que pour obtenir des ombres plus fortes ou des couleurs plus vigoureuses, on peint le
verre des deux côtés ; dans ce cas-là, les pièces passent une seconde fois au feu.

Les matières qu'on emploie ordinairement pour colorer les
plaques de verre, et qu'on jette dans les creusets avec la matière
vitrifiable, sont toutes tirées du règne minéral. Le cobalt sert
pour le bleu clair ou foncé, les différentes nuances de rouge,
de brun, de brun-marron, se font avec les oxides de fer portés à
différens degrés d'oxidation. Le brun-rouge ou le pourpre-brun,
se fait avec de la *chaux de cuivre*, que l'on obtient lorsque
les chaudronniers, pour leurs travaux, plongent dans l'eau des
barres de cuivre rouge. Le vert s'obtient aussi du cuivre dissous
par des acides végétaux, ou par d'autres acides, mais précipités
par l'alcali fixe. Les verres de couleur pourpre se teignent avec
de la *chaux d'or*; un gros d'or colore fortement quatre cents
parties de verre, avec d'autant plus de facilité que les anciens
verriers n'en coloraient que la superficie. (M. le chev. Brongniart, chimiste habile, et M. Paris, verrier, ont réussi complétement à teindre le verre couleur de pourpre, suivant la méthode des anciens.) Les *chaux d'argent* sont aussi colorantes,
et donnent le jaune-d'or qui se fait également avec de la *chaux
de plomb* unie à l'antimoine. Le violet s'obtient avec le manganèse.

Les anciens peintres verriers ont peu fait de petits tableaux
sur le verre; ceux que l'on connaît sont généralement des
quatorzième et quinzième siècles. Les peintures de ce dernier
siècle présentent des compositions plus considérables et mieux
entendues, elles sont généralement bien dessinées et exécutées
avec plus de soin. Celles des époques précédentes représentent des saints qui sont figurés debout, sous une espèce de
portique d'église, dans le goût arabesque. Dans l'exécution de
ces petits tableaux, l'oxide de fer domine; on y voit peu de
couleurs qui soient incorporées dans le verre, excepté le jaune,
et cela parce que les verriers ne savaient pas encore nuancer le
verre. Ceux du seizième siècle, plus habiles que leurs prédécesseurs, ont employé l'émail avec succès; et par ce moyen ils
ont obtenu, pour les draperies seulement, toutes les variétés de
couleurs qu'ils désiraient. Cependant, du temps de l'abbé Su-

ger, l'émail, ainsi que nous l'avons observé, a été employé pour la confection des vitraux du chevet de l'église de St.-Denis, mais peu fréquemment; et c'était pour obtenir des tons entiers bleus ou verts, et non pour d'autres couleurs.

Ainsi, les anciens peintres verriers, pour arriver à la perfection de leurs tableaux, se seraient servi de trois procédés utiles dans l'art de peindre le verre, qu'ils auraient employé l'émail au besoin, et de plus, les couleurs tirées des oxides de fer, dont l'emploi est la base de la peinture dite d'apprêt.

La peinture d'apprêt n'a point de solidité; on peut l'enlever à l'aide d'un instrument tranchant ou avec un violent acide. C'est avec ces couleurs couchées à plat derrière le verre que M. W. Collens a fait les fonds noirs et rouges de ses tableaux.

Nous ne terminerons point cet article, sans parler des peintres verriers qui, récemment, ont terminé avec succès plusieurs grands vitraux à l'instar de ceux des anciens peintres. Les couleurs brillantes des draperies y sont incorporées avec le verre, tandis que celles des carnations et des ombres ne sont que superficiellement fixées comme on le faisait autrefois. Les pièces sont liées entr'elles par des rainures de plomb très-étroites; c'est le seul moyen, comme on l'a dit, qu'on puisse employer pour bien exécuter de grands sujets historiques, et le seul qui soit propre à clore avec solidité les croisées d'une église.

Le chev. Brongniart a fait exécuter, avec les couleurs de ses produits chimiques, à la manufacture royale de l'Eure, par M. Robert, deux tableaux d'une grande dimension, parfaitement conformes aux vitreaux de la Ste.-Chapelle de Paris, dont ils sont les copies.

Le chev. Debret et moi, nous avons également fait exécuter par M. Paris, pour le cœur de l'église de St.-Denis, des peintures sur verre qui ont réussi au-delà de nos espérances.

Nous avons néanmoins observé, dans les vitres peintes de MM. Robert et Paris, que, dans les carnations, le verre est trop nu, surtout dans les parties éclairées; que les masses d'ombres, faiblement attaquées, ne sont pas assez soutenues, qu'elles manquent de vigueur, et que les demi-tons ne sont pas assez travaillés. Ces défauts auxquels on peut remédier dans l'exécution, donnent du vague à l'effet général, parce que le verre conserve trop de transparence. Si MM. Robert et Paris avaient consulté les anciens peintres sur verre, ils auraient vu que les peintres de ce temps, pour faire les carnations, commençaient ou par dépolir le verre dans cette partie seulement du tableau, ou qu'ils la teignaient d'une légère couche d'oxide d'étain pour lui donner une demi-teinte d'un blanc-mat, et détruire ainsi la trop grande transparence. Ils peignaient ensuite par dessus cette première préparation. Les ombres et les demi-teintes avaient alors plus de corps et de valeur; puis, pour mieux déterminer les points lumineux, avec un instrument de bois pointu, ayant la forme d'un crayon, ils enlevaient par place quelques parties de l'oxide, et ils obtenaient des lumières aussi vives que s'ils les eussent posées avec le pinceau.

Les peintres verriers furent long-temps gênés pour l'exécution des ornemens ou des broderies. Jean de Bruges, aussi bon chimiste qu'habile peintre, procura à la peinture sur verre ce nouvel avantage; cet artiste, auquel nous sommes redevables de l'invention de la peinture à l'huile, trouva le moyen d'incorporer jusqu'à une certaine profondeur, dans le verre, la couleur teignante, pour les morceaux de draperies qu'il voulait orner d'une broderie, il avait l'art, par un coup de feu habilement dirigé, d'arrêter à un quart environ du verre la couleur, au lieu de la laisser pénétrer de part en part, de manière qu'il n'y avait que la superficie de colorée, et que le fond du verre restait pur et intact. Après avoir dessiné sur chaque pièce les ornemens dont il voulait enrichir les vêtemens, il les creusait à l'aide de l'émeri et de l'eau, en façon d'entaille, jusqu'à ce qu'il eût atteint le verre blanc. C'est alors qu'il formait la broderie de l'étoffe, soit en introduisant dans les creux qu'il avait obtenus par cette espèce de gravure, une nouvelle couverte d'argent ou or pour les broderies d'étain, pour les perles blanches, etc. etc. ou en émail, quelconque qu'il passait au feu pour obtenir l'effet qu'il désirait.

9. DIE GLASMALEREY DER ALTEN, etc. La peinture sur verre des anciens, à l'usage des artistes et des amateurs; par J. J. SCHMITHALS, pharmacien à Xanten, sur le Rhin. Précédée d'un avant-propos du Dr R. BRANDES. XII et 48 p.; prix,

8 gr. Lemgo, 1826; Meyer. (*Leipzig. Literat. Zeitung*; avril, 1827, p. 656.)

Cet opuscule établit que l'art de la peinture sur verre chez les anciens, n'a pas seulement été retrouvé dans ces derniers temps, mais qu'il a été même considérablement perfectionné par les artistes modernes. Dans son avant-propos, l'auteur cite plusieurs artistes qui se sont distingués dans l'art de peindre sur verre. M. Hoecker de Breslau, entr'autres, confectionne pour le vieux château de Marienbourg (Prusse), des objets, dont le brillant coloris est aussi beau que celui des peintures sur verre des anciens, et qui même les surpasse beaucoup sous le rapport de la combinaison des dessins et de l'exécution. M. Schmithals s'occupe lui-même de cet art comme amateur, et c'est pour répondre au désir du ministre d'Altenstein, qu'il fait connaître dans l'opuscule que nous annonçons tout ce qui concerne la peinture sur verre, tels sont les instrumens et les fours, les couleurs (qui sont au nombre de 20) et leur préparation, la méthode de les porter sur le verre, et le procédé employé pour les fondre. L. D. L.

ARTS ÉCONOMIQUES.

10. Extrait d'un rapport du comité consultatif des arts et manufactures sur Diverses substances provenant du Sénégal. (*Annal. maritim. et colon.*; juin 1827, p. 797.)

1° *Indigo.* — Pour avoir sur les nouveaux échantillons soumis à notre examen, les renseignemens les plus exacts, nous avons consulté les personnes qui s'occupent spécialement de la vente et des achats de cette matière; et, après l'avoir examinée nous-mêmes avec le plus grand soin, nous avons cru devoir la classer de la manière suivante :

Indigo violet, quelques pierres sombres, tendre à la casse, partie moyen, partie gros grabeau, assimilé plus particulièrement au Manille et au Madras; mais préférable au premier. Cet indigo est estimé 23 ou 24 francs le kilog.; il est préférable, sinon à la totalité, du moins à la plupart des échantillons qui sont précédemment venus du Sénégal; et nous renouvelons le vœu que la culture et l'extraction de l'indigo soient encouragées par tous les moyens possibles, dans la colonie, qui parviendrait sans doute par ce moyen à un état florissant, et procurerait, en ce genre de grandes ressources à la France.

Nous pensons qu'on ne saurait trop recommander à toutes les personnes qui se livrent à cette fabrication de mettre tous leurs soins pour obtenir des carreaux bien faits et bien entiers; ce qu'elles obtiendront sûrement en pétrissant mieux la pâte et en la faisant sécher lentement quand elle est divisée; car, à qualité égale, on vendra toujours plus cher l'indigo en beaux carreaux bien suivis, que celui qui est en grabeaux.

2° *Racine du Fayar.* — Avant de faire quelques essais sur cette racine, nous avons cherché, mais vainement, à savoir à quelle plante elle appartient. M. le baron Roger, dans sa lettre d'envoi, annonce que les nègres des environs de Saint-Louis, retirent de la racine du *fayar* une couleur jaune, très-belle et très-solide. Pour vérifier ce fait, nous avons traité plusieurs échantillons d'étoffe de laine avec divers mordans, et nous les avons passés isolément dans des bains de racine de *fayar*, soit à chaud, soit au bouillon, soit même à une basse température, comme on le fait pour le quercitron; mais par tous ces moyens nous n'avons pu obtenir que des couleurs chamois plus ou moins foncées. Nous n'avons pu essayer la solidité de cette couleur à l'air, parce que le soleil n'avait pas encore assez d'intensité.

L'extrait de la racine de *fayar*, traité par le sulfate de fer, a fourni un précipité noir assez abondant, ce qui nous a prouvé que cette substance contient beaucoup de tannin, aussi nous aurions été bien étonnés qu'elle nous eût donné de belles couleurs jaunes. Au reste, quelles que soient en teinture les propriétés du *fayar*, il ne sera jamais pour nous, sous ce rapport, d'un grand intérêt, attendu que la France possède une assez grande quantité de plantes qui fournissent de belles couleurs jaunes.

3° *Neb-Neb.* — Cette substance qui est la gousse du *Mimosa nilotica*, est parfaitement la même que le *bablah* de l'Inde. Comme le *Mimosa nilotica* paraît être très-abondant au Sénégal, et qu'en raison de sa proximité son transport en France n'occasionerait pas de grands frais, nous pensons qu'il n'est pas sans intérêt de se livrer à son exploitation au Sénégal. Cette substance pourrait être employée d'une manière avantageuse dans nos ateliers de teinture; mais il faudrait que la gousse fût envoyée bien sèche, et bien entière, et totalement séparée des fèves qu'elle contient.

11. DOCUMENS PRATIQUES SUR LES QUANTITÉS DE CHALEUR QU'ON PEUT OBTENIR DE DIFFÉRENTES ESPÈCES DE COMBUSTIBLES. (*Industriel*; févr. 1827, p. 195.)

Après le coke, ce sont les houilles de première qualité qui, de tous les combustibles en usage, donnent le plus de chaleur. Ce qui distingue ces combustibles, c'est qu'ils subissent une sorte de pression en brûlant, qui fait que les morceaux contigus adhèrent et forment dans le feu des agglomérations qu'il est nécessaire de briser de temps en temps, pour que la combustion s'accomplisse comme elle doit se faire. La houille qui a cette propriété est noire et très-fragile; elle se rompt en morceaux qui ne ressemblent pas mal à des dés à jouer de formes un peu irrégulières.

Quand il ne s'agit que de produire de la chaleur, il est en général préférable d'employer des houilles qui s'agglutinent au feu; ce caractère est le plus aisé à reconnaître.

Il faut 27 grammes de houille de première qualité pour élever d'un degré du thermomètre de Réaumur, 100 kilogrammes ou 100 litres d'eau; c. à d. que si, par hypothèse, vous avez un fourneau qui ne donne lieu à aucune déperdition de chaleur; que la chaleur produite soit bien employée, 100 litres d'eau à 0°, terme de la glace, s'élèveront à un degré de température, lorsque vous aurez brûlé 27 grammes de houille.

Si de l'eau était primitivement à 10 degrés, avec ce poids de combustible vous la porteriez à 11° et ainsi de suite.

Maintenant si vous voulez voir combien il faudrait de combustible pour élever, avec le même fourneau, 100 litres d'eau prise au terme de la glace, à celui de l'ébullition, c. à d. à 80 degrés de Réaumur, il faudra multiplier par 80 le poids de houille qui est nécessaire pour élever cette quantité d'eau de 0° à 1 degré. Ainsi, il faudra multiplier 27 grammes par 80, et le produit 2,16 kil. sera le poids de houille qu'il faudra brûler.

Si l'eau que vous mettez dans la chaudière, au lieu d'être

2.

à o°, était à 10°, il faudrait soustraire ces 10° des 80°, et multiplier par la différence 70° les 27 grammes dont on a parlé ci-dessus. On emploierait la même règle pour tous les cas semblables.

Le coke de première qualité produit plus de chaleur, car il ne faut que 24 grammes de ce combustible pour élever d'un degré les 100 litres d'eau dont il est ici question.

La dépense de combustible est bien plus forte pour réduire 100 kilogrammes d'eau en vapeur. Il faut 13 kil. 48 de houille de 1re. qualité pour réduire en vapeur un poids de 100 kilog. d'eau prise à une température moyenne, 9° ou 10° Réaumur, c. à d. que la dépense de combustible est près de 7 fois plus considérable pour réduire un poids donné d'eau en vapeur, que pour porter ce même poids d'eau de o° au point de l'ébullition.

Avec 12 kilog. 34 de coke de première qualité, et en tirant tout le parti possible de la chaleur due à la combustion, on peut réduire en vapeur 100 kilog. d'eau prise à 9° ou 10°.

Les quantités de chaleur produites varient avec la qualité des houilles, et il en est qui, pour produire les mêmes effets sur l'eau, exigeraient une dépense de combustible plus que double.

La qualité et l'état de sécheresse du bois influent sur la chaleur que donne sa combustion. Le bois vert contient un tiers d'eau de plus que le bois sec.

La consommation du *pin sec*, pour élever d'un degré 100 kilog. d'eau, est de 62 grammes, et pour réduire en vapeur cette quantité d'eau, prise à une température moyenne, elle est de 30, 84 kilog. Il faut 87, 25 grammes de *hêtre sec*, pour élever d'un degré la même quantité d'eau, et pour la réduire en vapeur il en faut 43, 26 kilog.

Le *chêne sec* fournit moins de chaleur, il en faut 96 grammes pour élever d'un degré la quantité d'eau sus-dite, et 48 kilog. pour la réduire en vapeur. Le tilleul en fournit plus, 85 gram. suffisent pour obtenir le même résultat, et 42,24 kilog. pour réduire en vapeur. L'orme, le frêne, le cerisier tiennent à peu-près le milieu entre le pin et le chêne.

Le charbon de bois exige une consommation de 34 gram. pour élever d'un degré 100 kilog. d'eau, et 17 kilog. pour réduire cette quantité en vapeur.

On peut distinguer deux espèces de *tourbe*, la première est légère, spongieuse, et les matières végétales dont elle est formée n'ont point encore changé très-sensiblement de forme; la 2ᵉ espèce est compacte, et l'altération des matières végétales y est complète; elle est d'un brun noirâtre assez prononcé; c'est la 1ʳᵉ qualité de tourbe.

Il faut 96 grammes de tourbe de première qualité pour élever d'un degré 100 kilog. d'eau et 86 kilog. pour réduire cette quantité en vapeur. La tourbe carbonisée est fort loin de donner autant de chaleur, à poids égal, que le charbon de bois : pour élever d'un degré 100 kilog. d'eau, la consommation de la tourbe carbonisée doit être de 73 grammes au *minimum*, et de 39 kilog. pour réduire en vapeur cette même quantité d'eau.

Les nombres que l'on vient de donner ne peuvent être obtenus dans la pratique qu'en apportant tous les soins possibles dans la construction des appareils, et dans l'état actuel de nos connaissances il n'est guère possible de les dépasser d'une manière remarquable.   A R M.

12. INSTRUCTION SUR L'ENTRETIEN DES FILTRES A DOUBLE COURANT ; par M. ZENI ; et Rapport sur ces filtres, par une commission nommée par le major de la marine, au port de Brest. (*Annal. marit. et colon.* ; août et sept. 1827, p. 211 et 212.)

A B, C D, figurent deux tonneaux concentriques ; un seul , A B, est foncé par le bas ; l'autre, C D, a quelques échancrures dans le bout inférieur des douilles, le sable est disposé comme l'indique la figure, par couches successives. Le plateau E F, percé de trous, reçoit l'eau qu'on met dans le corps intérieur, et l'empêche, dans sa chute, de troubler l'arrangement de la première couche de sable.

On charge le corps intérieur jusqu'en haut ; l'eau descend à travers les couches successives, et vient monter au robinet par les couches placées dans l'intervalle des deux tonneaux.

Pour entretenir ce filtre en état pendant la durée d'une campagne sans le démonter, il faut procéder de la manière suivante :

Après avoir enlevé le plateau percé de trous qui est dans le corps intérieur, on remplit d'eau claire (la première eau des caisses) l'intervalle des deux tonneaux ; on remplace l'eau à mesure qu'elle passe dans le corps intérieur, afin d'avoir la plus grande pression possible : ce nouveau courant, établi en sens contraire du premier, débarrasse les voies obstruées. On agite vivement avec un gamelot la première couche de gros sable, et l'on vide l'eau rouillée, à mesure qu'elle vient à sa surface; l'eau change bientôt de couleur, et le filtre reprend alors sa première marche. On peut, pour procéder plus vîte, jeter un peu d'eau dans le corps intérieur, pour laver la première couche de gros sable. L'eau résultant du lavage est déposée dans des bailles où on la laisse reposer; on décante et on l'utilise en la passant de nouveau dans le filtre.

Il faut tenir particulièrement à ce que cette opération soit faite toutes les semaines, sans quoi les matières étrangères qui s'agglomèrent autour des grains de sable, finissent, avec le temps, par devenir d'une dureté telle que le courant en sens contraire n'a plus assez de force pour les déranger; et alors il faut démonter le filtre et laver ou changer les matières.

Rapport de la commission chargée par le major-général de la marine, au port de Brest, d'examiner un filtre.

M. Zeni, sous-ingénieur de la marine, a proposé, depuis plusieurs années, l'usage d'un filtre dit à *double courant*, de sa compositon. Déjà une commission, sous la présidence du major-général, s'est occupée de cet objet. Elle a comparé ce filtre avec ceux qu'on a mis en usage à bord des bâtimens du Roi et avec celui de M. Ducommun; il en est résulté de cette comparaison et des expériences faites devant la commission, que le filtre de M. Ducommun a été rejeté à cause de son prix élevé et de la quantité insuffisante de ses produits. La commission a aussi émis l'opinion que le filtre actuellement en usage, s'il était plus soigné dans sa confection, serait suffisant pour le service, mais que le filtre à double courant serait bien préférable, s'il justifiait dans des expériences à la mer les espérances que sa nouvelle construction faisait concevoir.—Plusieurs bâtimens en départ pour les colonies en furent pourvus.

Le filtre à double courant se compose de deux tonneaux concentriques A B, C D, pl. 1re fig. 16; un seul A B, est foncé par le bas; l'autre C D, a seulement quelques échancrures dans le bout inférieur des douilles.

Le sable est disposé par couches successives, comme l'indique la figure ; la couche qui contient du charbon en poussière mêlé de sable n'est pas plus considérable par la raison suivante : depuis que l'on fait usage des caisses en tôle, on a toujours de l'eau fort saine à bord ; seulement elle est d'autant plus chargée d'oxide de fer qu'on la puise plus près du fond ; un filtre à sable pourrait donc suffire ; mais on est exposé pendant les relâches à remplacer l'eau consommée par d'autre qui peut être insalubre, surtout si l'on se trouve, en temps de pluie, dans un pays boisé. Il est donc bon, dans ce cas, d'avoir du charbon dans le filtre ; et comme il n'est pas destiné à agir continuellement, l'auteur a jugé à propos de l'employer en petite quantité pour éviter son action sur l'eau, à laquelle il enlève une partie de son oxigène.

Si les circonstances de la navigation l'exigeaient, on pourrait rendre le filtre plus puissant, en ajoutant au charbon végétal, qui sert à désinfecter l'eau, du charbon animal qui jouit de la propriété de la décolorer.

Le plateau E F, percé de trous, sert à recevoir l'eau qu'on met dans le corps intérieur ; on charge ce corps jusqu'en haut ; l'eau descend à travers les couches successives et vient monter au robinet par les couches placées dans l'intervalle des deux tonneaux. Le dessus du filtre est couvert d'un plateau qui s'emboite à tabatière sur le corps extérieur. Il est formé par deux cercles concentriques en bois ou en fer. La couronne formée par la différence de leurs deux surfaces est foncée en toile. Cette couverture est placée dans le double but d'empêcher l'eau rouillée que l'on met dans le corps intérieur de tomber dans l'anneau cylindrique où se trouve l'eau filtrée, et d'empêcher cette dernière de passer par dessus les bords au roulis ; un chapeau plat recouvre le tout.

Il résulte de toutes ces nouvelles dispositions 1° que l'eau obtenue, après un mouvement ascensionnel, a nécessairement abandonné tous les petits corps pesans qui avaient échappé à la filtration ; 2° que l'eau parcourt un chemin double à travers les matières filtrantes, et par conséquent s'épure davantage ; 3° que l'on peut nettoyer le filtre sans le défaire, en établissant seulement un courant en sens contraire du premier. En examinant ce qui se passe pendant cette opération, on voit l'eau chargée de matières hétérogènes se frayer un chemin au travers des matières filtrantes et y déposer ces corps, qui finissent à la longue par obstruer les chemins habituels par où l'eau doit passer. Alors, si l'on verse de l'eau claire par l'intervalle qui sépare les deux tonneaux, elle détruit les voies du premier courant et force les matières étrangères à remonter en partie vers le gros sable qui se trouve à la partie supérieure des matières filtrantes du corps intérieur. On a soin d'agiter profondément ce gros sable, d'enlever à mesure l'eau sale avec un gamelot ou un syphon qu'on peut établir à cet effet. Il faut moins d'une barrique d'eau pour bien laver ce filtre et le mettre en état de donner ses premiers produits, et d'autant moins qu'on procède plus souvent à l'opération du lavage, qu'il faut faire trois ou quatre fois par mois, sans quoi les matières étrangères s'agglomèrent autour des grains de sable, et finissent par former une enveloppe concrète que le courant en sens inverse n'est plus capable de détruire. Il faut aussi que ce courant ait le plus de vitesse possible, afin que ses mouvemens tumultueux entraînent les matières étrangères. C'est pour cela que, pendant l'opération, on a soin de tenir la couronne cylindrique qui sépare les deux tonneaux, constamment pleine, afin d'avoir la plus grande charge et par conséquent la plus grande vitesse possible. Après l'opération; on laisse reposer l'eau du lavage; on décante: cette eau, passée au filtre de nouveau, se trouve ainsi utilisée.

On sait que l'usage du filtre proposé est continuel, ce qui est d'un grand avantage pour la navigation, tandis que l'usage de celui dont on se sert actuellement est subordonné à la conservation du tamis de crin, de la flanelle, et à l'engorgement des matières filtrantes.—Après cette description d'un filtre à double courant, si l'on considère l'opinion émise par une première commission, ainsi que les rapports des officiers chargés d'en observer les effets à la mer, on sera prévenu en faveur de la proposition de M. Zéni; mais avant de l'adopter définitivement pour le service des bâtimens de Sa Majesté, une commission nommée par le major-général, et composée de MM. Chauvin, pharmacien de première classe, Zéni, sous-ingénieur, Thibault, lieutenant de vaisseau, Picard, capitaine de frégate, et Lemaître, capitaine de frégate, *président*, a été chargée de l'examiner de nouveau.

Dans la séance du 17 avril, elle prit connaissance du procès-verbal précédemment rédigé, lequel fait connaître les expériences déjà faites à terre, et les divers rapports des expériences déjà faites à la mer.

Le 13, elle s'assembla à l'atelier de la tonnellerie, où deux filtres avaient été préparés. Le premier, indiqué sous le n° 1, fut rempli en sa présence d'eau ferrugineuse, prise au fond de plusieurs caisses en tôle; il y fut ajouté une assez grande quantité de boue delayée dans un seau d'eau. L'autre, désigné sous le n° 2, fut chargé d'eau corrompue, au moyen de matières animales en putréfaction qu'elle contenait depuis plusieurs jours. La commission put se convaincre que l'eau sortant des deux filtres était limpide, sans saveur ni odeur, et que la quantité d'eau filtrée allait jusqu'à un litre et demi, terme moyen, par minute.

Il restait à s'assurer 1° de la facilité du lavage des matières filtrantes, puis si, après le lavage, les produits seraient encore les mêmes; on procéda à cette opération, comme l'indique M. Zéni, en mettant de l'eau dans l'intervalle qui sépare les deux tonneaux, et après vingt minutes, les filtres donnèrent les mêmes produits qu'auparavant, et toujours de très-bonne eau. La commission a donc reconnu que ces filtres satisfaisaient suffisamment à la condition de désinfecter l'eau, propriété qui peut être portée au degré nécessité par la nature des campagnes ; que la manière dont ils étaient disposés offrait l'avantage de faire parcourir à l'eau un chemin double à travers les matières filtrantes, ce qui l'épure davantage; que de plus le robinet étant placé dans le milieu de la colonne ascendante, on n'est pas exposé a puiser les corps pesans qui auraient échappé à la filtration. Enfin, qu'ils peuvent se laver à la mer en très-peu de temps, sans être démontés et sans perdre d'eau.

Joignant à ces considérations les résultats obtenus à bord des bâtimens du Roi, la commission pense qu'il est très-avantageux pour le bien du service de faire admettre à bord de tous les bâtimens de Sa Majesté, le filtre (*dit à double courant*) de la composition de M. Zéni, sous-ingénieur de la marine. Elle prie en conséquence M. l'amiral, préfet maritime, d'en solliciter l'admission de S. Excellence. La commission a jugé convenable que l'instruction jointe au présent rapport fût donnée à chaque navire avec le filtre. Elle demande qu'elle soit lithographiée, si l'usage du filtre proposé est adopté par la marine.

Dimensions des Filtres.

DÉSIGNATION DES BATIMENS.	LON-GUEUR.	DIAMÈTRE du corps extérieur en haut.	DIAMÈTRE du corps intérieur en haut.
Goëlette...................	1,00	0,70	0,46
Brig et Corvette sans gaillards.	1,10	0,78	0,52
Corvette à gaillards..........	1,20	0,82	0,56
Frégate de 18..............	1,35	0,90	0,62
Frégate de 24..............	1,40	0,75	0,66
Frégate de 60 et Vaisseau.....	1,50	1.00	0,70

Brest le 15 mai 1827.

Les membres de la Commission, signé Zéni, Chauvin, Thibauth, Picard, Lemaitre.

13. Procédé pour durcir et marboriser les platres et les albatres, et pour rendre ces matières propres à l'usage de l'art statuaire et de la lithographie. Brevet à M. Tissot jeune. (*Descript. des brevets d'invention* ; Tom. XIII, p. 349.)

On prend un bloc de plâtre tel qu'il sort de la carrière , on lui donne la forme que l'on veut , à la scie, au ciseau, au tour, ou de toute autre manière ; puis on le met sécher pendant environ 24 heures dans un four, qui sert aussi à le cuire. Si la pièce que l'on a ainsi préparée n'a que 18 lignes d'épaisseur, on la met pendant 3 heures dans le four chauffé au degré nécessaire à la cuisson du pain. Si elle est plus épaisse, on la laisse plus long-temps dans le four en raison de son épaisseur, et on la retire avec précaution pour la laisser refroidir. Quand elle est froide, on la trempe pendant 30 secondes dans l'eau de rivière, on l'expose ensuite à l'air pendant quelques secondes , et on la plonge de nouveau dans l'eau pendant une ou deux minutes , selon son épaisseur. Cette pièce, ainsi préparée , est exposée à l'air, où elle acquiert, au bout de 3 ou 4 jours, la dureté et la densité du marbre. Après ce temps, elle est susceptible de se polir, et si l'on veut la colorer, il faut le faire 1 heure après que la seconde immersion dans l'eau a eu lieu.

Les couleurs végétales sont celles qui pénètrent le mieux dans ces sortes de pierres.

Le poli est toujours la dernière opération que l'on doit faire subir à ces pierres. Il se donne à l'aide des procédés ordinaires, mais il s'obtient plus facilement.

L'opération nécessaire pour durcir et marboriser l'albâtre est la même que celle que l'on vient d'indiquer pour le plâtre. Pour faciliter la main-d'œuvre de l'artiste, on met cuire davantage la pièce, après l'avoir préalablement dégrossie, et elle se travaille alors très-facilement. La pièce d'albâtre étant achevée et ayant été cuite d'avance, est mise à tremper comme on l'a dit pour le plâtre.

14. Moyens de communiquer la chaleur. — Patente à Beal et Porter.

Cette invention est un perfectionnement du mode ordinaire de communiquer la chaleur d'un point donné à un autre. Il paraît que les auteurs peuvent, au moyen de l'application de la vapeur à haute pression, réduire de moitié la consommation du combustible nécessaire dans ces sortes d'opérations. Ce perfectionnement s'étend aux procédés de la cuisson du sucre et de la distillation, dont les frais se trouvent, dit-on, considérablement réduits par l'emploi de la nouvelle méthode. La spécification de cette patente n'ayant pas encore été faite, nous ne croyons pas pouvoir entrer dans de plus amples détails sur l'invention dont il s'agit. (*London and Paris Observer* ; 27 avril 1828.)

15. Combinaison de machines et appareils pour alimenter les fourneaux de combustibles. Patente à J. Barron. (*Repert. of patent invent.* ; octobre 1827, p. 246.)

L'appareil de M. Barron consiste dans une longue caisse en fer, étroite et verticale, divisée en 13 compartimens par autant de cloisons horizontales fixées par un côté à la caisse, et soutenues au côté opposé par des leviers à contrepoids tournant sur pivots. Chacun de ces compartimens a aussi une porte de face fermée par un joquet, et chaque levier est garni d'un bouton pour le soulever. Les compartimens renferment des quantités déterminées de charbon, lequel est soutenu par les cloisons amenées à cet effet à leur position horizontale. Un chassis vertical se place à côté de la caisse près des poids, et des pièces transversales s'étendent de l'un à l'autre pour soutenir ces poids, lorsqu'ils sont descendus horizontalement, pour maintenir les tablettes ou cloisons à charnières qui servent de fond aux compartimens. A l'extrémité inférieure de la caisse se trouve une coulisse oblique pour conduire le charbon au foyer à mesure qu'il tombe des compartimens. Cela s'exécute au moyen d'un mouvement d'horlogerie placé près de la caisse, dont le poids moteur est un peu plus pesant qu'il ne faut pour son propre mouvement. Ce poids est suspendu à une corde qui passe autour d'une poulie, descend le long du chassis, et arrive à une barre verticale à coulisse, maintenue dans sa position par le chassis. Au bout inférieur de celui-ci se trouve une pièce saillante qui, à mesure qu'elle monte par l'action du poids de l'horloge, élève successivement les extrémités des contrepoids des leviers, jusqu'à ce qu'ils viennent se placer sous les arrêts. A mesure que chaque levier est ainsi élevé, le fond mobile du compartiment s'abaisse, et le charbon qu'il contient tombe dans le feu par la caisse oblique. On peut faire tomber le charbon plus ou moins vîte en raccourcissant ou en allongeant la verge du pendule de l'horloge. L'auteur décrit ensuite un appareil de son invention pour remuer et exciter le feu. CHEV...T.

16. MOYEN DE RENDRE LES FOURNEAUX FUMIVORES; par M. PO-LONSKI. (*Oukázatiel otkritii.* — Indicateur des découvertes ;. Tom. III, 1ʳᵉ part., n° 1, p. 136. St.-P., 1826.)

Ces sortes de fourneaux ne peuvent ordinairement servir que pour les grands établissemens, vu qu'ils occupent beaucoup de place et coûtent des sommes considérables. Leur construction exigeant en outre des ouvriers très-habiles tant en serrurerie qu'en maçonnerie, il n'est pas étonnant qu'ils soient entièrement inconnus dans les petites usines. Les travaux de M. Polonski ont pour but d'utiliser ces sortes de fourneaux dans ces dernières, et voici les procédés qu'il emploie. Dans ceux où la fumée se précipite vers la soupape, il ouvre cette sou-

pape par en haut et par en bas, y adapte une grille en fil de
fer, couverte de charbons ardens; puis il ferme la soupape ;
quand le fourneau est bien allumé, il retire la grille, jette le
charbon dans le four et ferme la soupape. Au dessous de cette
soupape, M. Polonski pratique en bas du tour un vas-ist-das à
pêne, qu'il n'ouvre que lorsqu'il est temps de retirer la cendre
tombée par les ouvertures de la grille, et qu'il referme immédiatement après cette opération.

Cette expérience réitérée a convaincu M. Polonski qu'en
chauffant le fourneau pendant 24 heures de suite, il était nécessaire de changer quatre fois le charbon de bois, tandis qu'il
était inutile de changer celui de terre ; que lorsque le baromètre était à 3o pouces mercure, et que le thermomètre mar-
quait 13 degrés, la chaleur intérieure de la chambre n'étant
que de 12°, le fourneau ordinaire allumé, s'élevait à 19° ½ par
l'effet du fourneau de son invention.   A. J.

17. Description d'un bec de sureté pour l'éclairage au gaz;
par M. Warden, ingénieur. (*Edinb. Journ. of science ;* juill.
1827, p. 125.)

Ce bec est tellement construit qu'il empêche le gaz d'affluer,
en cas d'extinction, et prévient par là tous les accidens qui
peuvent survenir par la négligence des personnes chargées de
fermer le robinet, etc. Immédiatement sur un bec d'Argand et
autour de la base de la flamme, l'auteur place un cercle de laiton entouré d'un autre en acier, fig. Ire, planches 14 et 15. Ce cercle a une ouverture en b, et de chaque côté de cette ouverture
se trouve une petite saillie bc. Lorsque le gaz brûle, le laiton se dilate beaucoup plus que l'acier, et, par conséquent,
les deux extrémités ouvertes b se rapprochent. Elles sont tellement disposées, qu'elles saisissent alors comme des pinces, une
tige métallique ed qui communique au robinet par les leviers
efg. Si la flamme vient à s'éteindre, le laiton en refroidissant
se contracte, les extrémités du cercle se séparent et laissent retomber la tige cd, qui, par sa disposition, ferme le robinet.
                                                              H. D.

18. Sur les propriétés délétères des tuyaux de plomb ; par
M. Faraday. (*Mechanic's Magaz.* ; nov 1827, p. 205.)

Chez nous , la police a défendu aux marchands de vin de se servir de comptoirs de plomb, et leur a ordonné de les rempla- cer par des comptoirs en étain , métal qui ne possède aucune des propriétés vénéneuses du plomb ; il paraît que nos voisins n'ont pas su imiter cette sage institution ; car **M.** Faraday se plaint que les tuyaux qui conduisent la bière dans la plupart des tavernes sont encore en plomb, en sorte qu'il n'est pas rare de voir cet usage occasioner de violentes coliques. Cette indif- férence du gouvernement anglais est d'autant plus étonnante , qu'ayant de riches mines d'étain , il lui est facile d'ordonner la suppression de l'emploi d'un métal qui peut causer de si gra- ves accidens.   **D...s.**

19. Perfectionnement de Parkin dans les cheminées des for- gerons. (*Ibid.* ; 1827, p. 242.)

Si la science mérite nos respects, c'est surtout lorsqu'on la fait servir à l'assainissement des travaux de ces hommes vraiment utiles qui supportent les charges les plus pénibles de la société, et participent si faiblement à ses avantages. Aussi , quoique **M.** Parkin n'ait fait qu'appliquer aux ateliers des forgerons le prin- cipe de [Rumford sur la construction des cheminées , la phi- lanthropie ne lui en doit pas moins de la reconnaissance.

Dans les forges ordinaires , le manteau de la cheminée est placé à 6 ou 8 pieds au-dessus du foyer, et le courant d'air ne s'établit que très-difficilement. La fumée a eu le temps de se dis- siper avant d'être entraînée par le courant d'air chaud : de là des maladies assez fréquentes. **M.** Parkin place la cheminée der- rière le foyer , et le courant d'air une fois établi , toute la fu- mée, tout l'acide sulfureux se trouvent emportés par le courant.

M. Darcet a employé , il y a plusieurs années, une cheminée d'appel pour enlever les vapeurs mercurielles des ateliers de dorure , et c'est encore là le même principe.   **D...s.**

20. Perfectionnemens dans la production du gaz. — Patente à J. Holt Ibbetson. (*Repert. of pat. invent.* ; déc. 1827 , p. 335.)

L'auteur propose un appareil formé d'un fourneau où la com- bustion se fait à flamme renversée, que l'on charge par conséquent, par la partie supérieure , et d'où les gaz s'échappent au travers de la grille pour se réunir par des conduits convenables dans les réservoirs. Un tuyau de terre qui passe au travers du charbon, introduit de la vapeur d'eau au milieu du coke et des ouvertures convenablement disposées, permettent d'introduire la houille et de retirer le coke. On peut, d'après l'auteur, employer le goudron, l'huile, et d'autres substances combustibles, en ajoutant, par exemple, des tubes convenables au système. Au surplus, il tient moins à l'appareil qu'il décrit, qu'à l'idée qui lui sert de base, et il termine sa spécification en déclarant que son invention consiste dans l'application de la décomposition de l'eau à une haute température par le coke ou d'autres substances combustibles, comme un auxiliaire pour la production du gaz par le moyen de la houille, du goudron, etc.; 2° dans l'idée de faire passer le produit de la distillation au travers du coke incandescent; 3° dans la disposition particulière au moyen de laquelle la houille est introduite par la partie supérieure, tandis que l'on retire le coke par la partie inférieure; 4° dans la disposition du courant d'air nécessaire à la combustion qui produit une flamme renversée.　G. DE C.

21. PROJET DE FABRICATION DES CARTES PLUS PARFAITE ET PLUS FACILE; par G. ALTMUTTER. (*Jahrbücher des polytechnisch. Instit. in Wien;* 8ᵉ vol., p. 187.)

L'auteur propose de renoncer au mode de fabrication des cartes sans figures, par les patrons à jour, et d'y substituer l'impression. A cet effet, il propose des planches en bois sur lesquelles on appliquerait en relief les carreaux, les piques, trèfles, etc. Ces dessins en relief seraient formés de lames de zinc confectionnées à l'emporte-pièce, puis soudés sur des lames plus grandes en plomb et de forme circulaire. Enfin, ces dernières lames seraient fixées sur les planches en bois à l'aide de clous d'épingles.　D. B. F.

22. SUR LA MANIÈRE D'ÉTEINDRE LE FEU. (*Mechanic's Magaz.;* oct. 1827, p. 142 et 189.)

Ce ne sont que des observations sur une méthode que l'auteur ne décrit pas.

23. MOULE A FONDRE LES CARACTÈRES D'IMPRIMERIE, perfectionné aux États-Unis. (*Industriel;* déc. 1827, p. 110.)

Ce moule est le même que celui qui est ordinairement en usage dans les fonderies de France et auquel on a apporté les perfectionnemens suivans :

1° La matrice au lieu d'être tout-à-fait mobile, est fixée au moyen d'un ressort, sur un heurtoir adapté au registre de la pièce de dessus.

2° A l'aide d'un mécanisme intérieur, mis en mouvement par un bouton placé à l'extérieur on déchausse l'œil de la lettre du creux de la matrice, en faisant faire la bascule à cette dernière ; le ressort dont on vient de parler fait reprendre à la matrice la position horizontale qu'elle doit occuper.

3° Après que l'œil de la lettre est déchaussé du creux de la matrice, on entr'ouvre légèrement le moule, et, dans ce moment, le heurtoir adapté à la pièce de dessus décroche la lettre qui tombe naturellement.

Il résulte de ce perfectionnement que l'ouvrier gagne beaucoup de temps, parce qu'il ne dérange pas le crochet de place, qu'il n'appuie pas du pouce sur la matrice pour décrocher la lettre ; qu'il n'ouvre pas le moule entièrèment ; qu'il ne décroche pas les lettres avec les crochets, qu'il n'est pas obligé de remettre la matrice à sa place ; qu'il ne remet pas l'archet sur la matrice pour la retenir ; et, enfin, parce que le moule s'ouvrant droit et sans frottement est moins sujet à s'user, et par conséquent à apporter des variations dans les proportions, telles que la force du corps, l'approche, etc.

24. Expériences faites sur des oeufs avec des chlorures de chaux et de soude.

En septembre dernier, dit l'auteur, je plaçai 6 œufs dans un bocal, et le remplis ensuite de chlorure de chaux en poudre ; les œufs n'étaient point en contact les uns avec les autres. Je mis 6 autres œufs dans une bouteille que je remplis d'une solution composée d'une once de la même poudre et d'une pinte d'eau ordinaire, et 6 œufs dans un 3° bocal avec une solution consistant en une once de chlorure de soude et une pinte d'eau. Les bouteilles furent bien bouchées. Le 19 du présent mois (févr.) ayant examiné les œufs, je trouvai que leur immersion avait produit des effets très-différens. Il fut difficile de dégager les œufs qui avaient été mis dans le chlorure de chaux en poudre, cette poudre étant devenue aussi ferme que de la craie tendre, peut-être par l'effet de l'absorption de l'acide carbonique et d'un certain degré d'humidité. Dans chaque œuf, le jaune, tout en conservant sa forme, adhérait à la coquille; l'albumine était assez transparente. Ces œufs, bien qu'ils ne fussent nullement malfaisans, se trouvaient dans cet état de décomposition qui se reconnaît à l'aide d'une forte lumière, et qui les rendait impropres à l'usage culinaire. Les œufs plongés dans la solution de chlorure de soude étaient totalement corrompus. Immédiatement après qu'ils y eurent été placés, on aperçut à leur surface des globules de gaz; et cependant les coquilles, lorsqu'on vint à les casser, se trouvèrent n'être ni décomposées, ni le moins du monde amollies. Les œufs mis dans la solution de chlorure de chaux étaient tous dans un parfait état de conservation; et ce qui rend ce résultat particulièrement remarquable, c'est que l'un de ces œufs était fêlé, ce que je reconnus après la première immersion alors que le mélange se clarifia dans la partie supérieure du bocal. Le jaune et l'albumine de cet œuf, lorsqu'on les sortit de la coquille, paraissaient à moitié bouillis. — Tous les œufs placés dans cette bouteille avaient leurs surfaces extérieures recouvertes d'une mince incrustation. Dans le procédé de la conservation des œufs, on a jugé convenable de les retourner de temps en temps dans différentes directions, et cela, attendu que le jaune, lorsqu'on les tient trop long-temps dans une position, est sujet à adhérer à une partie quelconque de la coquille; et c'est ce qui semble devoir faire donner la préférence à l'usage du dernier de ces mélanges, quoique la consolidation de la poudre autour de l'œuf serait un moyen de le garantir de toute fracture. Il me reste à ajouter que les œufs employés dans cette expérience n'étaient point d'une ponte récente, et qu'ils avaient été pris au hasard dans un panier de marchand d'œufs. (*Liter. Gaz. — Lond. and Paris Observ.*; 10 février 1828.)

25. Sur le papier de Riz. — Extrait d'une lettre de M. Vallot, de Dijon.

Dans le *Bulletin des sciences technologiques* 1825, Tom. 4, p. 34, n° 28, il est parlé du papier de riz, que l'on regarde comme une membrane de l'arbre de pin.

Le papier de riz, dont il est question dans cet article, est la moelle du Tong-t-sao (Calamus petræus Loureir.), ainsi que je l'ai démontré dans les *mémoires de l'Académie de Dijon*, 1820, p. p. 187 - 190, où j'ai réuni tout ce qui a rapport à cette substance. *Bulletin des sc. tech.* 1827.

Tom. VIII, p. 349, n° 385. — A propos de la force appelée cheval, il aurait été convenable de rappeler l'excellent rapport de M. Proni, inséré dans le même *Bulletin* 1826; Tom. VI, p. 231-238, et de rappeler l'article n° 195 du tom. VIII, p. 164-165.

26. Appareil de Grégoire-Félix pour la Préparation des eaux aromatiques (*Handw. und Kunstl. Fortschritte, etc;* n° 45, 1827, p. 347.)

Le vase distillatoire est en fer-blanc et de forme ovale : il est supporté par trois ou quatre pieds mobiles ou non. Au milieu est un tuyau vertical dépassant un peu le niveau du couvercle, ouvert à sa partie supérieure et exactement soudé au fond du vase. A son extrémité inférieure se trouve une grille en fer destinée à recevoir le combustible. On la retire à volonté. Ce tuyau sert de fourneau, et pour y augmenter le courant d'air on peut le surmonter d'un autre tuyau conique. On chauffe le fourneau avec du charbon, et on met dans le vase qui l'entoure, l'eau et les plantes dont on veut extraire l'arome, les zestes de citrons et d'oranges par exemple ; pour les empêcher de toucher le fourneau et de brûler, on entoure celui-ci d'un grillage en fils de fer très-fins, qui ne laisse passer que l'eau. Quant aux semences aromatiques, le cumin, l'anis, etc., on les enferme dans un sac. Au bas de l'appareil se trouve une paire de robinets pour soutirer le liquide.   V.....

27. Moyen de rendre le lin plus blanc et plus fin. (*Wochenblatt des Landw. Vereins in Bayern;* oct. 1829, p. 38.)

On met le lin en petites bottes trois fois moins grosses que celles du commerce, sans le serrer, puis on le dispose dans une cuve et on verse de l'eau par dessus. Quand il est bien humecté, on décante le liquide qui le surnage, et on le fait bouillir avec un savon résineux jusqu'à ce qu'il se forme une écume. Ce savon résineux se prépare avec de la résine, du suif et une lessive faite à froid. On lave le lin d'abord avec de l'eau chaude, puis avec une solution de savon ; enfin on le laisse de nouveau en contact, pendant un jour, avec de l'eau chaude, et on le fait sécher.

28. Praktischer Unterricht, *in dem Bau der Reitsättel, etc.* — Instruction pratique relative à la structure des selles, telles qu'on les trouve en Allemagne, en Angleterre, en France et en Hongrie, ainsi que sur différentes parties des harnais des chevaux, à l'usage des personnes qui s'occupent de ces animaux, et principalement destinée aux selliers ; par F. Schulze. Avec 46 fig. lithogr. sur 10 pl. in-8°. XII et 118 pp. in-8° ; pr. 18 gr. Ilmenau, 1817 ; Voigt. (*Allgem. Repert. de Beck ;* 1827, vol. 3, cah. 2, p. 100.)

Cet écrit, divisé en 24 chapitres, est le résultat d'une très-longue pratique et des conseils d'écuyers et de vétérinaires distingués.

ARTS MÉCANIQUES.

29. Dynamomètre funiculaire ; par P. M. N. Benoit, ingénieur pour les usines, les manufactures et les machines, etc.

Les instrumens et appareils dynamométriques sont de la plus grande utilité pour l'industrie, car, ainsi que le disait M. *Montgolfier,* la *force vive étant celle qui se paie,* il est très-essentiel de connaître, outre la nature du travail des *machines industrieuses* , la quantité d'action mécanique que ces machines consomment, afin de pouvoir établir en argent, les comptes relatifs à l'emploi de ces diverses machines, et déterminer avec connaissance de cause celles d'entre elles qui doivent avoir la préférence.

On a proposé pour atteindre ce but, divers *dynamomètres,* des *balances dynamométriques,* etc. ; mais comme ces instrumens ne peuvent pas être construits de toutes pièces, au besoin, j'ai cherché à composer, à l'aide d'une courroie et de deux poulies, un appareil aussi simple et aussi facile à exécuter partout, que l'est le *frein* que M. *de Prony* a proposé, pour mesurer l'action mécanique que peut fournir un arbre tournant par l'effet d'un moteur quelconque, problème inverse de celui que j'ai en vue.

La plupart des machines employées dans les manufactures,

3.

sont mises en mouvement à l'aide d'une courroie ou d'une
corde très-fine, qui, passant autour d'une poulie ou d'un tambour portés par un arbre de couche, en enveloppe généralement un peu plus que la moitié de la circonférence, tandis
qu'elle n'enveloppe qu'un peu moins de la moitié de la circonférence de la poulie motrice de cette machine. La portion de la
courroie ou de la corde qui se rend de l'arbre de couche à la
machine éprouve bien moins de tension que l'autre portion,
qui suit la direction opposée pour communiquer le mouvement de l'arbre de couche à l'arbre moteur de la machine. Cette
dernière portion de la courroie ou de la corde, éprouve une
tension dépendante de la résistance que la machine lui oppose,
et cette tension, multipliée par la vitesse de la courroie, est
précisément la quantité d'action mécanique nécessaire pour entretenir la machine en activité de travail. Il faut éviter que la
courroie glisse soit sur le tambour de l'arbre de couche, soit
sur la poulie de la machine, c'est ce que l'on obtiendra facilement en bandant la courroie jusqu'à ce que la machine fasse,
durant une minute, un nombre de révolutions, qui soit au
nombre des révolutions que l'arbre de couche exécute aussi durant une minute de temps, comme le diamètre du tambour de
l'arbre de couche, augmenté d'une épaisseur de courroie, est au
diamètre de la poulie motrice de la machine, augmenté de la
même épaisseur de courroie. Alors il n'y a évidemment pas de
glissement de la part de la courroie, dont tous les points s'appliquent successivement sur la poulie motrice de la machine et
sur le tambour de l'arbre de couche.

Si l'on parvient donc à mesurer la tension de la courroie en
kilogrammes, et sa vitesse par seconde en mètres, le produit
des deux nombres obtenus indiquera le nombre d'unités de
force qu'il faut appliquer à la machine pour la maintenir en
mouvement. J'appelle, pour abréger, *métrolitres*, ces unités de
force, capables d'élever chacune, par seconde, un kilogramme
à un mètre de hauteur.

Le mesurage de la vitesse de la courroie ne présente aucune
difficulté. Si *a* représente en effet, en mètres, le diamètre du
tambour de l'arbre de couche, augmenté d'une épaisseur de
courroie, et si *t* est le nombre de révolutions de ce tambour par
minute, le nombre de révolutions qu'il effectuera par seconde

sera évidemment $\frac{l}{60}$ et ou $\frac{\pi\,a\,l}{60}$ 0,0523 $a\,l$ exprimera le nombre de mètres que la courroie parcourra par seconde, c'est-à-dire la vîtesse de cette courroie, dans l'hypothèse que π exprime le rapport 3,1416 de la circonférence ou diamètre du cercle, et que la poulie motrice de la machine est mise en mouvement à raison de $t\frac{a}{m}$ révolution par minute, m désignant le diamètre de cette poulie, augmenté d'une épaisseur de courroie.

Voici comment je mesure la tension de la courroie, a désignant, dans la figure 13 pl. Ire, le tambour de l'arbre de couche, et m la poulie motrice de la machine, je fais passer la portion de courroie venant de cette poulie par-dessus une poulie de renvoi q fixée dans l'espace au-dessous du tambour a, de la poulie q, la courroie descend verticalement pour passer sous une poulie p, dont la chappe peut se mouvoir dans le sens vertical; et la courroie remonte ensuite suivant la verticale jusqu'au tambour de l'arbre de couche. Il est clair que si l'on charge graduellement le plateau de la poulie p, la machine prendra successivement des vîtesses plus grandes, et si l'on s'arrête au moment où la machine aura acquis le maximum de vîtesse qu'elle peut atteindre, et calculé comme il a été dit, le poids total K de la poulie p, de son plateau et des poids additionnels qu'il contient, exprimera en kilogrammes la résultante des tensions des deux portions verticales de la courroie, aboutissant à la poulie p. Or, ces deux tensions étant égales entr'elles, la tension de la courroie qui met la machine en mouvement sera égale à la moitié du nombre K de kilogrammes mentionné; d'où il résulte que la quantité d'action mécanique nécessaire pour maintenir la machine en mouvement sera exprimée par 0,0523 $at\,\frac{K}{2}$ métrolitres, ou, ce qui est la même chose, par 0,00435 $at\,K$ force d'*homme appliquée à une manivelle*, ou encore par 0,000 326 $a\,t\,K$ force de *cheval-vapeur*.

Ces expressions seront un peu plus grandes qu'il ne faut, car les frottemens des poulies $q\,p$, sur leurs axes, et la raideur de la courroie ou de la corde qui les entoure, tendent à l'augmenter; mais avec des soins ces résistances peuvent être réduites à peu de chose. Si l'on considère d'ailleurs, que, dans la pratique, les ouvriers ne tiennent jamais les machines qu'ils soignent dans le bon état, où l'on ne manquera pas de mettre la machine en expérience, on ne fera pas mal de négliger les résistances mentionnées, comme je l'ai fait dans les expressions précédentes.

J'ai donné le nom de *dynamomètre funiculaire* à l'appareil que je viens de décrire, et il est évident que chacun peut le construire partout avec facilité.

Cet appareil peut être varié de plusieurs manières; on pourrait, par exemple, renfermer dans un chassis horizontal trois poulies *n*, *o*, *q*, dont la première *n* d'un diamètre égal à celui de la poulie motrice *m* de la machine, serait assez large pour recevoir la courroie sans fin venant du tambour de l'arbre de couche, et à côté une seconde courroie ou corde sans fin enveloppant la poulie *m*, et descendant verticalement entre les deux poulies *o q* pour passer sous la poulie à plateau *p*, mobile dans le sens vertical, à l'aide de laquelle on opérerait comme dans le cas précédent. Mais cette seconde disposition exige deux poulies de plus que la première.

Pour donner un exemple des calculs à exécuter, soit un arbre de couche faisant 54 révolutions par minute et portant un tambour d'un mètre de diamètre, soit $0^m,4$ le diamètre de la poulie motrice de la machine en expérience, on déduit d'abord de là, que l'arbre moteur de cette machine doit faire $\frac{1}{0,4}$ $54 = 135$ révolutions au maximum de vîtesse relative à celle de l'arbre de couche. On déduit encore des données précédentes que la vîtesse de la courroie est $0,0523 \times 1 \times 54 = 2,824$ mètres par seconde. Si donc on a trouvé pour le poids total *K* mentionné 72 kilogrammes par exemple, la quantité d'action mécanique absorbée par la machine sera équivalente à $2,824 \times 72 = 203,328$ *métrolitres*, ou, ce qui est la même chose, à celle développée par 33,88 hommes appliqués à une manivelle, ou encore à celle provenant de 2,53 *chevaux-vapeur*, capables d'élever chacun par seconde 80 kilogrammes à 1 mètre de hauteur.

30. Qualités comparées de la poudre. (*Gill's technolog. Reposit.*; déc. 1827, p. 255. — *American Shooter's Manual — Franklin Journal.*)

La poudre, pour être bonne, doit être vive, forte, exempte d'impuretés, et ne pas attirer l'humidité de l'atmosphère. La méthode générale de l'éprouver consiste à la brûler sur du papier blanc. Trois petits amas étant placés les uns à côté des autres, on met le feu à l'un d'eux. Si la fumée s'élève perpendiculairement, si le papier n'est point taché et que les autres petits amas ne sont point brûlés, on en conclut que la poudre est de bonne qualité.

Il est à remarquer que par ce procédé, on n'obtient point le même résultat aux diverses époques d'une même journée.

« On a adopté différentes méthodes pour l'essai, mais toutes, à l'exception de celle de M. Dupont, méritent peu d'être suivies. »

L'éprouvette de M. Dupont consiste en une petite chambre de la même capacité qu'une culasse de fusil de chasse. Elle est dans une position verticale, de sorte que la force de la poudre s'exerce de bas en haut. On remplit cette chambre de poudre, on la recouvre d'un poids de 4 livres qui est attaché à un levier : on attache au bout mobile du levier un ruban gradué arrangé de manière à indiquer la distance à laquelle le poids a été porté par la poudre.

Pour essayer la vîtesse avec laquelle la poudre s'enflamme, on fait des traînées égales et parallèles avec les différentes poudres sur des planches graduées, et on juge ainsi aisément des différentes vîtesses.

31. Perfectionnemens dans la fabrication des colliers de chevaux. Patente, à D. Freeman. (*London Journal of arts* ; avril 1828, p. 30.)

Ces colliers consistent en un bâti en fer accommodé à la forme du cou du cheval, garni de baleines, de jonc ou de toute autre matière légère, et recouvert de tissu de laine ; des plaques métalliques sont fixées au collier et portent des anneaux qui remplacent les atelles ; enfin la partie supérieure doit s'ouvrir au moyen d'une charnière fixée à l'intérieur, afin de pouvoir placer le collier autour du cou du cheval sans faire passer sa tête à travers. L'auteur se propose par ce procédé de rendre les colliers plus légers, en leur conservant toutefois assez de solidité pour le service.   Chev.....t.

32. Nouvelle machine a guillocher ; par M. Altmutter.(*Jahr-bücher des polytech. Instit. in Wien* ; vol. VIII, p. 1.)

Cette machine, très-compliquée d'ailleurs, est un tour à guil-locher semblable à ceux que nous trouvons dans les collections du Conservatoire des Arts et Métiers de Paris; il ne présente rien de bien neuf et de bien utile dans sa construction. Cette machine a d'ailleurs perdu de son intérêt pour nous, depuis que les guillochets ne sont plus de mode. Nous ne nous arrête-rons donc pas à décrire cette machine qui exigerait une figure et de grands développemens.   D. B. F.

33. Mémoire sur les Moulins a vent ; par Ad. Burg. (*Ibid.* ; p. 85.)

Ce mémoire tout rationnel est le résumé des travaux de tous les savans qui ont fourni quelques données propres à conduire à la théorie des moulins à vent. Tels sont les travaux de Bélidor, Bernouilli, Mac Laurin, d'Alembert, Euler, Smeaton, etc. Les tra-vaux de ce dernier savant sont même reproduits presque textuel-lement. Il ne contient donc rien qui ne soit connu en France, et l'auteur n'y a rien ajouté de son fonds, seulement il a fait quelques rapprochemens des travaux de ses prédécesseurs.   D. B. F.

34. Perfectionnement pour peigner et apprêter la laine et les déchets de soie. Patente à G. Anderton. (*Lond. Journ. of Arts*; juin 1827, p. 181.)

On étend sur une toile sans fin la laine lavée et desuintée et on la fait passer entre deux cylindres, où elle est étirée par un assemblage de peignes fixés à la circonférence d'un tam-bour qui se meut au moyen d'une lanière passant sur une poulie. Les filamens de laine, après avoir été tirés des lami-noirs par le mouvement rapide des peignes, sont saisis par les dents d'un peigne fixe, et sont par là mieux redressés. Les peignes ainsi chargés de laine sont successivement amenés sous un autre double peigne qui a un mouvement de rotation, et qui redresse encore davantage les extrémités de la laine. Les bouts de cette laine ainsi redressés, sont alors enlevés et renfer-més entre des pièces de bois réunies ensemble par une courroie en cuir faisant fonction de charnière. On fixe ces pièces de bois, avec des bouts de laine, à un tambour, et on fait tourner le tout lentement. Un axe portant deux peignes se place contre la périphérie du tambour, de manière à saisir les filamens à mesure qu'ils passent, et ces peignes tournant sur leurs axes avec une grande vitesse, c'est-à-dire, faisant mille tours pour un tour de grand cylindre, les filamens de laine s'allongent en ligne droite et deviennent propres à former les boudins.

La chaleur facilitant beaucoup le redressement de la laine, l'auteur propose de l'appliquer à la machine dans diverses situations, et principalement dans la dernière.   Chev...t.

35. Notice sur l'apprêt de la soie. (*Bulletin industriel de St-Étienne;* sept. et oct. 1827, p. 236.)

Je vais essayer, dit l'auteur, d'entrer dans quelques détails sur la composition de la soie, et d'indiquer le moyen que l'on pourrait employer pour connaître le nombre de brins dont elle est formé, et déterminer le degré d'apprêt ou tordage qu'elle aura reçu.

Chaque brin de soie est fourni par un cocon, dont plusieurs réunis et dévidés ensemble dans une bassine, au moyen de l'eau bouillante ou de la vapeur, forment un fil qui est plié et étendu au fur et à mesure du dévidage sur une guindre d'environ 6 pieds de circonférence, avec assez de vitesse pour étirer et réunir ces brins encore humides et en former un fil qui acquière de la roideur en séchant. La régularité de la soie grège dépend principalement du soin qu'a la fileuse de faire continuellement et sans interruption le même nombre de cocons qui montent sur le fil, et quand elle s'aperçoit qu'il en manque elle a le soin de les remplacer. La beauté de la soie est due en partie à l'attention qu'elle a d'éloigner tout ce qui pourrait altérer sa couleur, et la surcharger de matières étrangères.

L'assemblage d'un grand nombre de tours forme une masse de fils de soie que l'on sépare environ toutes les 8 heures, et compose une flotte de soie grège. Ce fil, formé de plusieurs brins unis seulement par la gomme dont ils étaient enduits, n'aurait ni assez de force, ni assez de nerf pour supporter le décreusage et être employé au travail de là fabrique; pour remédier à cela, on lui fait subir une opération que l'on nomme *ouvraison*. On emploie généralement deux espèces de soie pour les tissus. Les unes, destinées pour former les fils de la chaîne, sont appelées organsins ; celles destinées pour la trame, sont désignées sous le nom de poils, quand elles sont à un bout, et trames quand elles sont à plusieurs.

Une soie filée à 4, 5 ou 6 cocons, produit la matière au premier fil de l'organsin. On monte 2 fils isolément, et on leur donne à chacun un tordage ou 1er apprêt qui se nomme filé. On joint ces 2 bouts que l'on tord de nouveau l'un après l'autre ; cette seconde opération se nomme 2e apprêt et se termine par le montage de ces fils sur un guindre sur lequel on assemble un certain nombre de tours qui forment des *capies* ou petites flottes, dont plusieurs servent à la composition d'un *mateau* qui est la forme sous laquelle ces soies sont mises en vente.

Le poil n'est autre chose qu'une soie grège filée à 8 ou 10 cocons, et quelquefois plus ; montés à un seul bout, et n'ayant qu'un seul apprêt, le moulage et le capiage s'opèrent de même que pour les organsins ; le pliage diffère seulement.

La trame est formée d'une grège que l'on choisit plus ou moins fine, suivant l'emploi qu'on lui destine, et que l'on monte à 2 ou 3 bouts, sans leur donner de premier apprêt, se contentant d'en donner un aux divers bouts réunis.

L'on fait aussi une soie ouvrée intermédiaire, entre l'organsin et la trame, que l'on appelle *tors sans filé*, qui peut être employée quelquefois pour le travail de la chaîne ; elle est formée des mêmes fils que l'organsin, mais ils ne reçoivent point de 1er apprêt et les fils sont pourvus d'un 2e apprêt très-renforcé, qui cache la perte du 1er.

Connaissant, au moyen du microscope, le nombre des brins, et par conséquent de cocons dont est composé un fil de soie quelconque, il serait possible de déterminer d'une manière fixe son degré de tordage dans la longueur d'un millimètre.

Ainsi, par exemple, désignant par S chaque tordeuse de la soie, l'on exprimerait en chiffres le nombre de tordages contenus dans un millimètre qui serait de 2, 3 ou 4 S pour les 2 fils isolés, et de 2 à 3 S pour les 2 fils réunis, qui seraient beaucoup plus faciles à distinguer.

Le titre ou la pesanteur d'un fil de soie est pris sur 475 ou 400 aunes que l'on dévide sur une guindre ayant une aune de circonférence.

Le poids qui résulte de cette opération, indique le numéro

ou titre de cette soie qui est exprimé par les grains, fraction de la livre de Montpellier, de 15 onces, qui sont les mêmes qu'au poids de marc; les onces se divisent en 24 deniers, et les deniers en 24 grains.

Le titre du cocon ordinaire des environs d'Alais, est à peu près 2 grains $\frac{1}{4}$. Quatre à cinq de ces cocons réunis forment un fil de soie grège, dont le titre sera parconséquent de 21 grains que l'on désigne par deniers, attendu que l'on ne fait que la 24ᵉ partie de l'épreuve, l'opération devenant trop dispendieuse, et si l'essai de cette soie nous a donné 21 grains pour 400 aunes, nous obtiendrons pour la totalité 9,500 aunes, dont le poids sera de 21 deniers.

Afin de mettre un rapport entre un essai de soie et sa mise en fabrique, l'on en a formé une portée de chaîne qui est composée de 80 fils de la longueur de 120 aunes, formant 9,600 aunes, dont le poids sera le même que celui de l'essai.

36. Observations microscopiques sur la forme, la finesse et la force des filamens de coton; par M. Josué Heilmann, suivi d'un rapport du com. de la Soc. de Mulhouse. (*Bullet. de la Soc. indust. de Mulhausen;* nº 1, 1827, p. 5.)

Les filamens ou brins de toutes les espèces de coton, observés au microscope, paraissent être des tubes aplatis, transparens, d'une surface lisse, mais plissée dans différens sens, et surtout longitudinalement, et enfin ils sont fort souvent tordus en forme de vis, tantôt dans un sens, tantôt dans l'autre.

Il est très-difficile d'indiquer avec quelque précision la grosseur des filamens d'une espèce de coton, ou le rapport de la grosseur des filamens d'une espèce à celle d'une autre.

Le meilleur moyen de trouver le rapport entre les grosseurs des filamens, serait de compter le nombre de brins composant des fils différens, dont les nᵒˢ seraient connus et qui seraient filés de différentes espèces de coton; mais ces rapports différeraient probablement selon les échantillons sur lesquels on opérait. Pour en donner une légère idée, je bazarderai néanmoins d'indiquer les rapports qui m'ont paru exister dans les espèces que j'ai soumises à mes expériences.

En partant du principe qu'il faut environ 160 brins de Georgie, longue soie, placés les uns à côté des autres, pour couvrir

la largeur d'une ligne, les nombres suivans marquent combien il
faudrait de brins de chaque espèce de coton, pour occuper le
même espace.

Géorgie, longue soie.	160	Bengale.	120
St-Domingue.	150	Surate, 1re qualité.	120
Porto-Ricco.	150	Fernambouc.	120
Jumel.	150	Macédoine.	100
Bourbon.	150	Guadeloupe.	100
Louisiane.	135	Altah.	80
Caraque.	125	Salonique.	80
Castellamare.	120	Para.	80
Cayenne.	120	Adenos.	80
Garthagène.	120	Surate, qual. inf.	80
Géorgie. Courte soie.	120		

Il faut remarquer que ces nombres s'appliquent au coton
dans l'état naturel et sec, et mesuré à peu près au milieu de la
longueur; car étant mouillé il se laisse facilement aplatir à une
largeur au moins triple, de sorte qu'il ne faudrait alors plus que
le tiers du nombre de brins indiqué ci-dessus.

Dans mes recherches sur la force des filamens de coton, je
me suis servi de 4 espèces de fils. Je les ai attachés un grand
nombre de fois au casse-fil de M. Régnier, et j'ai noté chaque
fois le nombre de décagrammes qu'il a fallu pour les rompre.
Ensuite j'ai placé un grand nombre de fois ces mêmes fils sous
la lentille d'un microscope pour compter le nombre de brins qui
les composaient. Enfin j'ai pris la moyenne entre mes résultats
pour la force cherchée.

Le tableau suivant présente les résultats de mes expériences.

ESPÈCE DE FIL.	FORCE MOYENNE.	NOMBRE MOYEN.	FORCE D'UN BRIN EN GRAMMES.
1° Fil Louisiane, n° 30.	167	69	$2\frac{1}{2}$
2° Jumel, n° 80....	95	22	$4\frac{1}{3}$
3° Géorgie, longue soie, n° 80......	83	23	$3\frac{2}{5}$
4° Géorgie, courte soie, n° 80......	84	20	$4\frac{1}{5}$

37. Voitures perfectionnées; par Th. Seaton. (*Repert. of patent invent.*; août 1827, p. 110.)

" L'auteur décrit d'abord la manière de construire un chariot en fer, et de lier les pièces ensemble de manière qu'elles ne puissent se déranger par les secousses. La construction des roues de ces voitures mérite une attention particulière, parce que les rayons servent comme de ressort. Pour former ces rayons, on courbe une bande d'acier d'environ 2 ou 3 pouces de large en forme d'ovale, dont le grand axe est de la longueur destinée à la partie du rayon de la roue comprise entre le moyeu et les jantes : cette bande d'acier ainsi disposée, forme dans le fait, 2 rayons à ressort, recourbés dans des directions opposées. Afin de lier cette paire de rayons avec la circonférence et le moyeu, le bout joint à la circonférence est forgé de manière à former une bride autour d'une clavette en fer suffisamment forte; cette bride est divisée par une ouverture faite dans le sens de la cavité de manière à contenir intérieurement une pièce saillante qui enveloppe la circonférence. Les autres bouts des ressorts, à l'endroit où les extrémités de la bande d'acier doivent se rencontrer ensemble, sont forgés de manière à être applatis dans la direction du rayon de la roue et ces parties applaties entrent dans des cavités faites exprès dans le moyeu, portant des entailles carrées des 2 côtés, au moyen de quoi tout est solidement fixé. On doit se pourvoir pour chaque roue d'un nombre de rayons à ressort, égal à la moitié du nombre des rais destinés à chaque roue, puisque chacun d'eux équivaut à 2 rais.

Les moyeux sont en bronze ou en fer, et ils ont des entailles faites à des intervalles réglés autour de leurs bords, dans la direction des rayons, pour recevoir les bouts applatis des doubles rayons à ressort; ils ont encore à chacun de leurs côtés, entre leurs bords et leur centre, une gouttière annulaire applatie; les entailles carrées à l'extrémité applatie des doubles rayons à ressort étant préparées de manière à correspondre avec ces gorges annulaires, formeront avec elles des cavités annulaires non interrompues, pour recevoir des viroles appropriées à cet objet : des trous étant percés à travers ces viroles ainsi qu'à travers le moyeu, dans les intervalles ménagés entre les bouts applatis des rayons à ressort, ainsi qu'à travers 2 plaques circulaires appliquées aux extrémités du moyeu, on met en place les doubles

rayons à ressort et les autres parties sus-mentionnées, et on as-
sujettit le tout-à l'aide de clavettes à ressort. Les essieux dont
l'usage est préférable avec ces voitures sont ceux qui tournent
avec les roues. Le mécanisme dont nous venons de parler peut
s'appliquer à toutes sortes de voitures.   CHEV...T.

38. DESCRIPTION D'UNE MACHINE APPLIQUÉE A UNE VOITURE POUR
MESURER LES DISTANCES ; par W. EDGEWORTH. (*Édinb. Journ.
of scienc.* ; juill. 1825, p. 93.)

On a fait une multitude de machines appliquées à des voitures
pour compter les révolutions de la roue, et mesurer de cette
manière les distances parcourues ; mais toutes celles dont j'ai
entendu parler, dit l'auteur, s'usent rapidement et se déran-
gent, parce que l'appareil placé sur l'essieu, ou tout auprès,
porte sur des parties du chariot sujettes à des accidens. Pour
cette raison, l'auteur s'est déterminé à suspendre sur le corps de
la voiture, qui était sur ressorts, tout l'appareil requis pour enregistrer les révolutions de la roue ; il s'est servi du pédomètre
du révérend Gout, qui donne peu d'exactitude, porté dans la
poche comme une montre pour compter le nombre des pas qu'on
fait en marchant. L'auteur plaça ce pédomètre horizontalement
dans le coude de la voiture. Il y était assujetti, caché par une
petite porte couverte d'étoffe, de sorte que le cadran ne se dé-
couvrait point aisément, excepté par une personne qui connaissait l'ouverture. La difficulté était de communiquer le mouvement
du mécanisme au pédomètre, qui étant placé sur le corps de la
voiture et en conséquence sur les ressorts, était sujet à changer
de distance par rapport à la roue ; mais, comme les ressorts
jouaient dans une direction à peu près verticale, l'auteur fit passer
à travers le côté de la voiture une broche verticale qui vint à
quelques pouces au-dessous de l'essieu. Le bout inférieur était
coupé en forme de manivelle, et cette manivelle était en contact
avec une clavette d'environ un demi-pouce de diamètre, laquelle
entrait dans le moyeu près de la circonférence. Il y avait autour
de la broche un ressort à boudin qui pressait légèrement la manivelle contre l'essieu ; mais chaque fois que la roue tournait, la
clavette, insérée dans le moyeu, poussait la manivelle en dehors
à quelques pouces de l'essieu, et la manivelle retournait à sa
place par l'action du ressort à mesure que la clavette se retirait.

On avait placé au sommet de la broche un levier d'environ deux pouces de long, un peu au-dessus du niveau du pédomètre; ce levier agissait contre le bras court et vertical d'un levier coudé, dont le long bras horizontal levait en l'air le manche du pédomètre et par ce moyen faisait avancer d'une division l'aiguille sur le cadran. Maintenant ce bras horizontal était élastique et faisait que le mouvement communiqué par le moyeu était plus que suffisant pour lever en l'air le manche. Le levier élastique se courbait aussi par le mouvement, ensorte qu'aucune secousse ne pouvait causer d'erreur en enregistrant le nombre de révolutions.

Il vaudra mieux avoir un mille mesuré exactement sur une route droite; alors en la parcourant un petit nombre de fois, en allant et en revenant, et prenant la moyenne du nombre de révolutions que la roue fait par mille, on peut aisément former une table pour une voiture, quelque puisse être la grandeur de la roue; cette table montrant la valeur des révolutions en mille et fractions de mille.

39. APPAREIL CONTRE LES ACCIDENS DE VOITURES; par J. B. COLOMBO.

Le 17 mars dernier, M. J. B. Colombo a fait, en présence de la cour et d'un grand nombre de personnes distinguées, l'expérience de son appareil, nommé *Dromostasi (frenacorso)*, qui peut être adapté à toute voiture quelconque, et qui a pour objet de garantir les voyageurs de tout fâcheux accident, soit en plaine, soit dans les montées ou descentes, dans le cas où les chevaux viendraient à prendre le mors aux dents. L'expérience a été réitérée toujours avec le même succès, et le Roi a témoigné toute sa satisfaction à l'inventeur. (*Journal de Savoie;* 29 mars 1828.)

40. SUR LES OBSERVATIONS FAITES PAR M. CLEMENT SUR LES SOUPAPES DE SURETÉ. (*Antologia;* n° 73, janvier, T. XXV, p. 159.)

Le rédacteur commence par rappeler les expériences sur le mouvement de l'air au sortir des orifices fermés par des clapets, dont M. Clément fut témoin aux forges de la Nièvre. Ensuite il s'exprime en ces termes :

Le directeur du Bulletin scientifique (*Bulletino Scientifico*), désirant vérifier le premier des 3 faits singuliers indiqués ci-dessus, a invité M. Egidio Succi, agent des forges, aux édifices de Follonica, homme intelligent et actif, à faire quelques expériences qu'il a exécutées avec autant d'empressement que de sagacité. Il a fait percer un trou circulaire d'environ 10 lignes de diamètre à l'une des soupapes du portevent de cette fonderie, et a appliqué dessus un disque fait d'une grosse plaque de fer, d'un diamètre environ 2 fois $\frac{1}{2}$ plus grand que celui du trou, et il a observé ce qui suit :

«J'ai tenu, dit-il, le disque à la distance de 4 pouces 4 lignes du trou, le vent le chassait avec une très-grande violence ; en le rapprochant graduellement, cette violence diminuait, et jusqu'au point que le disque, arrivé à la distance de 3 lignes, s'échappait de la main par la force de l'attraction, qui semblait l'appeler vers le trou. Pour relever ce disque et l'ôter du trou, il faut employer une force à peu près égale à celle qui serait nécessaire pour soulever une soupape de cuivre soumise à un volume ordinaire d'eau, alors qu'il est mis en action.

« Détaché à la distance de 3 lignes, la force du vent allège à la main le poids du disque, et en l'éloignant progressivement, la force du souffle augmente. Pendant que le disque était posé sur le trou, il s'échappait entre lui et la table un courant de vent, qui donnait au disque un petit mouvement d'ondulation, accompagné d'un bruissement plus ou moins considérable selon la plus ou moindre quantité d'air qui sortait. Un disque de fer plus petit d'un tiers et même de la moitié de celui indiqué ci-dessus, présentait le même effet. Un autre disque un peu plus grand que le trou et qui y était appliqué, était continuellement soulevé par le vent, mais posant dessus un très-petit poids qui le maintenait dans un certain équilibre, il était attiré ou poussé vers le trou. »

Le directeur du *Bulletin scientifique*, méditant sur le remède que M. Clément dit avoir trouvé dans la cause même du mal, suppose qu'il peut être le suivant, et quand même ce ne serait pas celui imaginé par M. Clément, il pense qu'il peut être également efficace. Il consisterait à faire un second trou dans le disque *obturateur* ou dans la soupape, couvert par un second disque un peu plus petit que le premier, et dans le second disque un 3ᵉ trou couvert par un 3ᵉ disque. D'après cette disposition, il semblerait que tous les disques devraient se comporter également et être maintenus par l'action du vent ou de la vapeur, à une certaine distance entre eux, laissant alors l'issue non-seulement à une, mais à deux, à trois ou plus de courans de vent ou de vapeur, et dans ce dernier cas on éviterait la rupture et l'explosion de la chaudière.

41. APPAREIL POUR LA SONNERIE DES CLOCHES, inventé en Danemark.

On sait que les édifices souffrent beaucoup par la sonnerie des cloches, surtout si celles-ci sont très-pesantes; qu'on se figure en effet une masse de 10 milliers et même de plus, tirée çà et là, et l'on pourra comprendre combien un édifice doit être ébranlé par un mouvement semblable. Aussi, depuis long-temps s'occupe-t-on à chercher le moyen de sonner les cloches sans les tirer. Jusqu'à présent la plupart des procédés consistaient à frapper sur la cloche avec un marteau ou un battant, mis en mouvement à l'aide d'une machine qu'on pouvait faire aller plus ou moins vite. Cependant les intervalles étaient rarement égaux, et le battant ou le marteau, après chaque coup, demeurait quelque temps en contact avec la cloche, rendant ainsi le son moins distinct. Une partie de ces inconvéniens ont été levés par une machine inventée par le serrurier danois Svendsen. Toutefois, cette machine avait encore le défaut d'être compliquée et de n'être point fondée sur la loi des oscillations libres. A l'occasion de la suspension d'une nouvelle cloche, pesant 8 milliers, dans le clocher de l'église Notre-Dame à Copenhague, le professeur Oersted a cherché à améliorer la machine de Svendsen. A cet effet, il y a introduit un balancement semblable à celui du pendule. Un axe, en tournant, soulève un marteau, qui, à chaque tour, frappe sur la cloche et produit un son qu'on ne saurait distinguer de celui que produit la cloche lorsqu'on lui donne le branle. Ce mécanisme a encore l'avantage de n'avoir besoin que d'un seul homme, tandis que pour donner le branle aux cloches il en faut quelquefois une dixaine. On peut accélérer ou retarder le mouvement de l'axe. Peut-être aussi parviendra-t-on, à l'aide du nouvel appareil, à obtenir le même son d'une masse

de métal bien moindre. M. Oersted espère que les idées mises
ici en avant exciteront d'autres personnes à perfectionner
la sonnerie des cloches. (Oersted, *Oversigt over det kong. danske
Videnskab–Selskabs forhandl.;* 1827, p. 15.)

42. FABRICATION DU PAPIER PAR LES INDOUS. Extrait d'un
   Voyage à travers la péninsule de l'Inde, depuis Madras jusqu'à Bombay; par un employé civil de Madras.

L'atelier, qui avait environ 25 pieds de long sur 10 de large,
était percé à l'une de ses extrémités d'un trou carré de 5 pieds
de largeur sur autant de profondeur. A l'extrémité opposée et
dans l'aire de la chambre était une citerne de 3 pieds de large
sur autant de profondeur. Le long des poutres qui surmontaient
l'ensemble de l'appareil, se trouvaient placées des rangées de
fil retors, espacées entre elles de 3 à 4 pouces. Les murs, construits en paillotis, étaient blanchis à la chaux, et très-
propres. Le premier procédé consiste à prendre des sacs à gargousse et à les couper avec une serpe, en petits morceaux,
sur un bloc de bois. Ceci fait, on jette le tout dans le trou
carré mentionné ci-dessus. Au-dessus et dans le milieu de ce
trou, descend perpendiculairement un arbre fixé à son extrémité supérieure à un autre arbre placé horizontalement. A la
distance d'environ un pied du trou, sont deux blocs de bois
qui forment l'aire de l'arbre horizontal qui opère au moyen
d'un maillet qui engrène dans des entailles pratiquées dans
le massif de ces blocs. A l'extrémité de l'arbre horizontal sont
deux ouvriers qui, alternativement, font, de tout le poids de
leur corps, effort sur cet arbre, et le mettent en jeu, en
sorte que l'arbre perpendiculaire s'élève, puis retombe avec force
au fond du trou. Là, se trouve un petit garçon dont la tâche
est d'alimenter le brisoir en poussant constamment les morceaux d'étoffe à gargousse sur l'aire où frappe cet arbre. Lorsque la matière est suffisamment broyée, on la transporte dans
des réservoirs situés hors de l'atelier, on l'y pétrit et on l'y presse
à la main, puis on la fait macérer dans de l'eau de chaux,
tant pour achever d'en détruire la cohésion, que pour la
blanchir. Cette opération du brisage, de la macération et du
pétrissage se renouvelle souvent avant que la matière se trouve
complétement réduite à l'état de pâte. Arrivée à ce degré de

préparation, ou la mêle avec de l'eau, et on la place dans les citernes carrées établies à l'autre extrémité de la chambre. Alors cette matière est propre à faire le papier. A cet effet, on prend un cadre en bois d'environ 2 pieds en carré et en forme de gril, dont les barreaux sont, chacun, un peu plus mince que le petit doigt. Au-dessus de ce cadre est placé un crible carré, fait d'une belle espèce de roseau ou de paille, et dont les brins ne sont guères plus épais qu'une grosse épingle. Ces brins sont disposés parallèlement les uns près des autres, et assujétis aux points d'intersection avec du fil. Chacune des extrémités du crible, que l'on fait suffisamment long, se roule, et ces replis permettent de l'étendre en plaçant deux bâtons en travers. Le châssis, surmonté du crible, se trouvant ajusté, le papetier s'accroupit sur ses jarrets, remue avec un bâton la pâte déposée dans la citerne, plonge le crible dans cette citerne, le relève et secoue légèrement la pâte qu'il a enlevée avec cet instrument. Alors il se forme à la surface du crible une feuille de papier, que l'ouvrier retourne sens dessus dessous, et qu'il laisse ensuite retomber sur un demi-cylindre de bois. On laisse tomber l'une après l'autre plusieurs feuilles de papier sur ce cylindre, et, bien qu'elles soient mouillées, elles n'adhèrent point entre elles. Ensuite on fait sécher un peu le papier, puis on le colle sur les murs. Dans cet état, on l'enduit d'une préparation de riz pilé avec de l'eau, dans un mortier de pierre, jusqu'à ce que le tout soit réduit en un liquide homogène, épais et blanc, semblable à de la crème. Ceci fait, on fait bien sécher le papier en le suspendant aux rangées de fil retors placées sous le toit de l'atelier. Lorsqu'il est parfaitement sec, on le satine en le frottant avec un morceau de quartz poli; on le rogne, puis on le plie en feuilles et on en fait des cahiers de 12 feuilles chacun, dont le prix est de 2 fanams ou environ 5 sols anglais. (*Orient. Herald ;* juill. 1827, p. 62.)

43. Cadres métalliques pour la confection du papier. — Patente à L. Aubrey. (*London Journ. of arts ;* déc. 1827, p. 185.)

L'auteur a pour but de faire à la mécanique les vergeures des feuilles de papier, qui, jusqu'ici, ne paraissent avoir été faites que sur le papier fabriqué à la main. Voici sa manière de pro-

4.

céder. La chaîne se place sur le métier suivant la méthode ordinaire ; elle consiste en petits fils métalliques selon le nombre
de trous qu'on veut par pouces, sans employer la grande chaîne,
jusqu'à ce que les petits espaces du peigne soient remplis conformément à la largeur désirée. Lorsqu'elle est convenablement
fixée aux deux extrémités, un rouleau en bois ou en métal,
d'environ 5 pouces de diamètre, et aussi long que le métier est
large, se fixe de manière à reposer sur 2 montans en fer à l'extrémité du métier, un peu au-dessous et non tout-à-fait sous le
le centre du rouleau du fond. Ce rouleau doit avoir une gorge
pour recevoir une lame en bois ou en métal que l'on y fixe
par des vis ; cette lame doit aussi porter autant de chevilles en
fer, en acier ou en autre métal, qu'on veut avoir de grandes
lignes dans la feuille de papier ; ces chevilles s'élèvent à environ
$\frac{1}{4}$ de pouce hors du rouleau ; elles sont divisées de $\frac{1}{4}$ de pouce
à 1 pouce et au-delà, pour correspondre aux grandes divisions
laissées dans le peigne. La grande chaîne se place ensuite sur
chacune des chevilles, soit circulaires ou autres, autour du rouleau de 5 pouces, jusqu'à ce qu'il y en ait une longueur suffisante ;
chaque grande chaîne, soit circulaire ou autre, se passe alors
à travers l'équipage antérieur, qui devrait être très-fort et
placé un peu plus haut que le petit équipage dans le travail.
De là, ces chaînes passent successivement à travers les grandes
divisions du peigne. On laisse de grandes divisions dans ce dernier, afin de recevoir la grande chaîne, et on en fixe les extrémités à un boulon de fer de $\frac{1}{2}$ pouce de diamètre. On doit
placer le rouleau métallique de manière qu'il repose à l'aise sur
les grandes chaînes, de niveau avec la base du rouleau de 5 po.;
par ce moyen, toutes les grandes chaînes sont également tendues ainsi que les petites. Le tissage s'exécute ensuite à la manière ordinaire.   CHEV...T.

44. NOTE SUR LA FABRICATION DE L'ORGE PERLÉE ; par M. DU-
    BRUNFAUT. (*Industriel* ; juin 1828, p. 73.)

On indique ici le système des appareils employés en Hollande pour cette fabrication, et on les décrit sans l'aide de figures.

Ils consistent en deux meules, dont l'une dormante est percée d'un trou à son milieu. L'autre est tournante et écartée de

quelques lignes ; elles ne portent pas de tailles. La meule tournante est enveloppée d'une archure de tôle percée en râpe, et elle fait 400 révolutions par 1'. Le grain arrive comme dans les moulins à farine ; il passe entre les meules, et il est lancé vers la périphérie, où il est ébarbé par la râpe de tôle. Ces grains sont ensuite passés dans des cribles pour les calibrer après les avoir passés au tarare qui en sépare la farine. Deux paires de meules mises en mouvement par un bon moulin à vent, font en 24 heures 10 sacs d'orge ou 10 quintaux usuels.

45. TRAVAIL ET PRODUITS DU CHANVRE ET DU LIN; par M. TERNAUX l'aîné.

De tous les services que, depuis plus de 40 ans, M. Ternaux l'aîné n'a cessé de rendre à l'industrie française, l'un des plus grands sera sans doute le développement qu'il s'occupe de donner au travail des lins et des chanvres. Ils entrent dans ses ateliers bruts, c. à d. en baguettes, sans avoir été soumis au rouissage; et, à l'aide de machines et de procédés aussi prompts qu'économiques, ils sont bientôt dépouillés de leurs chénevottes, filés et tissés.

J'ai suivi avec attention les essais que M. Ternanx a faits à St.-Ouen sur ce sujet. J'ai vu le lin passer par toutes les opérations, et enfin, converti en toile; et j'ai la conviction que l'établissement que l'on assure devoir former à Boubers, département du Pas-de-Calais, pour cette fabrication, produira les plus heureux résultats, non-seulement pour cette sorte d'industrie à laquelle il fera faire un grand pas, mais encore pour l'agriculture, à laquelle il assure un placement plus considérable d'un de ses produits les plus avantageux.

Par le travail du *linourgos* (1), que M. Ternaux emploie, on évite toute espèce de rouissage. Le lin, après avoir été dépouillé de sa chénevotte, mais conservant encore sa gomme, est livré au peigne, puis à la filature, où il donne beaucoup moins de déchet et un fil plus égal que le lin roui : en termes d'atelier, il n'est pas *bouchonneux*.

(1) Machine qui brise par journée de travail de 12 heures six cent kilogrammes de lin ou de chanvre non roui et dont la manœuvre n'exige qu'un homme et deux jeunes filles : la force nécessaire pour la mettre en mouvement est égale aux trois quarts de celle d'un cheval.

Les fils dégommés sont mis en écheveaux en très-peu de temps et par des procédés qui n'en altèrent pas la qualité; ils sont d'une couleur beaucoup plus claire que ceux du lin le mieux roui à l'eau. J'ai vu sur le métier une bonne toile de ménage faite avec ce fil ; elle approchait beaucoup de ce que l'on appelle dans le commerce demi-blanc.

La force de ce fil est plus grande, puisqu'il est fait avec une matière neuve qui n'est pas fatiguée par l'action du rouissage : c'est surtout au tissage que l'on en reconnaît toute la supériorité ; car la chaîne que j'ai vue en travail était si forte, que le tisserand n'avait d'autre occupation que de templer et de remplir la navette.

Enfin, à l'aide du *linourgos* et des nouveaux procédés qu'emploie M. Ternaux, le lin peut être mis en toile dans un très-court espace de temps.

L'économie qui doit nécessairement résulter de cette réunion de travaux et de toutes ces opérations successives ainsi centralisées, permettra d'établir les toiles avec bénéfice à meilleur marché qu'elles ne reviennent aujourd'hui. La consommation intérieure s'accroîtra, et les exportations deviendront plus considérables et plus fréquentes, ce qui est du plus haut intérêt.

Les succès de M. Ternaux sont d'autant plus remarquables et plus précieux que ceux que l'on a tentés généralement en ce genre jusqu'ici ont été infructueux, et ont donné des pertes à ceux qui les ont entrepris. Il est vrai de dire à ce sujet que les opérations n'étaient pas les mêmes.

Il est donc probable qu'une révolution va s'opérer dans ce genre d'industrie, tout au moins me porte à le croire.

Honneur à celui qui, par son travail, sa persévérance et ses recherches, a su vaincre de grandes difficultés. L'on doit également des éloges et de la reconnaissance aux hommes qui concourrent avec lui à une entreprise aussi intéressante, aussi nationale, puisqu'elle a pour but de diriger les travaux de l'industrie vers les produits du sol.   DUBRUNFAUT.

46. ILIODOMÈTRE DLIA POVERKI TCHASSOF. — Iliodomètre pour régler les montres, ou Indicateur de l'heure précise où le soleil se lève et se couche tous les jours, depuis le 40° jusqu'au 69° degré de latitude. 2 vol. in-8°; prix 5 roubles. Kharkof,

1825. (*Bibliographitcheskié Listi.* — Feuilles bibliographiques; n° 30, 1825.)

L'auteur de cet iliodomètre, M. Karasine, après avoir démontré l'incommodité de se servir partout des cadrans solaires ou des boussoles, indique l'usage facile que l'on peut faire de ses tablettes astronomiques dans les années bissextiles aussi bien que dans les années communes. M. Karasine rend ensuite compte des calculs qu'il a faits, et présente les noms de 4,000 villes et bourgs de Russie, et de plusieurs autres villes étrangères, en indiquant par des lettres les cercles parallèles sous lesquels elles se trouvent, ainsi que les parallèles ou degrés de latitude septentrionale correspondant à ces lettres. Le premier volume se termine par un tableau indiquant à combien de minutes et de secondes le soleil, dans toutes les saisons et sous les diverses latitudes, paraît couper l'horizon avant et après son véritable coucher astronomique, en prenant la réfraction horizontale de Laplace, qui est de 34′ 49″.

Tout en rendant justice au talent du jeune auteur, il est cependant impossible de regarder toutes ses indications comme exactes : à la page 15, par exemple, il propose la solution d'un problème relatif à l'accélération du lever du soleil, occasionée par la réfraction. Cette solution renferme deux erreurs et est entièrement opposée aux véritables principes de la trigonométrie sphérique; aussi la conséquence qu'il tire est-elle évidemment vicieuse. Il eut fallu calculer d'après la formule suivante :

$$t = \frac{R}{15 \cos \varphi \cos \delta \sin \left(P + \dfrac{15\,t}{2} \right)}$$

t indique ici le nombre de secondes d'accélération du soleil à son lever, en raison de la réfraction; *R* est la réfraction horizontale $= 34′ 49″$; φ la latitude géographique de l'endroit; δ l'inclinaison du soleil ; *P* l'angle horaire du soleil à son lever réel.

Il faut ensuite convenir que l'emploi des tablettes de M. Karasine pour régler les montres est assez incommode pour trois raisons :

1) Il est difficile de bien remarquer le moment où le soleil se

lève et se couche, à cause des nuages et des brouillards qui
alors couvrent presque toujours l'horizon.

2) La réfraction varie très-souvent près de l'horizon.

3) L'horizon lui-même ne peut être bien exact que dans les
grandes plaines.

Voilà pourquoi les montres ne seront jamais parfaitement
justes, et c'est ce qui a empêché jusqu'ici les astronomes de proposer, pour les régler, le lever et le coucher du soleil.

La véritable utilité de l'iliodomètre de M. Karasine se borne
donc à procurer à chacun la facilité de connaître le lever et le
coucher de cet astre dans l'endroit où il demeure.   A. J.

47. Presse lithographique ; par M. Thinat.

Ce mécanicien, de Nantes, vient de terminer une nouvelle
presse lithographique, à laquelle il a fait beaucoup d'a-
méliorations ingénieuses. Cette presse, qui est déjà en activité
dans les ateliers de M. Mellinet à Nantes, est extrêmement
avantageuse pour le tirage (*Le Breton* ; 20 oct. 1827.)

48. Toueur la Dauphine.

Un nouveau journal, qui se recommande par les renseignemens statistiques qu'il renferme (*la Gazette de la navigation*),
rend compte dans l'un de ses derniers numéros d'une nouvelle
expérience du toueur *la Dauphine*, qui vient d'avoir lieu, par
ordre du préfet de police, en présence d'une commission composée de l'inspecteur-général de la navigation et de plusieurs ingénieurs distingués ; cette expérience avait pour but d'éclairer
l'autorité sur une demande formée par M. Édouard de Rigny,
gérant de l'entreprise des remorqueurs sur la Seine, à l'effet
d'obtenir la suppression du hallage depuis Passy jusqu'aux ports
d'Orsay et de St.-Nicolas.

Cette expérience, comme celles qui ont été faites précédemment, n'a eu, d'après l'auteur de l'article dont nous parlons,
que des résultats incertains et de si peu d'importance, qu'il ne
les croit pas dignes d'un examen détaillé.

D'après ce que nous avons déjà dit à ce sujet dans notre numéro du 19 décembre, l'issue de cette expérience ne doit éton-
ner personne. Nous croyons devoir rappeler ici, dans l'intérêt
de cette entreprise et dans celui de la Compagnie des remorqueurs de la Seine, ce que nous avons déjà dit dans notre 1er

article : **M.** Édouard de Rigny ne pourra *utiliser* le touage par la vapeur sur la Seine, que lorsqu'il abandonnera la fausse route qu'il a suivie jusqu'à présent, et lorsqu'il consentira enfin à faire usage des procédés qui lui ont été concédés par M. N. Courteant et Tourasse ; les heureux effets de ces procédés ont été constatés par une série de grandes expériences, que ces deux mécaniciens ont faites pendant trois ans sur le Rhône et la Saône, mais particulièrement sur cette dernière rivière, dans la traversée de Lyon, où se trouvent des courans incomparablement plus rapides que ceux de la Seine sous le pont Notre-Dame à Paris. (*Nouveau Journal de Paris ;* 28 mars 1828.)

49. MEMORIAL ON THE UPWARD FORCES OF FLUIDS, etc. — Mémoire sur les forces d'ascension des fluides, et sur leur application à plusieurs arts, sciences, et objets d'utilité publique : pour lequel un brevet d'invention a été accordé par le gouvernement des États-Unis, à l'auteur, Edmond-Charles GE-NET, citoyen des États-Unis, correspondant de l'Institut de France, etc. In-8° de 112 p. Albany, 1825 ; imprim. de Packard.

Ce mémoire est divisé en deux parties : l'une traite de la navigation aérienne ou des aérostats ; l'autre, de la navigation sur les eaux. La science aérostatique étant encore, pour ainsi dire, dans l'enfance, nous ne ferons qu'indiquer, sans les discuter, les points sur lesquels M. Genet s'est appuyé ; nous donnerons plus d'espace au chapitre de la navigation sur les flots, parce que les idées sont déjà très-arrêtées à cet égard, et parce que l'auteur propose un moyen plus économique, plus simple, et moins susceptible d'accident que la vapeur. Nous mettrons, d'ailleurs, dans cet exposé la réserve que commande la découverte plus ou moins heureuse d'un procédé que l'auteur paraît avoir le dessein d'importer en France, après avoir déjà obtenu un brevet d'invention dans les États-Unis d'Amérique.

En ce qui touche la navigation aérienne, M. Genet raconte que, dès l'année 1783, quand Montgolfier fit ses premières expériences, il avait lu, à l'Académie des sciences de Paris, à laquelle il appartenait déjà en qualité de correspondant, un mémoire sur les moyens d'appliquer la force de la vapeur à faire

mouvoir les ballons pleins d'air raréfié. Il eut occasion de développer et d'agrandir depuis ses méditations sur cette matière, en
substituant aux moyens employés par Montgolfier l'action d'un
feu de charbon fossile pour extraire de l'eau le gaz hydrogène,
qui, obtenu de la sorte, lui semble préférable à celui qu'on se
procure ordinairement. Employé dans diverses ambassades en
Angleterre et en Russie, il se mit en rapport avec les savans de
ces contrées, et put encore ajouter à son expérience. La révolution française l'obligea de renoncer pour un temps à ses études favorites ; cependant il fut encore en relation avec Guyton
de Morveau, et fournit des idées sur l'art de construire des
ballons pour le service des armées. Enfin, il passa aux États-
Unis, se lia avec Fulton, et conçut alors le projet de perfectionner ce que ce dernier venait de mettre en pratique, c. à d.
la navigation par la vapeur, dont nous allons plus spécialement
nous occuper.

Dans son mémoire, après avoir retracé l'historique de la
vapeur, et ses effets réduits à un quart du poids primitif, après
avoir balancé le prix des machines à vapeur, la consommation de charbon, leur stabilité précaire et leur danger, M.
Genet arrive à l'exposé du moyen plus simple, moins coûteux
et plus sûr qu'il croit avoir trouvé, pour imprimer aux navires
de toutes les dimensions un mouvement plus régulier, plus
uniforme que par la vapeur : c'est par la pression de l'air atmosphérique renfermé dans un appareil qu'il appelle *hydrostat.*
Il applique hypothétiquement ce procédé à un navire dont le
pouvoir par la vapeur est estimé à 16,000 livres, ou à la force
de 100 chevaux ; il propose, en conséquence, pour procurer le
mouvement du navire, l'immersion alternative d'un hydrostat
dans deux fluides différens, l'air et l'eau, et afin que le mouvement
soit plus rapide, il voudrait qu'on employât deux hydrostats dont
il décrit la composition et le mécanisme, ainsi que la forme et
le mécanisme de la machine qui remplacerait la machine à vapeur, et dont il offre un modèle qu'il appelle *hydronaute ;* il en
explique le mouvement et en détaille tous les effets en le con-
sidérant comme force motrice, qu'il dit devoir agir avec plus
d'avantage sur la mer que sur des fleuves ou des lacs.

Ainsi, par ce nouveau procédé des *hydrostats* et de l'*hydro-*

naute, il y aurait, selon M. Genet, plus d'économie, plus de simplicité, plus de sûreté, plus de stabilité et d'uniformité, enfin, plus de rapidité de mouvement que dans le procédé par la vapeur et le charbon. La discrétion ne nous permet pas d'entrer dans des explications plus étendues, puisque l'auteur, comme nous l'avons déjà dit, a l'intention de solliciter auprès du gouvernement français un brevet d'importation, nous nous bornons à signaler son invention, sauf à la soumettre plus tard à un jugement sévère et à nous prononcer sur la possibilité d'exécution d'un procédé que nous n'apprécions pas bien maintenant.

ALBERT-MONTÉMONT.

5o. NOUVELLE MÉTHODE POUR MOUVOIR LES BATEAUX A L'AIDE DE LA VAPEUR SUR LES CANAUX OU LES RIVIÈRES, etc. — Patente à M. ROBINSON. (*Lond. Journ. of arts* ; févr. 1828, p. 289.)

L'appareil n'est autre chose qu'une roue à palettes ordinaires mise en mouvement par un gouvernail et une chaîne sans fin s'attachant à une machine à vapeur : le moyen particulier employé par l'auteur consiste à descendre la roue dans l'eau, de sorte que ses palettes puissent être plongées dans l'eau et élevées au-dehors de l'eau, quand l'action est suspendue. **G. DE C.**

5i. AQUA-MOTEUR.

Les expériences de ce système de remonte, faites samedi et dimanche dernier sur la Seine près le Pont-Royal, ont parfaitement réussi. Cette machine, aussi simple qu'ingénieuse, tire sa force du courant pour le vaincre, et, quoique d'une dimension très-petite, elle traînait à la remorque un canot monté de deux personnes (1). Déjà l'Aqua-Moteur, construit sur de grandes proportions dans les chantiers de Lyon, est sur le point d'être mis en activité sur le Rhône, pour la remonte des bateaux de commerce depuis Beaucaire.

Cette grande entreprise, dont le succès n'est plus douteux, et qui doit nécessairement remplacer le hallage par chevaux, si lent et si coûteux, assure au commerce des avantages considérables, et à la Compagnie qui l'a formée, la juste indemnité

_____

(1) La vitesse ascendante a été reconnu être de la moitié de celle du courant.

d'une spéculation de si haute utilité. (*Nouveau Journal de Paris ;* 27 mars 1828.)

52. DESCRIPTION D'UN TOUR A POINTES AVEC SUPPORT A CHARIOT, propre à tourner des cylindres, des cônes, et à dresser les faces de côté ; par M. GAMBEY. (*Industriel ;* févr. 1828, pag. 235.)

Cette machine-outil, que M. Gambey a combinée pour l'ajustement des axes dans la construction des instrumens d'astronomie et de géodésie, nous paraît de nature à être appliquée avec avantage dans les ateliers où l'on s'occupe de la construction de machines soignées.

Les deux pointes de ce tour sont montées sur deux poupées mobiles posées à cheval sur les arêtes longitudinales d'un châssis ou bâti en fonte de fer formant le banc du tour sur lequel on fait glisser ces poupées, pour rapprocher aussi près que l'on veut ou éloigner à volonté les pointes l'une de l'autre.

Le support du porte-outil glisse également, à volonté, le long du châssis qui reçoit les poupées ; il porte lui-même, sur le devant, un châssis mobile dans le genre de celui du bâti, sur lequel est ajusté et glisse le porte-outil que l'on manœuvre à l'aide d'une vis de rappel et d'une manivelle montée à l'extrémité de cette vis.

Le châssis mobile et horizontal qui reçoit le porte-outil est établi à pivot sur le support, de sorte que, au moyen d'une vis de rappel à tête cordonnée, on a la facilité d'incliner à volonté ce châssis par rapport à l'axe des pointes, sans le faire dévier de sa position horizontale ; c'est cette disposition qui permet de tourner des cônes dont les côtés sont plus ou moins inclinés à l'axe.

L'outil peut aussi se rapprocher plus ou moins de l'axe des pointes au moyen d'une vis de rappel portant manivelle, et il a la faculté de prendre différentes positions qui lui permettent de couper sur toutes sortes d'angles que l'on forme avec son tranchant, qui est mobile, et l'axe des pointes, qui est fixe.   ARM.

53. ARMES A FEU ; par MILLER. — Le colonel Miller, du corps angl. d'artillerie, a inventé dernièrement une espèce de carabine d'une forme nouvelle et que l'on tire au moyen d'un ressort au lieu d'une platine. La monture, au lieu d'être faite

en bois, l'est en fer; mais pour rendre l'arme plus légère à la main, et en faciliter le maniement, sa partie postérieure est creuse. On fixe avec une vis un fort ressort au côté droit de la monture, de manière à ce que la tête de ce ressort puisse frapper celle de la lumière, sur laquelle le recouvrement qui sert à la détonation (detonating cap), a été fixé avant de faire feu. Le ressort est muni d'une forte goupille que l'on fait glisser horizontalement à travers la monture lorsque la pièce est bandée ou déchargée. Cette goupille a une coche qui rencontre la détente lorsque le ressort est en arrêt pour faire feu, et en touchant la détente comme à l'ordinaire, la tête du ressort va frapper la batterie, et le coup part immédiatement. Le principal mérite de cette nouvelle arme consiste dans la simplicité de son mécanisme et dans cet autre avantage que le mécanisme est moins sujet que l'ancien à se détraquer. En outre, il est de moitié plus économique que les platines ordinaires. La pratique peut seule, toutefois, faire apprécier l'utilité de cette invention. On dit que déjà des essais faits, il y a quelque temps, à Woolwich, concurremment avec des carabines du modèle actuel, ont produit des résultats satisfaisans. (*Globe. — Galign. Messeng.* ; 18 avril 1828.)

CONSTRUCTIONS.

54. Mémoire sur l'établissement des bassins d'épargne dans les canaux de navigation, et sur les moyens d'économiser une grande partie de l'eau qui se dépense annuellement au canal de Ladoga; par M. Bazaine, général au service de Russie. (*Journal des voies de communication* ; n° I, p. 8, et n° IV, page 1.)

L'objet de ce mémoire est des plus intéressans pour la navigation des canaux; il s'agit de trouver le moyen de diminuer la dépense d'eau qu'occasione sur ces canaux le passage des écluses, sans augmenter pour cela le temps nécessaire à ce passage.

Déjà les derniers mémoires de M. Girard, sur la distribution et la chute des écluses dans les canaux de navigation, ont fait connaître qu'un des moyens de modérer la dépense d'eau, se

trouvera dans l'adoption des écluses à petites chûtes, M. le général Bazaine en cherche un nouveau dans la disposition même
et l'organisation de ces écluses.

La 1re amélioration qui s'offre à lui consiste dans l'établissement de bassins d'épargne placés latéralement, au sas d'une
écluse, pour y recevoir une partie de l'eau qui, lors du passage
d'un bateau s'écoulerait dans le bief inférieur, et la faire res-
servir ensuite au passage d'un nouveau bateau.

Cette idée conçue par M. le général Bazaine à l'occasion de
la reconstruction des anciennes écluses du canal de Ladoga, où
le manque d'eau se fait souvent sentir dans les temps de sécheresse, lui a paru néanmoins d'une si grande simplicité, qu'il n'a
pas hésité à croire qu'on avait dû nécessairement la proposer
avant lui. En effet, il annonce l'avoir retrouvée depuis consignée
dans le recueil anglais *The Repertory of arts and manufactures*,
pour les années 1796 et 1800. Mais on doit ajouter que ce moyen
est beaucoup plus ancien, et que, dès 1643, un ingénieur
nommé Dubié l'avait mis en pratique sur le canal de Boëssingue,
entre Furnes et Ypres. (Voyez l'Architecture hydraulique de Bélidor, Tom. IV, p. 412.)

L'écluse de Boëssingue était, dit Belidor, accompagnée de
2 bassins latéraux établis l'un à droite et l'autre à gauche du sas,
au moyen desquels on économisait les deux tiers de l'eau qui
eut été dépensée pour chaque passage de bateau. Tout à l'heure
on verra que cette assertion de Bélidor doit être modifiée, et
qu'il eut fallu 3 bassins pour opérer l'économie dans la proportion énoncée.

On aperçoit de suite, quant à la disposition de ces bassins
d'épargne, que le principe de la plus grande économie de l'eau,
est que ce liquide descende le moins possible, en se mettant en
réserve dans les bassins; car, une fois descendu il ne saurait
remonter de lui-même pour reproduire dans le sas un niveau
rapproché du niveau primitif, d'où résulte que plus on mul-
tipliera les bassins les uns au-dessous des autres, et plus la proportion d'eau mise en réserve pourra être considérable.

Envisagé sous ce rapport général, le problème n'avait pas encore été résolu, Bélidor et les auteurs du recueil déjà cité s'étant
bornés à expliquer d'une façon tout-à-fait empirique, l'effet de
2, de 3 ou d'un seul bassin.

M. le général Bazaine agrandit la question et la montre ainsi :

Étant donnée la proportion de l'eau qu'on veut économiser, trouver quel sera le nombre et la disposition des bassins qui pourront opérer cette économie de la manière la plus avantageuse.

Pour parvenir à la solution, il suppose une suite indéfinie de bassins placés les uns au-dessous des autres, et après avoir désigné par x l'intervalle entre le fond du bassin le plus haut et le niveau de l'eau dans le bief supérieur; par $y, z. . . . . s$ les distances entre les fonds successifs des divers bassins placés sous le 1er; par u l'intervalle entre le fond du bassin le plus bas et le niveau du bief inférieur; par $m, n, p, q, ... r$ les sections horizontales des divers bassins, celle du sas de l'écluse étant prise pour unité ; par h la distance entre les deux niveaux des biefs supérieur et inférieur; enfin, par $x' y' z' . . . .$, etc., les hauteurs de l'eau dans les divers bassins, il fait remarquer,

1° Que le cas le plus favorable, sera que l'eau mise en réserve dans chaque bassin, puisse successivement, à partir du bassin le plus bas, s'écouler en entier dans le sas, et y élever le niveau jusqu'à la hauteur du fond de ce bassin;

2° Que dans cet état de choses, l'eau dépensée pour le passage d'un bateau, et qu'on devra reprendre du bief supérieur, se réduira exactement à celle qui était comprise entre le fond du 1er bassin et le niveau primitif de l'eau dans le sas, laquelle sera de plus égale à celle comprise entre le niveau du dernier bassin rempli et celui du bief inférieur;

3° Qu'enfin l'eau reçue successivement dans chaque bassin sera égale à celle qui, dans le sas de l'écluse, était comprise entre le fond de ce bassin, et successivement le niveau supérieur du sas, moins celle qui reste dans le même intervalle lorsque le bassin est rempli.

Il est aisé de voir que ces différentes conditions se traduisent par les 4 systèmes d'équations que voici :

$$x + y + z + ... + u = h \left. \right\} .$$

$$\left. \begin{aligned} y &= m x' \\ z &= n y' \\ . . . . \\ u &= r s' \end{aligned} \right\} .$$

$$x = u + s' \left. \right\} .$$

$$x'(m+1)=x$$
$$y'(n+1)=x'+y$$
$$z'(p+1)=y'+z$$
etc.....

lesquels, par l'élimination des quantités x', y' z' etc. et u, donnent pour la hauteur de l'eau dépensée. ....

$$x = \cfrac{h}{1 + \cfrac{m}{m+1} + \cfrac{n}{n+1} + \cfrac{p}{p+1} + \ldots \cfrac{r}{r+1}} \quad ..(\mathbf{A})$$

et ensuite, pour les distances entre les fonds des divers bassins,

$$y = \frac{m\,x}{m+1}; z = \frac{n\,x}{n+1} \ldots u = \frac{r\,x}{r+1}$$

Soit $\frac{1}{\varphi}h$, la hauteur d'eau qu'on se propose de dépenser (φ étant plus grand que l'unité), on aura par l'équation ($\mathbf{A}$) ci-dessus. $\dfrac{m}{m+1} + \dfrac{n}{n+1} + \dfrac{p}{p+1} + \ldots + \dfrac{r}{r+1} = \varphi - 1. (a)$

et comme chaque terme du 1er membre de cette dernière équation est nécessairement plus petit que l'unité, il en résulte que pour la satisfaire, il faudra prendre au moins autant de termes $\dfrac{m}{m+1}$, etc., c. à d. employer au moins autant de bassins, qu'il y aura d'unités entières dans φ; ainsi, lorsqu'on ne voudra, par hypothèse, que dépenser le $\frac{1}{3}$ de la hauteur d'eau renfermée dans le sas, on devra nécessairement employer 3 bassins, et semblablement pour les autres cas; par où l'on voit, qu'ainsi que nous en avons averti, l'assertion de Bélidor, relativement à l'écluse de Boëssingue, ne peut être vraie.

Quant à l'équation (a) on peut la satisfaire d'une infinité de manières, en prenant pour m, n, etc., des nombres convenables.

Si, par exemple, tous les bassins devaient être égaux, on aurait, en représentant par N leur nombre,

$$x = \cfrac{h}{1 + \cfrac{N\,m}{m+1}},$$

et, en désignant par E la hauteur de l'eau à économiser, on aura,

$$E = h - x = \frac{m\,N\,h}{1 + m\,(1+N)}.$$

Mais l'espace considérable qu'exigerait l'établissement de ces bassins d'épargne, obligera toujours d'en réduire le nombre. M. le général Bazaine examine en particulier quelle serait l'économie de l'eau correspondant à un seul bassin. Dans ce cas on a

$$E = \frac{h}{2 + \frac{1}{m}}$$

quantité qui croît avec m, mais qui ne peut néanmoins jamais atteindre $\frac{h}{2}$. Ainsi, avec un seul bassin, il est impossible d'économiser même la moitié de l'eau, quelque grand que soit ce bassin, et s'il était de même section que le sas de l'écluse, on économiserait juste le $\frac{1}{3}$ de l'eau.

L'auteur examine ensuite quel serait le retard qu'apporterait dans la manœuvre de l'écluse, l'emploi d'un bassin d'épargne.

Pour cela, il calcule d'abord les temps nécessaires pour vider l'écluse, directement dans le bief inférieur, et pour la vider successivement, partie dans le bassin d'épargne et partie dans le même bief. Il trouve que ces temps sont sensiblement dans le rapport de 3 à 4 ou de 15 à 20, en supposant tous les orifices égaux. Cherchant ensuite les temps voulus pour le remplissage de l'écluse, d'abord tout d'une fois par le bief supérieur, et ensuite en deux fois successives, par la réserve du bassin d'épargne et par un supplément tiré du canal, il trouve que ces temps sont dans le rapport de 15 à 21, d'où il conclut qu'en augmentant les orifices d'écoulement dans ce même rapport de 15 à 21, l'emploi du bassin d'épargne n'apportera aucun retard dans le passage des bateaux. Cette conclusion est vraie, si l'on raisonne par rapport à un sas déjà construit dont les orifices seraient aussi donnés, et susceptibles d'agrandissement; mais relativement à un sas à créer, aux orifices duquel on donnerait naturellement de prime abord toute la grandeur qu'ils peuvent avoir, on voit que l'emploi d'un bassin d'épargne occasionera nécessairement dans la manœuvre de l'écluse un ralentissement conforme aux rapports trouvés par l'auteur, ce qui doit paraître évident, puisque les écoulemens partiels et successifs que nécessite le bassin d'épargne, se font sous des charges d'eau plus petites que celle des écoulemens totaux correspondant à une manœuvre d'écluse ordinaire.

Avant de passer à une disposition d'écluses plus avantageuse que celle des bassins d'épargne latěraux, mais à laquelle ces derniers ne pouvaient manquer de conduire, M. le général Bazaine jette un coup d'œil sur les portes tournantes des écluses, auxquelles il propose de faire diverses modifications, pour en corriger les inconvéniens. Ici, l'on doit en convenir, il est à craindre que l'auteur n'ait pas pris l'art dans l'état de perfection où il se trouve en général, et qu'il ne raisonne d'après des dispositions depuis long-temps abandonnées ou améliorées, du moins par les ingénieurs français.

Quoiqu'il en soit, il considère une porte, tournant autour d'un axe vertical placé à l'une de ses extrémités, et poussée violemment par la force de l'eau contre les bajoyers de l'écluse, aussitôt qu'on détourne le valet qui la retenait dans son encastrement.

Afin de prévenir ce choc destructeur, l'auteur propose pour première disposition, d'appliquer à l'amont de ce ventail tournant un second ventail qui recouvre l'extrémité tournante du premier jusqu'au-delà de la moitié de la largeur du passage, et se meuve avec elle en lui dérobant une partie de l'action de l'eau qui se trouve ainsi reportée sur l'axe de rotation de ce second ventail.

En appliquant le calcul des pressions à cette disposition, il trouve que les 2 ventails marcheront ensemble d'un mouvement accéléré, jusqu'à la position où le ventail d'amont, devenant perpendiculaire à celui d'aval, se séparera de lui en laissant une libre ouverture à l'écoulement du fluide, et comme la longueur de ce second ventail est restée indéterminée, l'auteur cherche à la déterminer par la condition qu'à l'instant de la séparation, le moment des forces qui animent le ventail d'aval ne soit qu'une fraction donnée du moment qui aurait eu lieu sans le concours du second ventail. Il trouve qu'en faisant cette fraction égale à

$\frac{1}{3}$, la longueur du second ventail devra être égale à $\dfrac{l}{\sqrt{2}}$, l désignant la largeur du passage. Mais une erreur paraît résider dans cette spéculation, elle consisterait en ce que les 2 ventails n'attendront pas pour se séparer qu'ils soient devenus perpendiculaires l'un à l'autre; il semble qu'ils ne marcheront ensemble que jusqu'au point où la partie du ventail d'aval, découverte par celui d'amont, sera égale à la longueur de ce dernier ventail. Au-delà de ce point, le ventail d'aval, animé d'une plus grande vitesse, à raison de la plus grande pression qu'il éprouvera, prendra les devans et l'eau passera entre deux.

Cette circonstance changerait les calculs de l'auteur, et conduirait à d'autres résultats.

A cette 1re modification des portes tournantes, M. le général Bazaine en fait succéder plusieurs autres. D'abord c'est le système de 2 ventails recroisés, tournant chacun autour d'un axe vertical, non plus placé à l'extrémité de chaque ventail, mais à un certain point de sa longueur; ce qui produit comme 2 bascules solidaires que l'on met en mouvement par le moyen d'une petite vanne pratiquée dans le ventail d'aval, et calculée de manière à prévenir tout mouvement brusque.

Ensuite c'est un seul ventail dont l'axe vertical est placé au milieu du passage, et qui se trouve muni à chaque extrémité d'une vanne à l'aide desquelles on détermine et on modère les mouvemens d'ouverture.

Puis en dernier lieu c'est un système emprunté de quelques constructions hollandaises, et composé de 4 portes busquées qui s'assemblent entre elles, à angle obtus, et s'ouvrent solidairement au moyen de petites vannes pratiquées dans 2 d'entre elles. Il serait trop long de suivre l'auteur dans la discussion de ces divers modes de fermeture; on se bornera à dire que les calculs qu'il y applique sont curieux et paraissent avoir toute l'exactitude nécessaire.

M. le général Bazaine passe ensuite à la nouvelle disposition d'écluses à laquelle il paraît s'être arrêté pour le rétablissement de celles de Schlusselbourg sur le canal de Ladoga.

Cette disposition consiste à diviser le bassin des écluses en 2 demi-bassins égaux par un mur mitoyen percé de plusieurs orifices, à l'aide desquels chacun de ces demi-sas peut faire office de bassin d'épargne par rapport à l'autre, et procurer une économie d'eau égale à la moitié de celle qui serait nécessaire pour la manœuvre des écluses ordinaires.

En effet, le 1er demi-bassin étant plein, on y fait entrer le bateau et l'on verse la moitié de l'eau dans le second demi-bassin; puis fermant les orifices de communication on fait écouler l'autre moitié dans le canal pour la sortie du bateau, et pendant que ce dernier écoulement s'opère, on remplit le second

demi-bassin, qui se trouve ainsi tout préparé pour la descente
d'un nouveau bateau.

L'auteur calcule les temps respectivement nécessaires pour ces
divers écoulemens, et il fait voir, chemin faisant, que celui qui
est nécessaire pour vider la seconde moitié du 1er demi-bassin
est égal à celui qu'exige le remplissage de la seconde moitié du
second demi-bassin, en sorte que ces 2 opérations peuvent être
simultanées.

Après quelques remarques relatives à la préférence donnée
sur le canal de Ladoga, aux écluses à grands bassins, pouvant
contenir 20 barques et au-delà, l'auteur considère d'abord une
écluse de ce genre qu'il divise en 2 bassins contenant chacun 8
bateaux. Ces bassins sont séparés par un mur mitoyen muni de
plusieurs orifices pour le passage de l'eau de l'un dans l'autre,
chacun est terminé par un sas étroit placé à l'aval, et fermé de
portes tournantes à l'entrée et à la sortie, pour servir au passage
d'un seul bateau, dans le cas où le ralentissement de la navigation ne présenterait que des bateaux isolés.

Comparant le temps nécessaire pour le passage de 96 bateaux
qui peut s'opérer en un jour par chacune des anciennes écluses
contenant 16 bateaux, à celui qu'exige pour un pareil passage
le nouveau système de 2 demi-bassins accolés, il fait voir que la
différence de ce temps dépend de la grandeur relative des orifices d'écoulement, et qu'en admettant d'une part que les orifices des 2 bassins du nouveau système soient moitié de ceux du
bassin unique de l'ancien système, pendant que d'autre part ces
derniers orifices ne seraient eux-mêmes que la moitié des orifices de communication entre les 2 nouveaux demi-bassins, le
nouveau système présente une accélération très-notable dans le
passage de 96 bateaux.

Cherchant ensuite quel serait le nombre de bateaux qui pourraient passer en un jour par les écluses du nouveau système,
l'auteur trouve, en donnant aux quantités de sa formule les valeurs
que comporterait la pratique, que ce nombre est égal à 200,
ce qui indique d'une manière plus précise la grande supériorité
du système des doubles bassins sur celui d'un bassin unique.

M. le général Bazaine ne borne pas là ses recherches; pour
achever d'éclairer la question, il considère le système de deux
écluses simples, dont les sas auraient entre eux une communication semblable à celle des 2 grands demi-bassins dont on vien

de parler, et qui par conséquent économiseraient aussi la moitié de l'eau qu'exigerait une seule écluse ordinaire. En appliquant à ce cas les formules de son analyse, il trouve que la double écluse pourrait faire passer par jour 129 bateaux, nombre qui, comme on voit, est inférieur à celui qui correspond au système de 2 grands demi-bassins. Mais en substituant aux 2 écluses simples un système de 4 écluses simples liées deux à deux, et dont la manœuvre pourrait, pour chaque couple, être simultanée, on voit qu'on obtiendrait par jour un passage de 258 bateaux, en économisant toujours la moitié de l'eau que dépenseraient les écluses séparées.

C'est à ce système de 2 couples d'écluses simples que l'auteur paraît donner la préférence. Pour en mieux montrer la supériorité sur toute autre combinaison, il considère encore l'ensemble de 3 sas égaux, communiquant par les orifices de leurs murs mitoyens. Il fait voir que les barques descendraient un canal, par ce dernier système, en dépensant alternativement un tiers et la moitié de la quantité d'eau qu'exige la méthode ordinaire par une seule écluse, de sorte que, terme moyen, chaque barque ne dépenserait, par le système des 3 écluses, que les $\frac{5}{12}$ de l'eau ordinaire. Mais en cherchant le nombre de barques qui pourraient passer en un jour par ce système, il ne trouve que 129, comme pour la double écluse. Par où l'on voit que si les 2 couples d'écluses simples occasionent une dépense d'eau supérieure de $\frac{1}{12}$ à celle des 3 écluses, ils font d'un autre côté passer un nombre de barques double, dans le même temps.

Cette considération, dit M. le général Bazaine, semble faire pencher la balance pour le système des 4 écluses accolées deux à deux.

Il est à regretter que l'auteur ne fasse pas connaître d'une manière précise ce qui de tout cela a été exécuté sur le canal de Ladoga, et qu'il n'ait pas comparé les quantités absolues d'eau nécessaires pour le passage des barques dans le système de 4 écluses accolées deux à deux, et dans celui des deux grands bassins également accolés. On voit que le 1er de ces systèmes ferait; il est vrai, passer par jour 58 barques de plus que le second, d'après les calculs du mémoire, mais on ne sait pas si cet avantage serait ou non racheté par un grand excédant dans la dépense absolue de l'eau, circonstance qu'il serait intéressant d'éclaircir, surtout si le nombre de passages que peut fournir

par jour celui des deux systèmes le moins avantageux sous ce
rapport, était plus que suffisant pour les besoins connus d'une
navigation.

On doit remarquer aussi que les appréciations de l'auteur, relatives aux conclusions de son mémoire, ne sauraient avoir une
exactitude rigoureuse, étant fondées sur des formules théoriques
d'écoulement des fluides, sensiblement différentes de celles
que comporte l'hydraulique pratique. On a, par exemple, négligé dans ces formules de tenir compte de la contraction de la
veine fluide, omission permise, sans doute, lorsqu'il ne s'agissait que de comparer entre eux des temps d'écoulement dans
l'expression desquels le coëfficient de la contraction se fut trouvé
facteur commun, mais qui ne l'était plus lorsqu'on voulait suppu-
ter le temps absolu qu'exigeait le passage d'un nombre donné
de bateaux, ou enfin, lorsque les formules employées ne pouvaient contenir le coëfficient de la contraction dans tous leurs
termes.

M. le général Bazaine semble n'avoir voulu considérer dans
son mémoire que le cas de la descente successive des bateaux par
les écluses. Il est aisé de voir que par le système des écluses
accolées, les montées successives s'opéreraient aussi, avec une
dépense d'eau moitié moindre que par le système ordinaire;
mais les choses changeraient si les descentes et les montées
étaient alternatives, circonstance qui pourrait se présenter, soit
parceque les bateaux arriveraient dans cet ordre, et isolément
de l'amont et de l'aval du canal, soit parce que, arrivant par
convois dans le même ordre, l'espace manquerait pour les placer tous du même côté de l'écluse.

On peut aisément se rendre raison que, dans cette occurrence
les montées alternatives s'opéreraient sans aucune dépense
d'eau, tandis que les descentes en exigeraient une qui serait :

Pour le 1er bateau, d'une demie éclusée.

Pour le 2e bateau, de $\frac{5}{8}$ d'éclusée.

Pour le 3e, de $\frac{21}{32}$ d'éclusée; et ainsi de suite.

Or, on voit, avec un peu d'attention, qu'en désignant par n le
nombre des descentes alternatives, le terme général de toutes

ces fractions est $\dfrac{4^n - 1}{6 \times 4^{n-1}}$, lequel, mis sous la forme

$\dfrac{2}{3} - \dfrac{1}{6 \times 4^{n-1}}$, montre que l'eau dépensée pour le passage de chaque bateau descendant, tend sans cesse à devenir les $\frac{2}{3}$ d'une éclusée. Ainsi, l'un portant l'autre, chaque passage montant et descendant s'opérera au moyen de $\frac{1}{3}$ d'éclusée au plus.

On fera remarquer enfin que dans le système des écluses accouplées, l'économie de l'eau doit, pour chaque passage de bateau, surpasser la demi éclusée d'une quantité égale au demi volume de la portion immergée du bateau, ce qui résulte de ce que la quantité d'eau qui se met en réserve dans l'un des 2 sas est nécessairement égale à cette demi-éclusée, plus le demi volume dont on vient de parler, et l'on voit en outre que cette nouvelle épargne d'eau serait d'autant plus grande que les sas d'écluse seraient plus petits par rapport au volume des bateaux.

Les détails qui précédent montrent suffisamment que la question traitée par M. le général Bazaine est des plus intéressantes, et que, malgré l'imperfection de quelques-unes des formules dont l'auteur s'est servi, les résultats nouveaux auxquels il est parvenu, méritent toute l'attention des ingénieurs.

Le mémoire sur les bassins d'épargne est un des reflets de ce savoir que l'École polytechnique française a porté depuis sa création dans les différentes parties des deux continens civilisés (1).

55. MÉTHODE POUR PAVER LES RUES. Patente à W. HOBSON. (*Lond. journal of arts;* avril 1828, p. 37.)

Sur des graviers ou autres matériaux fortement battus, l'auteur répand uniformément des pierres réduites en petits fragmens, sur lesquelles il place les pavés régulièrement taillés; (on presume que leur forme est cubique). Ces pavés sont battus convenablement avec le mouton, et les interstices sont remplis avec une sorte de ciment fait de sable, de chaux et d'eau. On peut employer le même procédé lorsque la route ou la rue est formée de cailloux; à cet effet on répand les petits fragmens de pierre sur la couche bien battue servant de fondement, et on y place ensuite les cailloux qui doivent être cimentés ensemble en faisant couler entr'eux une matière liquide capable d'acquérir, en séchant, la dureté de la pierre. CHEV....T.

(1) Le général Bazaine était en 1804 un des élèves distingués de cette école.

56. Dell'uso il piu proficuo pe'sudditi di S. M. degli alberi torti, difformi, etc. — De l'emploi le plus avantageux pour les sujets sardes des arbres tortueux, difformes et de grand diamètre; mémoire lu par le marquis de Lascaris à la Société roy. d'agriculture de Turin, et publié par ordre de cette Société. In-4°, avec pl. Turin, 1828; Chirio et Mina.

M. de Lascaris fait observer que les états sardes, riches en très-beaux arbres exotiques, abondent surtout en arbres indigènes qui peuvent fournir les plus précieux matériaux pour l'usage de la marine, tels que les différentes sortes de pins, de mélèzes, de sapins, de hêtres, et surtout une quantité innombrable de chênes de diverses espèces. Frappé des ressources que peuvent offrir à cet égard les bois du pays, l'auteur a conçu le louable projet de contribuer, en signalant ces richesses nationales, à affranchir les états d'une partie des tributs qu'ils paient à l'étranger. Il n'a rien négligé pour acquérir tous les renseignemens dont il avait besoin; il a consulté les plus habiles constructeurs, et s'est procuré toutes les notions relatives à son objet, ainsi que les dessins, les états et la connaissance des modèles propres à faciliter l'intelligence des premiers travaux préparatoires à faire subir aux bois de marine pour les rendre admissibles dans les chantiers. L'auteur ne se présente pas comme ingénieur, ni comme constructeur, ni comme marin, mais en qualité de simple agriculteur, animé de l'esprit du bien public, en indiquant aux propriétaires une nouvelle source de richesse qui est à leur disposition et qui ne dépend que de leurs propres soins. Il s'occupe d'abord des diverses sortes de pins et il indique les qualités qu'ils doivent réunir pour être propres aux constructions de la marine. De là il passe aux différentes espèces de chênes, qu'il considère sous le rapport du sol qui les produit, de l'influence du climat et de toutes les circonstances qu'il importe de connaitre. Il signale les caractères d'après lesquels on peut s'assurer si les arbres sur pied sont arrivés à une maturité convenable, s'ils sont sains et de bonne qualité, s'ils ont au contraire des défauts qui doivent les faire rejetter. Après avoir traité de tout ce qui concerne l'opération de les abattre, il signale les vices auxquels on peut reconnaître alors s'ils sont impropres aux constructions navales.

M. Lascaris trace les méthodes d'équarrissage des pièces

destinées aux constructions, ainsi que celles du cubage des pièces de bois non encore dépouillées de leur écorce, des bois carrés, des bois ronds, des bois tors et des pièces courbes. Enfin il traite particulièrement des pins destinés à la mâture.

L'ouvrage est accompagné d'abord de deux tableaux, dont l'un présente les dimensions et les proportions que doivent avoir, pour les chantiers français et italiens de la Méditerranée, les courbes d'étambot, de jellereau, d'arcasse, de pont de capucine, de gaillard et de chambre, le second tableau donne les dimensions et les proportions des diverses pièces de construction pour être reçues dans les chantiers des ports de la Méditerranée. A la suite de ces états viennent quinze planches lithographiées, qui offrent en premier lieu les détails relatifs aux opérations de l'équarrissage, et où l'on voit ensuite, sur le dessin même des arbres, le moyen de tirer parti de la racine, du tronc, des branches droites ou courbes, des fourches, etc., pour toutes les pièces de construction navale indiquées dans le second tableau dont nous avons parlé, auquel ces planches servent d'explication.

Le frontispice de l'ouvrage représente la manière ingénieuse qu'emploient les Anglais et les Américains pour faire prendre aux arbres, dans leur accroissement, les différens genres et degrés de courbure qu'ils veulent obtenir pour les bois à employer dans leurs constructions. (*Journal de Savoie;* 12 avril 1828.)

57. Force relative des bois de charpente de l'Inde.

La force de cohésion des différentes espèces de bois est à peu près dans la proportion de leurs pesanteurs spécifiques. Le *soondry* séché, est de tous les bois du Bengale, celui qui a été reconnu comme susceptible de porter le plus grand poids. Des échantillons de ce bois, coupés sur une longueur de 2 pouces, et posés de manière à laisser un intervalle de 60 pouces entre ses appuis, supportèrent avant de céder, un poids de $1,384 \frac{2}{3}$ de livres : avant de rompre, la flèche de courbure, au centre, était de $4 \frac{1}{2}$ pouces. Vient ensuite le saule sec dont la force de résistance est de $1,319$ à $1,226$. La proportion est la même à cela près d'une inflexion de $4 \frac{3}{4}$ à $2 \frac{2}{3}$ de pouces. Quant aux bois de *tek*, ceux du pays des Birmans paraissent être les plus solides : dans les mêmes cas, ils supportèrent avant de céder, un poids de 1,040 $\frac{1}{7}$ de livres ; et dans ce cas, la courbure fut de 3 $\frac{1}{4}$ pouces. Le tek de Bombay varie, sous le même rapport de la force, dans la proportion de 889 à 820, avec une flexion de 3 $\frac{2}{3}$ à 3 pouces. La force de l'une des variétés de ce bois, n'est que de 591 avec une flexion de 2 $\frac{1}{4}$ pouces. Le pin de Norvége, sec et soumis à une semblable épreuve, se rompit sous un poids de 578 livres et après avoir subi une flexion de 2 $\frac{1}{2}$ pouces. Le frêne d'Amérique porta 483 livres, avec une flexion de 4 $\frac{1}{2}$ pouces. Ces dernières expériences paraissent avoir été faites avec beaucoup de soin : on soumit à l'épreuve trois échantillons de chaque espèce de bois. Les bois secs paraissent avoir offert, à cet égard, des résultats plus satisfaisans que ceux qui ont été obtenus des bois verts. Ces résultats semblent être en contradiction avec ceux de quelques unes des nombreuses expériences faites par Buffon sur le bois de chêne, par ordre du gouvernement français ; expériences dans lesquelles il reconnut que le chêne vert était plus fort que le chêne vieux, et que cet espèce de bois perdait de sa force en séchant. (*Asiatic journal*; mai 1827, p. 663.)

58. Système de pont de fer sans contreforts extérieurs ; par M. C. F. C. Steiner.

Les objections élevées contre le peu de sûreté, les grands frais, et en général contre les difficultés qu'offre la construction des ponts de fer arqués, et les ponts de chaînes et de fil de fer d'après les systèmes connus jusqu'à présent, ont fait imaginer le système dont nous nous occupons, et qui paraît l'emporter sur tous les autres, tant sous le rapport de la simplicité de la construction, que sous celui de la solidité et des frais moins élevés.

L'un des principaux avantages qu'offre la construction d'un pont de fer d'après le système de M. *Steiner*, c'est qu'elle permet d'aborder sans difficulté toutes ses parties, de les ôter de leur place et d'en substituer d'autres dans les cas de réparation.

Les contreforts extérieurs qui coûtent autant que le pont même, sans offrir les résultats désirés sous le rapport de la solidité, deviennent, d'après ce nouveau système, tout-à-fait superflus, vu que la poussée de l'arc portant est détruite par la tension de sa corde, et que ses extrémités n'ont besoin d'autres soutiens que ceux que leur offre la maçonnerie sur laquelle ils reposent.

Aperçu du nouveau système au moyen du plan d'un pont de 5o pieds de longueur.

Fig. 1. le profil;

a a, maçonnerie sur laquelle reposent les arcs de fer;

b b, plaques en fer de fonte, de 18 pouces de largeur sur 1 pouce d'épaisseur;

c d, coussinets de 7 $\frac{1}{2}$ pouces d'épaisseur;

e f g h i, les arcs en fer de fonte, composés des trois pièces *ef*, *gg* et *hi*. Le fer de l'arc a 6 pouces de hauteur sur 4 pouces d'épaisseur; la section horizontale offre par conséquent une superficie de 24 pouces carrés.

L'un des bouts de l'arc *e i*, est figuré sur une plus grande échelle dans la fig. 2; son extrémité *a* jointe à la pièce *b* au moyen de la fonte, et le tourillon demi circulaire *c*, reposent dans le coussinet *e*.

La liaison des segmens *fg* et *gh*, fig. 1, est représentée sur une plus grande échelle dans les fig. 3, 4, 5, 6 et 7.

Fig. 3 offre la liaison complète de deux segmens.

Fig. 4. Vue de la partie supérieure de la fig. 3.

Fig. 5. Vue de la partie intérieure de la fig. 3.

Fig. 6. Vue de la partie inférieure de la fig. 5.

Fig. 7. Coupe verticale de deux segmens déboités.

Fig. 1. *kk* tirans en fer forgé de 2 pouces de largeur sur 1 pouce d'épaisseur.

Les extrémités des tirans sont munies de vis qui traversent les coussinets, et se trouvent arrêtées par les écrous *mm*.

Sous chaque arc se trouvent 2 tirans *a a*, fig. 8, représentés sur une échelle plus grande, fig. 9.

En s'approchant du coussinet, les extrémités des tirans s'écartent l'une de l'autre autant qu'il est nécessaire pour recevoir entre elles les extrémités de l'arc, destinées à être enclavées dans le coussinet. Voir fig. 9, où *bb* figurent les tirans, les lignes ponctuées *cc* les extrémités de l'arc, *e* le coussinet avec la cage *a*, destinée à recevoir le tourillon du pied de l'arc. La fig. 2. offre toutes ces pièces vues de profil.

La section transversale du noyau de la vis des tirans doit offrir la même superficie que la tige du tirant là où elle a une forme carrée.

Les tiges *n n* fig. 1., d'un pouce d'épaisseur, sont destinées à porter les tirans, et à donner en même temps, conjointement avec les tiges en croix *o o*, également d'un pouce d'épaisseur, la stabilité nécessaire aux fermes du pont.

La liaison des fermes entre elles, est effectuée au moyen d'entretoises *b b*, fig. 8, telles qu'elles sont ordinairement en usage dans les constructions de fer.

Les plaques *b b*, fig. 1, en fer de fonte, ont une épaisseur de 2 pouces. Elles sont destinées à soutenir les portées du pont. Fig. 10 offre leur forme et leur liaison avec les fermes et les coussinets.

On voit par les fig. 1, 11 et 12 que la voie du pont peut être construite en bois, et recouverte d'une couche de pierres ou d'argile.

Eu égard à la qualité aigre du fer de fonte, il est urgent de trouver un moyen propre à éviter les accidens fâcheux, souvent occasionés par la forte pression, produite par la combinaison des pièces de fonte. Sous ce point de vue on fera bien de garnir de feuilles de plomb d'une ligne d'épaisseur, les mortaises *a*, fig. 9, les joints *a a*, fig. 7, et la partie intérieure des pièces *a a*, fig. 3 et 4. L'utilité de garnir de plomb les écrous de fer est trop connue pour qu'il soit nécessaire d'en parler.

La construction d'un pont de fer, d'après ce système, lorsque la voie est en pierre, exige 170 quintaux de fer de forge et 36 quintaux de fer de fonte.

Un pont à voie de bois, de la même dimension, construit d'après ce système, et seulement destiné aux piétons et aux cavaliers, n'exige que la moitié de cette quantité de fer.

Ces résultats peuvent conduire à la détermination de la différence des frais entre la construction d'après le système de Steiner, et celle des autres ponts de fer. (*Der Handwerk. und Künstl. Fortschr. und Muster;* déc. 1827, n° 49, p. 49.)

59. Pont sur le Tessin a Boffalora, comparé à ceux de Bordeaux et de Waterloo. (*Annal. univ. di Statist.*, *Econ. publ.*, etc.; vol. IX, avec figure; juillet 1826, p. 71.)

Le pont sur le Tessin fut commencé en 1809 sous la direction de M. Stephano Melchioni, ingénieur en chef du département d'Agogna, aujourd'hui inspecteur général du génie civil en Piémont, et de l'ingénieur en chef Ch. Parca, inspecteur général, aujourd'hui *adjoint-hydraulique* près la direction des constructions publiques.

Ce pont se compose de 11 arches, développées sur une corde de 24 mètres et de 4 mètres de rayon. La courbe entière est une portion de cercle tracée sur un rayon de 20 mètres, l'épaisseur des murs est d'un mètre. La grosseur des piles est de 4 mètres, le pied droit de deux mètres 50. L'ouverture du pont, entre les deux épaulemens, est de 304 mètres. La largeur du pont, y compris l'épaisseur des deux parapets, est de 10 mètres. La largeur prise entre les deux parapets est de 9 mètres. Il y a deux trottoirs latéraux, larges chacun de 0^m,90. Sur la voie des voitures il y a deux rangs de grands pavés, ou guides, et latéralement aux trottoirs, se trouvent les percepteurs. Les piles sont défendues par deux éperons composés de deux segmens de cercle, égaux. Aux deux entrées du pont, il y a une place rectangulaire, longue de 24 mètres et large de 18; sous cette place on a pratiqué une galerie pour le service de la navigation et pour l'accès aux terrains limitrophes, cette galerie est large de 2 mètres et haute de 3. De chaque côté de la place il y a un escalier large de 2 mètres.

Toute la partie visible de ce superbe édifice est de pierre de taille, ou de granit du lac Majeur.

Les travaux de ce pont avaient été portés, en 1813, jusqu'à 1 mètre au-dessus de l'*imposte* des arches, moyennant une dépense d'environ 1,900,000 livres ital. Depuis cette époque les travaux ont été repris sous la direction de l'ingénieur en chef *Gianella*, déjà directeur de la grande route du Simplon, et de l'inspecteur général Melchioni, et seront terminés en 1827; dans ce moment (1826) les arches sont terminées, et on s'occupe du couronnement et des parapets.

De 1813 à 1818 la dépense s'est élevée à 200,000 livres italiennes. La construction des arches, les parties supérieures et autres ouvrages accessoires, entraîneront une dépense, déjà en grande partie effectuée, qui s'élèvera à 1,100,000 livres. Ainsi, la dépense totale pour cet édifice atteindra 3,200,000 livres.

La beauté de ce pont, tant par la qualité des matières qui y sont employées, que par l'élégance et l'accord de toutes ses

parties, fixera l'attention des personnes de l'art, qui admire-
ront les difficultés qu'ont dû présenter les fondations établies à 4 mètres au-dessous du lit naturel de la rivière, indépendamment du pilotis. Voici la comparaison entre les ponts
de Waterloo et de Bordeaux, dernièrement construits, et celui
de Boffalora (1).

ÉLÉMENS DE COMPARAISON.	PONT DE WATERLOO.	PONT DE BORDEAUX.	PONT DE BOFFALORA.
Nombre d'arches..	9	17	11
Longueur totale du pont.........	377 m.	586,68	304
Voûte totale des ar-ches, non com-pris l'épaisseur des piles......	529	419,32	264
Corde d'un arc...	36	26,49	24
Épaisseur d'une pil.	6,09	4,21	4
Haut.r des plus pe-tites eaux sous les arches........	3,07	7,50	6
Hauteur ordinaire au-dess. des plus petites eaux....	3,65	5	1,90
Maximum au-dess. de la haut.r ordi.	1,22	1,20	1,50
Plus grande haut.r des eaux......	7,94	13,70	4
Larg. du pont entre les parapets....	12,80	14,86	9
Larg. de chacun des trottoirs.........	2,15	2,50	0,90
Long. de la rue qui aboutit au pont.	8,54	19,56	10
Haut. du parapet..	1,52	1,80	1,10
Matière employée pour la construc-tion du pont...	Granite.	Pierres et Briques.	Granite.
Dépense.........	24,000,000 f.	7,000,000 f.	3,200,000 f.

(1) « Les Anglais (dit M. Gioja dans sa *philosophie de la statistique*,

60. Sur les travaux du pont sous la Tamise ; par M. Benj. Schlick. (*Recueil industriel ;* août 1827, p. 145.)

L'endroit pour la construction du pont étant définitivement arrêté, M. Brunel y fit un cercle de pilotis destiné à contenir momentanément la construction d'une espèce de cylindre creux ou tour, destinée à devenir le revêtement d'un trou de même dimension. Ce pilotis ainsi préparé, on construisit dessus, à la hauteur de 40 pieds, cette tour dans laquelle il nous faut remarquer cinq parties distinctes. La première est un cercle en fer de fonte de 3 pieds de hauteur, dont la base est tranchante sur un angle de 45°, qui suffit pour que, par le poids de la construction qui doit le surmonter, il tranche la terre sur les parois. La seconde est un anneau en bois, de 3 pieds de large et de 1 pied d'épaisseur, reposant sur un cercle, et destiné à servir d'intermédiaire entre le cercle et la construction.

La troisième est la construction faite de briques intimement liées par du ciment.

La quatrième consiste en 48 pièces de bois renfermant autant de boulons qui traversent perpendiculairement cette construction en brique, et qui, à l'aide d'écrous, la tiennent dans un état de resserrement. Ces boulons n'étant pas destinés à y rester, lorsque la construction sera terminée, sont, par cela même, faciles à retirer, et, une fois enlevés, la place qu'ils occupaient laisse à la filtration des eaux un passage commode, qui conduit dans un puisard construit au fond de cette descente, d'où il sera facile de les retirer.

La cinquième partie est composée de légers cercles en bois, qui, de distance en distance, ont été placés pour guider l'ouvrier dans cette construction. Au sommet de cette tour fut construite une plate-forme, sur laquelle on a établi une machine à vapeur à haute pression et à double cylindre, de la force de 36 chevaux, avec pompe, chaudière, cheminée, etc., et qui

vol. 1, pag. 36) font beaucoup de bruit de leur pont de Waterloo, construit aux frais du gouvernement, et il est venu à l'idée d'un français de le comparer à celui de Bordeaux construit par des entrepreneurs particuliers. A ces deux ponts j'ai comparé celui établi à Boffalora sur le Tessin, qui a été commencé sous l'ancien gouvernement et continué actuellement aux frais du gouvernement Lombardo-Vénitien et de celui de Piémont.

met en mouvement une chaîne d'augets, jouant le rôle d'une machine à draguer, qui puise la terre creusée par des ouvriers et l'enlève pour la porter à la surface.

Cette hardie et ingénieuse construction ainsi préparée, les excavations commencèrent le 1er avril 1825; on se mit à creuser la terre, que la machine enleva aussitôt. Comme on risquait de trouver de l'eau, ce cas a été prévu, et des pompes ont été placées à cet effet. La terre étant dégagée peu à peu, la construction, par son propre poids et par la base tranchante, descendit presque insensiblement. Toutefois, pendant que je suivais ces travaux, on éprouva une secousse très-sensible. La construction descendit tout à coup de 8 pouces, avec un bruit semblable à celui de la foudre. Nous fûmes saisis de frayeur, nous crûmes que le revêtement était brisé, et que la machine avec son fourneau allait fondre sur nos têtes. Heureusement la construction se rassit, le bruit cessa, et nous vîmes, avec une satisfaction inexprimable, que l'œuvre n'avait éprouvé aucune avarie, et que le mécanisme supérieur n'avait en rien souffert.

La tour descendit ainsi en 20 jours de temps, à 37 pieds de profondeur, à travers des sables et graviers, et se trouva sur un sol ferme, composé d'une couche d'argile. La construction de la tour fut alors prise en sous-œuvre et continuée jusqu'à la profondeur de 24 pieds, qui, avec les 40 pieds déjà construits, donnent 64 pieds de hauteur. Arrivé à ce point, on diminua la grandeur; et une autre tour, ayant seulement 25 pieds de diamètre, fut enfoncée à 20 pieds de profondeur. La jointure des murs de ces deux tours fut très-solidement faite en maçonnerie. Cette dernière tour est destinée à servir de réservoir pour contenir les eaux d'infiltration, que l'on fera sortir ensuite par le moyen de pompes. La profondeur totale est donc de 84 pieds, et le diamètre de la première tour est de 50 pieds : la maçonnerie a 3 pieds 4 pouces d'épaisseur; il est entré dans cet ouvrage 260,000 briques, 1,200 barriques de ciment, son poids est de 900 tonneaux ou de 2,016,000 livres, environ un million de kilogrammes. Cette tour doit servir d'escalier pour les piétons; et, dans une plus grande dimension, à l'escalier près, une pareille tour, de 160 pieds de diamètre, doit être construite pour les voitures.

C'est dans un banc d'argile pure que doivent se percer les

gâleries. Lorsqu'on commença à détruire le mur sur cet endroit de la tour, le ciment était déjà si intimement lié avec la brique, que ce ne fut que par des efforts réitérés pendant plusieurs jours qu'on parvint à briser cette maçonnerie.

Le principe sur lequel repose la solidité et la sûreté de l'ouvrage consiste à laisser la terre qui environne l'entonnoir dans le même état de densité qu'elle avait auparavant; ce qui s'opère en remplaçant de suite les portions de terre excavées par des murs de maçonnerie, et en ne dérangeant pas les alentours.

On effectue ce travail par le moyen d'un large châssis de fonte de la largeur de l'ouverture, c'est-à-dire de 37 pieds sur 22, et 8 de profondeur. Ce châssis posé, soutient complétement la terre dessus et des côtés; il est divisé en 12 compartimens séparés et indépendans, placés perpendiculairement, arrangés de manière que six soutiennent alternativement la pression du terrain qui s'excave ainsi; pendant que six demeurent fixés, les six autres avancent de 9 pouces, les excavations ayant été préalablement faites. C'est dans les 1ᵉʳˢ jours de décembre 1825 que l'on commença à faire usage de ces châssis. Les ouvriers employés dans le châssis sont au nombre de 36, placés chacun dans une cellule ou boîte : ces cellules sont en outre revêtues en avant et s'appliquent sur le sol comme une espèce de bouclier composé de petites planches ou madriers. L'ouvrier en ôte une, creuse la terre à 9 pouces de profondeur, remet dans ce creux la planche et l'y fixe fortement à l'aide de vis qui s'appuient, non pas contre les bords du châssis où il travaille, mais contre ceux des deux châssis voisins où l'on ne travaille pas. Ce que l'ouvrier fait pour une planche, chaque ouvrier le refait successivement pour toutes les autres; de cette manière toute cette surface se trouve également creusée. Par ce moyen, le terrain n'est jamais exposé, et nous avons été à même de passer à travers du sable mêlé d'eau.

61. PONTS SUSPENDUS DANS LA GRANDE-BRETAGNE.

On a introduit en Écosse un nouveau système pour la construction des ponts suspendus. Suivant ce système, les suspensoirs attachés en dessous du plancher du pont en supportent tout le poids au moyen de goussets de fer fondu, sur lesquels portent les poutres. Ces tiges, qui consistent en chaînes de fer, sont recourbées autour des extrémités de la poutre et assujéties avec un cercle du même métal, afin d'empêcher qu'elles ne cèdent. Près des goussets sont fixées, sur les tiges de suspension, des vis d'attache destinées à alléger les tiges et à élever les poutres au niveau réquis, en sorte que toutes les parties du pont peuvent être ajustées avec la plus grande facilité. Tout le poids, toute la pression agit sur les tiges, dans la direction de leur longueur, de manière qu'elles n'ont aucune tendance à rompre ou à fléchir dans une direction latérale. La force étonnante que ce mode de lier les extrémités d'une poutre de bois lui communique, peut être démontrée par une expérience très-simple. Prenez un morceau de bois de la longueur de 2 ou 3 pieds, et d'un pouce de diamètre. Appuyez-en les bouts sur deux chaises ou pierres, et essayez de vous tenir de bout sur ce morceau de bois; il rompra aussitôt. Ensuite prenez-en un autre de tous points semblable, et recourbez autour des deux extrémités un fil d'archal d'une longueur telle que vous puissiez engager verticalement un petit coin ou une cheville de bois de la longueur de deux à trois pouces entre le bois et le fil d'archal, et vous verrez qu'il vous sera impossible de le rompre quand même vous sauteriez dessus de toute votre force. On peut juger de l'application de ce principe dans tous les cas où on emploie des goussets et des poutres assemblés, bien que cette application n'ait été, peut-être, portée que rarement au degré de perfection dont elle est évidemment susceptible. (*Lond. and Paris Observer.*; 27 avril 1828.)

62. Pont suspendu sur le Leck, entre Franen et Vreeswyk. (*Correspondance mathém. et phys.*; Tome IV, 2e liv., page 138.)

Le roi des Pays-Bas vient d'ordonner la construction de ce pont suspendu sur chaînes de fer. L'exécution de ce projet remarquable par sa hardiesse et le mode de sa construction, fait entrevoir la possibilité de franchir d'une manière analogue les autres grandes rivières de la Hollande. Les plans ont été dressés par l'ingénieur en chef Vifquain.

63. Plan pour amarrer les vaisseaux dans les rades; par le lieutenant-colonel Miller. (*Philosoph. Magaz. and Annals of philos.;* août 1827, p. 110.)

Ce plan consiste simplement à fixer une grande bouée au moyen d'une masse en fer, de manière à rester immobile malgré le mauvais temps : on peut y attacher fixément un vaisseau au lieu de jeter l'ancre.

Construction : longueur de la bouée, 16 pieds; diamètre au milieu, 9 pieds; diamètre aux extrémités, $7\frac{1}{2}$ pieds; longueur de la chaîne, 36 pieds; diamètre de la masse en fer, au sommet, 3 pieds; diamètre id. à la base, $5\frac{1}{2}$ pieds; hauteur de la bouée, $2\frac{1}{2}$ pieds; son poids, sept tonneaux. Il faut que la bouée soit extrêmement forte et cerclée en fer, parce qu'elle sera sujette à un violent effort et qu'elle peut souvent être entraînée sous l'eau. Autour de son centre se trouve un fort cercle de fer, auquel on attache la chaîne et l'anneau. Cette chaîne doit être suffisamment longue pour permettre à la bouée de s'élever à la surface de la haute mer. Dans la plupart des ancrages, le poids de la masse de fer l'enfoncera suffisamment pour empêcher le déplacement; mais quand le fond est résistant, il faut, à l'aide de la cloche du plongeur, enfoncer des pieux à l'entour, de manière à la fixer solidement. Une bouée de cette dimension peut maintenir un vaisseau de 500 tonneaux dans toutes les circonstances; mais pour un très-grand navire, il faudrait augmenter considérablement les dimensions de la masse de fer ainsi que de la bouée.   Chev...t.

64. Tunnel de la Tamise.

Pour continuer l'histoire de cette grande entreprise, nous allons extraire les rapports insérés dans les journaux de Londres.

La semaine dernière, on s'était flatté d'avoir remédié au coulage de l'eau, au point de pouvoir faire jouer les pompes. La grande galerie et les passages parallèles furent nétoyés de manière à permettre à l'un des ingénieurs de pénétrer jusqu'au bouclier et d'examiner la plus grande partie des boîtes. Les résultats de cette visite firent concevoir l'espoir le plus fondé que les travaux pourraient être repris incessamment; mais cette attente s'est trouvée déçue. Dimanche dernier, entre 1 et 2 heures du matin, il se fit une nouvelle irruption des eaux, qui, toutefois, ne fut pas aussi soudaine que les précédentes. Dans l'après-midi du même jour, on jeta dans la rivière un certain nombre de sacs d'argile au-dessus du point où on supposait que l'ouverture avait eu lieu; mais l'eau continua à couler jusqu'à ce que la galerie en fut remplie autant qu'elle l'avait jamais été.

Le flux de l'eau, qui a eu lieu récemment dans le tunnel, ne doit être considéré que comme un simple coulage. Les pompes, quand on les fit jouer, tinrent constamment, par heure, l'eau à deux pieds au-dessous de la tête. On peut maintenant regarder le coulage comme ayant entièrement cessé; car, par l'effet de la machine à vapeur, à raison de 25 coups de piston par minute, les pompes réduisirent l'eau, dans la galerie, à la profondeur mentionnée ci-dessus. Hier, l'eau avait été épuisée au point que son niveau baissa de trois pieds au-dessous du couronnement des passages. On continue à jeter des sacs d'argile et autres matériaux sur la rive du nord, où le danger était manifeste. (*Galign. Messenger;* 23 et 25 avril, et 2 mai 1828.)

Lundi dernier, le tunnel fut ouvert de nouveau au public. L'eau avait été entièrement tirée du puits. L'extrémité méridionale du tunnel était de même à sec sur une étendue de deux à trois cents pieds; le reste, formant environ 350 pieds, se trouvait encore sous l'eau; au bouclier, où elle doit être naturellement la plus profonde, elle en avait environ sept; mais l'application d'un degré convenable de puissance d'épuisement suffisait pour en purger complétement le tunnel, et c'est ce dont on s'occupait alors. Ceci fait, aucun obstacle physique ne s'opposera plus à ce que les travaux soient repris; ils étaient encore dans l'état où ils se trouvaient lors de la dernière irruption des eaux de la Tamise. Dans les entrefaites, des peintres étaient occupés à peindre les murs de l'arcade de l'ouest, qui se trouvait déblayée sur une étendue de 140 à 150 pieds. Le ciment royal, dont les murs sont enduits, loin d'avoir souffert, paraît avoir acquis plus de dureté par l'effet de son exposition au contact immédiat de l'eau; et il n'y reste, à cet égard, aucune ligne ou tache de démarcation qui rappelle au spectateur le souvenir de la dernière inondation; malgré la prodigieuse force du flux des eaux, à cette époque, les arcades, les fondemens et la maçonnerie n'en ont pas été le moins du monde endommagés ou étonnés; ce qui garantit suffisamment la solidité et la durée de l'ouvrage. Les dépenses auxquelles a donné lieu cette entreprise (y compris les acquisitions de terrains, l'établissement des machines, etc.,) s'élèvent à environ 130,000 liv. st., et on évalue à 150,000 liv. st. le complément de fonds nécessaire pour son achèvement. On se propose d'obtenir cette somme au moyen d'un emprunt dont le projet se trouve, en ce moment, soumis au parlement. Le devis estimatif primitif de la dépense n'en portait le montant qu'à 166,000 liv. sterl. (*Ibid.*; 2 juin 1828.)

65. Tunnel sous la Vistule.

On écrit de Varsovie qu'on y projette de construire une galerie souterraine (Tunnel) sous la Vistule, attendu qu'elle serait d'une grande utilité, lors des débâcles qui interrompent souvent les communications. L'ingénieur est un étranger qui s'engage à achever l'ouvrage dans trois ans. (*Nouveau Journal de Paris*; 9 mars 1828, p. 2.)

66. Des constructions en bois en Russie. (*Sin Otietschestwa*, Fils de la patrie; n° 20, p. 322. St.-Pét., 1826.)

Tous les villages et presque toutes les villes en Russie sont construites en bois. Le nombre des maisons seigneuriales en pierre est si peu considérable qu'on ne saurait établir de rapport arithmétique entre les unes et les autres. Aussi la destruction des forêts et les incendies presque continuels sont-ils les résultats immédiats d'un système de construction aussi funeste, dont l'influence s'étend non-seulement sur la santé, mais sur le caractère même des habitans. Il serait cependant facile de remédier à un mal dont les suites peuvent devenir plus graves d'année en année. Tout le nord de la Russie abonde en masses de pierres propres à la bâtisse, témoins les carrières que l'on trouve dans les gouvernemens d'Olonetz, de Vologda, de St.-Pétersbourg, Tver et Novgorod. Là où il n'existe point de pierres de taille, on rencontre du moins du silex, des cailloux et des débris de masses de granit, qui, dispersés çà et là dans les champs, deviendraient d'excellens matériaux de constructions en les mêlant avec de l'argile, ainsi que cela se pratique pour la construction des chaumières dans les provinces situées sur les bords de la Baltique. L'Ukraine tout entière est riche en montagnes de craie et autres masses calcaires. Le milieu de la Russie, c. à d. les gouvernemens de Moscou, Toula, Nijigorod et la partie des provinces adjacentes sont privés de cet avantage; mais les ruisseaux et les rivières seuls peuvent fournir à leurs habitans une quantité suffisante de cailloux et de fossiles pour élever les murs de leurs demeures. D'ailleurs, jusqu'à présent, les préjugés se sont opposés à toutes recherches à cet égard: qui sait si, en creusant la terre à une certaine profondeur dans des endroits que l'on a respectés jusqu'ici, l'on ne trouverait pas des couches de mica ou de calcaires propres à la bâtisse? Mais en supposant même que dans toute la Russie il n'y ait point de pierre de taille ou qu'il coûte trop cher de s'en procurer, personne ne soutiendra au moins qu'elle manque d'argile et de sable, élémens qui entrent dans la composition de la brique. On répondra que la fabrication de la brique consommera une grande quantité de bois: d'accord, mais c'est du bois de chauffage, et non du bois de construction; ce qui établit une immense disproportion en faveur de la brique que l'on peut confectionner en brûlant des branches d'arbres, du charbon de terre et autres combustibles, tandis que, pour construire une izba (cabane de paysans), il faut employer du meilleur bois de cinquante ans.   A. J.

67. Ueber die Vorzüge einer verbesserten Bauart von Eisenbahnen vor den schiffbaren Kanælen, etc.—Sur les avantages que présentent les chemins en fer perfectionnés sur les canaux de navigation; par le Chev. Jos. de Baader, conseiller du roi de Bavière. In-8° de 76 p. Munich, 1828; Lentner.

L'étendue territoriale que la Bavière doit aux derniers traités ayant donné plus d'activité aux transactions commerciales de ce pays, on y éprouve le besoin d'établir des voies de communication promptes, commodes et économiques; on s'y occupe maintenant de réaliser un ancien projet conçu par Charlemagne de réunir les deux fleuves les plus considérables de l'Europe, le Danube et le Rhin. Une commission présidée par M. Pichaman, ingénieur en chef des ponts et chaussées, propose d'opérer cette jonction par l'intermédiaire des canaux de navigation à établir entre l'Altmuhl, affluent du Danube, et la Vengnetz, affluent du Mein. L'objet unique de M. Baader est de combattre les propositions de la commission. L'auteur s'attache d'abord à faire ressortir les inconvéniens des canaux en général.

1° Les frais de construction et d'entretien s'élèvent ordinairement si haut qu'ils présentent peu de bénéfices aux propriétaires ; et pour qu'il n'y ait point de perte, il faut au moins un passage de deux millions de quintaux de marchandises par an.

2° L'établissement des canaux enlève à l'agriculture beaucoup de terrains dont la valeur est considérable surtout dans les contrées fertiles et habitées par une population nombreuse.

3° Pour obvier aux abaissemens de niveau, suite des infiltrations, des évaporations, il faut amener à ces canaux des rivières, des ruisseaux qui auraient été plus utilement employés comme moyens d'irrigation ou comme forces motrices dans des moulins, des usines, etc.

4° Les eaux qui filtrent à travers les digues convertissent les champs environnans en marais infectes ; et souvent une irruption subite inonde et dévaste tout le pays, dommage d'autant plus considérable que les eaux ne retournent pas d'elles-mêmes dans leurs lits naturels, mais restent dans les endroits bas, et y forment des fondrières.

5° Lorsque les canaux traversent des pays très-accidentés, ils exigent beaucoup d'écluses, le transport descend très-lentement, et même dans le pays de plaines cette lenteur est inévitable.

6° Tous les canaux dans nos climats sont impraticables pendant une grande partie de l'année, les gelées en hiver, les eaux en été interrompent entièrement la navigation.

D'après ces considérations M. Baader pense qu'il faut renoncer au projet du canal et préférer un chemin à ornière de fer avec les perfectionnemens apportés à leurs constructions par l'auteur et dont il a été rendu compte dans ce Bulletin. Ce chemin partirait de Donauwœrt, près de l'endroit où on charge et décharge les bateaux, non loin de l'auberge

dite de Krebs (de l'écrevisse), et passerait le long de la rive
gauche de la Wornitz jusqu'à vis-vis de Eberneuyer et Has-
bourg situés sur la rive droite. De là il se dirigerait tantôt à
droite, tantôt à gauche des endroits qui suivent Hopping, Kel-
teding, Schrattenhoff, Wornitz, Holzkirch, Waching, Nu-
ming, Oettingen, Bellerhaus, Diebach, jusqu'à Markbreit sur
le Mein.

Il faudra 1° Construire deux ponts en pierre pour porter de la
rive gauche de la Wornitz sur la rive droite et près de celle-ci sur
la rive gauche. 2° Au port de portage à Frankenheim on établit
soit sur un plan incliné ou sur la machine à composition inventée par M. de Baader, les chemins qui auront une étendue de 32
lieues géométriques et qui pourront être parcourus en 30 heur.,
de sorte qu'un bateau part à 6 heures du matin de Donauwœrt,
pour être rendu le lendemain à midi à Markbreit avec l'exactitude qu'on peut attendre d'une diligence par terre. Les frais
de construction, en y comprenant l'intérêt annuel du capital,
s'élèvent au maximum à 400,000 florins; le canal projeté aurait
une longueur de 78 lieues, exigeant 30 jours, et coûterait
8,000,000 florins, d'où M. Baader conclut une économie de 28
jours $\frac{3}{4}$ en temps, de 44 lieues de longueur et de 6,600,000
florins de dépenses; toutes ces évaluations sont motivées dans
son ouvrage. Nous ne les avons pas transcrites, car, se rappor-
tant à des prix de localités, ces estimations ne sont pas applicables en France.   O. TERQUEM.

68. MATS FORMÉS DE PLUSIEURS PIÈCES ASSEMBLÉES—Patente à
ROB. SEPPING (*Recueil industr.*; déc. 1827, p. 284.)

J'ai formé, dit l'auteur, des mâts pour les frégates et les vaisseaux de haut bord avec des pièces de bois carrées, ayant peu
de longueur; et lorsqu'ils ont été bien assemblés, bien liés,
ces mâts n'ont pas eu moins de force que ceux qui étaient
faits d'une seule pièce, quelques-uns même ont été jugés plus
forts.

Pour les mâts dont le diamètre excédait 33 pouces (le pied
anglais se divise en 10), j'ai employé douze pièces arrangées
comme je vais le dire.

J'en ai d'abord assemblé quatre que j'ai unies ensemble
avec de fortes chevilles de bois placées en diagonales, et j'ai

obtenu un carré bien uni, toutes les faces ayant été mises à équerre.

J'ai appliqué de chaque côté deux autres pièces assemblées de la même manière.

Ensuite j'ai abattu les angles de manière à former en leur place des segmens de cercle. J'ai posé sur le tout des cercles de fer chassés avec force, et j'ai donné la forme ronde à ces mâts en garnissant les cercles avec des pièces plates en-dessous, qui remplissent exactement tous les vides.

On conçoit qu'en composant la longueur de plusieurs pièces, il est indispensable d'unir et d'assembler parfaitement les bouts de chacune et qu'ils doivent être forcés l'un contre l'autre au moyen de tenons et de mortaises en fer.

C'est surtout dans ces parties qu'il est essentiel de soigner l'assemblage des cercles dont le nombre doit être proportionné à la force réquise.

Dans une pareille circonstance l'emploi des bois parfaitement secs est d'une rigueur absolue.

Ces sortes de mâts n'ont pas seulement le grand mérite d'être beaucoup moins dispendieux; ils en ont un autre non moins précieux, car on peut les rétablir promptement, lorsqu'ils ont été brisés.

69. Sur la construction du Palais-Michel à Pétersbourg. (*Otietschestvennïa Zapisski.—Annales patriotiques;* oct. 1825, n° 66.)

C'est en août 1825 qu'a eu lieu l'inauguration du palais qui doit servir de résidence au Grand-Duc Michel.

A l'extérieur cet édifice est un des plus beaux monumens de la capitale, et sous le rapport des ornemens intérieurs, il doit être cité parmi les plus beaux palais de l'Europe (1). La conception en est due à M. Rossi, connu par les constructions du château d'Eïlaguin, ainsi que de l'arc majestueux et des bâtimens appartenant à l'état-major russe. Les peintres Scotti et Vigi ont épuisé leur art pour la décoration intérieure des appartemens.

La grille qui entoure le palais répond à la beauté des façades (2): deux lions magnifiques sont placés sur des piédestaux au bas.

(1) Ce palais avec toutes les dépenses a coûté sept millions de roubles.

(2) Les peintures extérieures ont été exécutées par MM. Malinowski, Démont et Piménof.

de l'escalier, et rien n'égale la magnificence du perron et du vestibule. En montant l'escalier intérieur, on voit les deux statues en plâtre d'Hector et d'Achille, d'un travail supérieur dû aux ciseaux de MM. Krilof et Holberg, artistes russes; tout en haut on aperçoit une colonnade et une coupole majestueuse, si bien représentée à fresque, que le coup d'œil en est presque magique. — En descendant, les regards sont frappés à l'aspect d'un arc si large et si bien jeté que l'on ne saurait quitter l'escalier sans rendre hommage à la perfection de l'architecture.

Quant aux ornemens intérieurs, c'est un luxe d'imagination que l'art a su, pour ainsi dire, répandre sur toutes les parties de cet édifice. Ici ce sont des salles dont les murs revêtus de marbre jaune et azur brillent comme des vitraux et sont ornés dans toute leur hauteur de larges glaces dans lesquelles se répètent, sous une infinité de formes, et les bronzes précieux (1), et les meubles somptueux (2). Les portes de bois de bouleau verni sont sculptées et dorées (3), les corniches ainsi que les plafonds sont également sculptés et peints à fresque. Dans une salle de marbre blanc décorée à colonnes sont rangés des tableaux historiques où le pinceau des artistes a représenté les héros de l'antiquité. La chambre à coucher est ornée en bleu de ciel avec des bouquets de fleurs blanches. Des rideaux de même couleur entourent le lit, au dessus duquel s'élève un baldaquin surmonté de maraboux. Plusieurs heures ne suffiraient pas pour donner une idée de la richesse et de la beauté de ce vaste palais. Les tapisseries de l'étage inférieur sont surtout d'un travail merveilleux. Pour bien jouir de la magnificence de cet édifice il faut le voir un jour où le soleil est dans tout son éclat : des fenêtres on aperçoit les terrasses; dans le fond, le jardin, les parterres, les tapis de gazon, et, à travers les arbres, la place du champ de Mars entouré de ses immenses bâtimens.   J...T.

70. Durée comparative du marbre et du granite.

Un fragment d'une colonne trouvée dans les ruines de Ca-

(1) Des grands et magnifiques candélabres que l'on y voit ont coûté de façon seulement 20,000 r.; ils sont de M. Zakharof, ouvrier russe.

(2) Les meubles sortent des ateliers du tapissier russe Robkof et de MM. Tour et Bauman.

(3) Exécutées par M. Robkof, menuisier russe.

pernaum dont fait mention le professeur Hall, est d'un marbre granulaire de la plus grande beauté, qui a toute la fraîcheur et le brillant d'un échantillon récemment tiré d'une carrière naturelle. Ce fragment a résisté complétement, durant un laps de temps d'environ 2,000 ans, aux attaques des élémens. La pierre calcaire, bien qu'elle soit plus tendre que le granite, est souvent moins sujette à la décomposition. Cette remarque s'accorde avec les observations faites par des voyageurs en Égypte, en Grèce et en Palestine. L'action de l'air et de l'humidité affecte le feldspath du granite plus promptement qu'aucun de ses autres principes constituans. « De toutes les matières naturelles dont se servaient les anciens artistes, dit le Dr Clarke, le marbre de Paros, lorsqu'il est sans veines et par conséquent exempt de corps hétérogènes, est celui qui paraît avoir le mieux résisté aux diverses mutilations qu'a subies la sculpture grecque. On le trouve intacte là où le granit et même le porphyre, contemporains quant à leur état artificiel, se sont décomposés. (*Edinb. philos. Journ.*; janv. 1826, p. 177.)

71. BASSINS DU COMMERCE DE LONDRES.

Samedi dernier on célébra à Londres l'anniversaire de la pose de la première pierre du bassin Sainte-Catherine. Les directeurs et actionnaires, accompagnés de beaucoup de personnages distingués, examinèrent les différens bâtimens et ouvrages d'art consistant en magasins, caves, chantiers, bassins et sas; ouvrages qui avaient été construits dans le courant de l'année. La ligne des magasins qui forme la limite occidentale, en face de la tour, présente une façade uniforme et élégante. Les bassins sont construits de manière à ce que l'eau monte de 5 pieds plus haut que dans aucun des établissemens adjacens du même genre. L'entrée des navires dans les sas n'occasione qu'une très-faible perte d'eau. Les murs sont construits, non avec du ciment romain, mais avec de la chaux bleue du Dorsetshire, provenant de la terre du marquis de Salisbury, dont on n'a introduit que depuis peu l'usage. Des anneaux de fer massifs, coulant perpendiculairement sur un cylindre du même métal, de trente pouces de haut, sont scellés dans des blocs de granite, afin de donner plus de jeu aux navires qui circulent, et diminuer, quelque soit le niveau de l'eau, l'effet de la tension des câbles ou des chaînes d'amarrage. Les vaisseaux abordent sous

le portique des magasins, soit pour débarquer, soit pour recevoir à bord leurs chargemens, au moyen de quoi les barriques,
boîtes, ballots et paquets sont transportés perpendiculairement
par des grues dans les différens étages, sans qu'il soit besoin de
les traîner sur des binards, comme dans les bassins de Londres.
L'étage inférieur, qui forme ce portique, a pour support des
piliers de fer creux d'une forme élégante, du poids d'environ
cinq tonneaux chacun. Ces piliers sont peints en couleur de
pierre. Les magasins ont huit étages. Du sommet de l'édifice on
jouit d'une magnifique vue de la Tamise, de la tour, de la cité
et des parties adjacentes des comtés de Surrey, de Kent et
d'Essex. La hauteur des caves est telle que l'homme de la plus
grande taille peut y circuler, sans être obligé de se courber, ce
qui malheureusement est bien différent dans celles des bassins
dits de Londres. On doit en outre établir des caveaux particuliers
dont les clés seront confiées exclusivement aux personnes qui
voudront les prendre en location. (*Courier.—Galign. Messeng.;*
Paris, 9 mai 1828.

MÉLANGES.

72. COURS-PRATIQUE DE CHIMIE APPLIQUÉE AUX ARTS ET MÉTIERS,
à l'hygiène et à l'économie domestique; par S. F. GRAY; traduit de l'anglais par T. RICHARD. 3 vol. in-8°, ensemble 60
feuilles. 100 planches in-8°. Cet ouvrage paraîtra incessamment chez Anselin, libraire.

Les publications sur la chimie et ses applications se multi-
plient de jour en jour, et cette grande abondance n'est pas suffisante encore aux besoins du grand nombre de personnes qui
se livrent à l'étude de cette science, soit comme complément de
leur éducation, soit pour pratiquer quelqu'une des branches
multipliées d'industrie qu'elle éclaire ou qu'elle crée.

L'ouvrage qu'on annonce aujourd'hui, et dont nous rendrons
compte lors de sa publication, comprend dans son cadre la description d'un grand nombre d'arts, avec toutes les opérations
chimiques qui s'y rattachent. Comme tous les livres anglais, il
doit contenir bien des pages étrangères à la science; mais le
traducteur s'est engagé à les remplacer par des descriptions
des procédés inconnus à l'auteur ou négligés par lui.   H.D.

73. Collezione degli atti delle solenni distribuzioni de' premi d'industria , etc.—Exposition des produits de l'industrie à Milan et à Venise, et prix décernés en 1825 et 1826. In-8° de 326 p. Milan , 1827 ; imp. roy.

(Venise.)

Le 4 octobre 1825, les premières autorités civiles et militaires de Venise, les membres de l'Institut royal des sciences , lettres et arts, la Commission centrale vénitienne, se sont réunies dans l'ancienne bibliothèque de Saint-Marc, pour décerner aux exposans les médailles suivantes.

Médailles d'or.

1° A MM. *Strazza* et *Thomas* de Milan, pour la dorure sur bronze ; 2° à *Jos. Siméon* de Trévise, pour la teinture du coton en rouge ; 3° à M. *Ang. Berlan*, chirurgien de Venise, pour des instrumens chirurgicaux en gomme élastique ; 4° au professeur *Louis Zandomeneghi* de Venise, pour un compas à tracer la volute ïonique.

Médailles d'argent.

1° A *Jos. Étienne* de Padoue, pour des instrumens d'astronomie ; 2° à *Franç. Gera* de Conegliano, pour la filature de la soie par une nouvelle machine mécanique qui fonctionne plus promptement que les autres ; 3° au prof. *Louis Zandomenechi* de Venise, pour un nouveau cabestan ; 4° à *Félix Bosiz* de Milan, pour des ouvrages en cheveux, tels que colliers, boucles d'oreille, épingles, chaînes, etc. ; 5° à *Léonard Semitecolo* de Venise, pour des lunettes de diverses couleurs, qui sont d'une très-grande clarté ; 6° à *Gaspard Tonello* de Trieste, pour un trigonomètre nautique ; 7° à *Barthel. Bizio*, pour une encre indélébile provenant d'une préparation de l'encre de Sèche. Depuis très-long-temps Fourcroy et un grand nombre d'autres chimistes l'avaient présentée comme un des principes constituans de l'encre de la Chine ; 8° à *Gasp. Biondetti* de Venise, pour un nouveau niveau pour les maçons ; 9° au prof. *Marianini* de Venise, pour un nouvel électro-moteur ; 10° à *Franç. Cobres* de Venise, pour un perfectionnement d'une pompe à incendie ; 11° à *Jean Senania* de Vérone, pour des savons odorans ; 12° aux frères *Fontebasso* de Trévise, pour le perfectionnement de la poterie ; 13° à *Louis Tabaglia* de Crémone, pour une machine hydraulique destinée aux irrigations ; 14° à *Ange Alba-*

nese de Venise, pour une machine pour faire le pain ; 15° à *Ferd. de Martis* de Venise, pour l'amélioration des pipes ; 16° à *Crescenzio , Paris* de Brescia, pour un perfectionnement des canons de fusils ; 17° à *Paul Barbiere* de Mantoue, pour du papier et du carton fabriqués avec l'*hibiscus roseus* qui croît naturellement dans les marais, etc. ; 18° à *Nic. Zanetti* et fils de Murano, pour une pâte de verre à mosaïque en or ; 19° à *Lucrezia* et *Norberta* (2 méd.), pour un procédé de filature du chanvre plus expéditif ; 20° à *Magd. Melan* d'Asiago, pour des chapeaux de paille ; 21° à *Ang. Morandi*, pour des dentelles à point de Burano ; 22° à *André Galvani* de Pordenone, pour une machine à plier la soie ; 23° à *Louis Toffioli* de Bassano, pour amélioration des procédés de fabrication de l'encre. Il varie seulement la proportion du sulfate de fer et de la noix de Galles ; 24° à *Domin. Blasio* de Feltre, pour une coupe économique des habits ; 12 mentions honorables ont été accordées en même temps. Il est facheux que, dans l'ouvrage dont nous rendons compte, on ne fasse pas connaître en détail les nouveaux procédés ou les inventions récompensées. Nous ajoutons à cela que nous voyons avec peine des récompenses décernées à de prétendues découvertes ou à des perfectionnemens qui sont presque insignifians, comme les deux médailles pour l'encre de Sèche et l'encre ordinaire ; ce qui méritait tout au plus une mention honorable.

Distribution des prix à Milan, pour l'année 1826.

Médailles d'or.

1° A MM. *Caldara* et comp., de Milan, représentant la nouvelle Société de raffinage du sucre, pour l'application de la vapeur à la raffinerie du sucre en grand ; 2° à *Jean Gilat* de Lyon, établi depuis plusieurs années à Milan, pour la fabrication en grand d'étoffes de soie égales aux plus belles de France ; 3° à MM. *Traviganti*, *Galletti* et comp., de Milan, pour une manufacture en grand de bijouterie d'or et d'argent ; 4° à MM. *Strazza* et *Thomas* de Milan, pour le monument du peintre Appien et pour autres objets en bronze doré, parmi lesquels se trouvent six bustes représentant autant de personnages de la maison d'Autriche ; 5° à *Antoine Farina*, de Plaisance, établi depuis plusieurs années à Milan, pour des poinçons ou coins d'imprimerie parfaitement travaillés.

Médailles d'argent.

1° A *Jean Alexis Caire*, chimiste de Montpellier, établi depuis plusieurs années à Milan, pour des sondes et instrumens en gomme élastique, pour une eau propre à remplacer la colle dans la couleur à la détrempe, pour un papier transparent, etc.; 2° à *Dalmistro*, *Barbaria*, *Moravia* et comp., de Venise, pour la fabrication en grand d'une aventurine artificielle; 3° à *Jean Bertini*, *Louis Brenta* et comp., de Milan, pour des verres colorés par le feu avec des figures transparentes; 4° à *Jean Merlini*, ingénieur de Monza, pour une presse à l'usage des pharmaciens; 5° à *Ignace Lomeni*, médecin de Milan, pour un instrument pour fouler le raisin dans une cuve fermée; 6° à *Ign. Pizzagalli*, de Monza, établi à Milan, pour une imitation en verre de toutes les diverses espèces de raisin du royaume lombardo-vénitien; 7° au D*r* *Ant. Cattaneo*, pharmacien de Milan, pour une cuisine économique à vapeur; 8° à M. *Bern. Rinaldini*, pharmacien chimiste de Pavie, pour une cuisine économique à vapeur; 9° à M. *Jean Caltinetti* de Valsesia, établi depuis long-temps à Milan, pour une machine propre à la fabrication des eaux minérales; 10° à *Ange Osio* de Milan, pour une manufacture perfectionnée de papier de paille; 11° à *Jos. Castagna* de Milan, pour une fabrique de carton; 12° à *Constantin* et *Léopold Calvi*, frères, de Milan, pour des ouvrages en carton avec des ornemens d'or et d'argent; 13° à *Paul Belloni* de Milan, pour des ornemens de papier à dessin pour la France; 14° à *Louis Deconti* de Castel-Seprio, pour du papier doré sur les deux surfaces et des bouquets de fleurs faits avec ce papier; 15° à *Paul Moschini* de Crémone, pour des ouvrages en bois d'orme cultivé et préparé pour cet emploi; 16° à *Pierre Campana* de Gardine, pour des couvertures de lit faites avec la bourre de soie; 17° à MM. *Ducros*, père et fils, de Milan, pour une fabrique de gants, façon Grenoble; 18° à *Jules Rigozzi* de Milan, pour une manufacture de gants de diverses qualités, qui peuvent se laver; 19° à *Franç. Castagnosi* de Milan, pour un très-grand drapeau brodé; 20° à *Ant. Sistori* de Milan, pour des médailles avec des figures brodées; 21° à *Rose Melli* de Milan, pour des tableaux brodés en soie et en fil; 22° à *Magd. Melan* de Vallonaca, pour des chapeaux de paille, façon Florence; 23° à *Ange Videmari* de Varèse, pour de la pluche de soie à l'usage des prêtres; 24° à *Pierre Ant. Cervelli* de Milan, pour des chapeaux de double pluche, très-légers et imperméables à l'eau; 25° à *Charles Crina* de Milan, pour réparer les habits usés sans les défaire; 26° à *Jos. Console*, de Milan, pour une platine de fusil à poudre fulminante; 27° à *Jos. Mariani*, de Cutano, pour le perfectionnement des canons de fusil; 28° à *Ant. Tavolino*, de Milan, pour la fabrication des horloges; 29° à *Paul Amaldi*, de Mantoue, pour un compas propre à mesurer les angles solides; 30° à *Ant. Gugliemini*, de Lodi, pour la teinture en grand pour un noir français; 31° à *Paul Pedretti*, de Milan, pour des pinceaux pour Rome et la France; 32° à *Émile Trovati*, de Pavie, pour des ceintures et des coussinets élastiques de nouvelle invention; 33° à *Félix Boziz*, de Trévise, établi à Milan, pour des fleurs artificielles faites avec les plumes; 34° à *Dominique Briani*, de Milan, pour des nappes et serviettes à l'instar de celle de Flandre; 35° à *J.-B. Rasario*, de Valduggia, établi à Milan, pour des lampes de diverses formes et de divers foyers; 36° à *Félix Luca*, de Milan, pour une fabrique d'éventails; 37° à *Ch. Franç. Bonomi*, de Milan, pour des animaux préparés. Outre ces 5 médailles d'or et 37 d'argent, il a été accordé 21 mentions honorables.

Outre ces exposans récompensés, on en voyait figurer 76 autres, tant comme simples exposans que comme concourant pour les prix. Si nous récapitulons donc le nombre général des industriels qui ont figuré à l'exposition de Milan pour 1826, nous y trouvons:

1° Fabricans qui ont obtenu une médaille d'or......	5
2°	Médailles d'argent. ..	37
3°	Mentions honorables.	21
4°	Non récompensés....	76
		139

Il est aisé de voir qu'environ la moitié des exposans a reçu des récompenses.

Par cet exposé, on peut aussi apprécier combien les exposi_ tions des produits de l'industrie des États Lombardo-Vénitiens sont au-dessous de celles de la France, surtout de celle du dé_ partement de la Seine, etc.

Nous allons terminer cette notice par un tableau des ré_

compenses accordées par les mêmes peuples à leurs diverses expositions, depuis 1806 jusqu'à 1826 inclusivement.

ANNÉES.	LIEUX de la distribution.	Médailles d'or.	Médailles d'argent.	Mentions honorables.
1806	Milan	1	2	»
1807	id.	3	9	11
1808	id.	5	12	16
1809	id.	5	9	6
1810	id.	4	11	12
1811	id.	5	21	21
1812	id.	3	14	25
1813	id.	3	13	12
1815	id.	3	18	13
1816	Venise	3	12	13
1816	Milan	2	10	10
1817	Venise	4	16	20
1818	Milan	4	15	19
1819	Venise	5	19	8
1820	Milan	5	31	14
1821	Venise	4	19	21
1822	Milan	5	37	12
1823	Venise	6	20	16
1824	Milan	5	36	30
1825	Venise	4	27	12
1826	Milan	5	37	21
TOTAL..		84	394	328

L'exposition de Milan, la seule de l'Italie, avait lieu tous les ans; ce n'est que depuis 1816 qu'elle a alterné avec celle de Venise. Si nous faisons maintenant le relevé des récompenses accordées depuis que cette alternation a lieu, nous trouvons que chacun de ses États a eu six expositions qui ont décerné:

1° à Milan. Médailles d'or 26. — D'argent 166. — Ment. honor. 106.

2° à Venise. id. 26. — id. 103. — id. 90.

Ces résultats prouvent que la marche de l'industrie est égale dans ces deux États, si l'on compare du moins la différence de leur étendue. JULIA DE FONTENELLE.

74. RÉFLEXIONS SUR LA MANIÈRE DE PROCÉDER AUX EXPERTISES CONCERNANT LES DISCUSSIONS EN MATIÈRE DE BREVETS POUR DES

DÉCOUVERTES INDUSTRIELLES; par M. J. R. ARMONVILLE. Broch. in-8°; prix, 5o cent. Paris, 1828; Selligues.

Cette brochure contient des vues utiles sur les matières qu'elle traite; elle se recommande aux industriels tout à la fois par la nature de son sujet et par les connaissances exactes que possède l'auteur sur ce sujet.

75. GESCHICHTE DER BAUKUNST, etc.—Histoire de l'architecture, depuis les temps les plus réculés jusqu'à nos jours; par STIEGLITZ. Gr. in-8° de VIII et 470 pag. Leipzig, 1827; Campe (*Artist. Notizenblatt*; juin, 1827; n° 12, pag. 47).

Cet ouvrage, résultat précieux de longues recherches, offre en 3 parties l'histoire de l'architecture asiatique, de l'architecture classique (romano-grecque, bizantine et arabe), de celle du moyen âge et des temps modernes.

76. POLNOÏÉ NASTAVLÉNIÉ KAK PRIGOTOVLIATE DIOSCHOVONI I LOUTCHI MERTIEL. — Instruction complète sur la manière de préparer à bon marché le meilleur ciment possible pour la construction des canaux, ponts, bassins, digues et caves, ainsi que pour la confection du stuc, dans les édifices en pierre et en bois; par M. TCHÉLIEF. 28 pag. et une pl. Moscou 1825.

77. POLOGÉNIÉ O KOLITCHESTVIÉ MATÉRIALOF NA POSTROÏKON DAMOF.—Instruction sur la quantité de matériaux nécessaires à la construction des maisons, examinée dans le comité des ministres et approuvé par l'empereur. 103 pag. in-4° avec 3 pl. Pétersbourg, 1825 (*Bibliogr. Listi.*—Feuilles bibliographiques, n° 36; suppl. 1825).

Ce livre est divisé en 4 chapitres : le 1ᵉʳ traite des matériaux nécessaires à la construction première des maisons de pierre ; le 2ᵉ de la manière de les terminer et décorer intérieurement ; le 3ᵉ indique les matériaux propres à construire les maisons de bois ; et le 4ᵉ donne des instructions sur les moyens les plus faciles et les plus économiques pour les terminer et décorer intérieurement.

78. PLANS, PROFILS, VUES, PERSPECTIVES ET DÉTAILS DES PONTS EN CHAÎNES EXÉCUTÉS A ST-PÉTERSBOURG, sous la direction de S. A. R. le duc Alexandre de Wurtemberg, en 1824; par G. de TRAITEUR, colonel du corps des ingénieurs des voies de com-

.munications, chevalier de plusieurs ordres. St-Pétersbourg, 1825 (*Bibliogr. List.*—Feuilles bibliographiques, n° 36; suppl. 1825).

Ce cahier, grand format, contient les vues lithographiées et gravées suivantes : 1) Vue perspective du pont en chaînes de Pantéléïmon; 2) plan général des canaux de la ville de St-Pétersbourg; 3) plan de situation du pont en chaînes; 4) plan et profil du pont en chaînes; 5) vue en perspective du pont en chaînes de Pantéléïmon; 6) détails du même pont; 7) vue perspective du pont en chaînes pour les piétons; 8) plan, profil et détails du pont en chaînes pour les piétons; 9) plan, profil et détails du sidéro-mètre.—Ces dessins ont été tracés en partie par MM. Astafief, Beggrow, Ivanof, Knorre et Pomeau. M. le colonel Traiteur a lui-même dessiné les vues et les profils.

79. DE LA RÉVOLUTION SURVENUE DANS LE COMMERCE A L'OCCASION DE L'INVENTION DES MACHINES A FILER LE COTON; par M. J. B. SAY. (*Industriel*; nov. 1827, p. 1).

Il paraît, dit l'auteur de cet article, que tous les pays chauds, particulièrement dans le voisinage des mers, produisent quelque espèce de coton qui leur est indigène. On en cultive de temps immémorial dans l'Indoustan, en Chine, en Perse, en Égypte, dans l'île de Candie et en Sicile. Il y a très long-temps qu'on en recueille en Italie et en Espagne. Il existe tant d'espèces de cotonniers qu'aucun naturaliste n'a pu encore les décrire toutes, aucun planteur, aucun courtier n'en a une connaissance complète. Les Indous et les Chinois ont été, dès l'antiquité la plus reculée jusqu'à nos jours, les principaux ou plutôt les seuls marchands de coton manufacturé. Dans les plus anciens temps historiques, l'Inde fournissait à l'Europe ses mousselines et d'autres tissus de coton par la mer Noire. Des marchands les répandirent dans les diverses parties du monde; il n'en fallut pas davantage pour procurer de grandes richesses aux villes qui servaient d'entrepôts à ce commerce.

Vers l'année 1777, un barbier anglais, nommé Arkwrigt, se demanda à lui-même un jour, pourquoi, au lieu d'un rouet qui file un seul fil de coton à la fois, on ne filerait pas la même matière sur de grands rouets, d'où sortiraient plusieurs centaines de fils en même temps, et par le moyen desquels une seule personne en obtiendrait par jour plusieurs livres (1). Cet homme industrieux conçut le premier le moyen d'allonger ou étirer une mèche de coton en la faisant passer par deux laminoirs placés l'un à quelque distance de l'autre, et marchant avec une vitesse inégale ; une broche tournant avec rapidité donnait la torsion à la mèche. Ce procédé mécanique, sur lequel est fondé la filature en grand, eut les conséquences les plus graves ; car à la fin du 18ᵉ siècle, il ne se consommait pas, en Europe, *une seule pièce* de coton qui ne nous arrivât de l'Indoustan. 27 ans ne sont pas écoulés, et l'on peut avancer hardiment qu'il ne se consomme pas *une seule pièce* qui vienne maintenant de ce pays. Les négocians anglais commencent à en expédier aux Indes.

Depuis 1788, époque à laquelle le gouvernement français trouva le moyen de se procurer quelques modèles de machines à filer le coton, les établissemens où l'on file le coton se multiplièrent au point que M. Chaptal rapporte qu'en 1819 il y avait en France 220 filatures dont 60 très-considérables, qui, toutes ensemble, faisaient tourner 900,000 broches; depuis ce temps, le nombre s'en est probablement fort accru. A la même époque, le nombre des métiers à tisser le coton était de 60,000, et celui des métiers à tricoter s'élevait à 7,500.

On serait tenté de croire que des machines aussi expéditives que celles dont on vient de parler devaient laisser sans ouvrage la plupart des ouvriers et ouvrières qui filent le coton; c'est précisément le contraire qui est arrivé; le nombre des personnes que ce duvet emploie a considérablement augmenté. En Angleterre, avant l'invention des machines, on ne comptait dans la Grande-Bretagne que

    5,200 fileuses de coton au petit rouet

    2,700 tisseurs d'étoffes de coton

    7,900 ouvriers en tout ;

tandis qu'en 1787, dix ans seulement après l'invention des machines, on comptait dans le même pays

    105,000 personnes grandes et petites, occupées de la filature

    247,000 employées au tissage

    352,000 ouvriers en tout.

(1) Dès 1767, les Anglais avaient adopté des métiers à filer nommées *Jennys,* où plusieurs fils étoient filés à la fois. Un chariot en reculant

De plus, les machines, au lieu de réduire le salaire des ouvriers, les avaient fait monter. A la première de ces époques, une femme ouvrière gagnait par jour 20 sous de France; à la seconde époque elle gagnait 50 sous. Un homme qui gagnait auparavant 40 sous, pût, après l'introduction des machines, se faire payer 5 francs, ce qui prouve qu'on demandait plus d'ouvriers qu'il ne s'en offrait.

Au surplus, ce nombre d'ouvriers occupés par le coton a dû s'augmenter bien plus encore depuis l'année 1787, si nous prenons pour la base de leur nombre la quantité de livres de coton soumises au travail. De 1786 à 1790, la quantité moyenne de livres de coton importées dans la Grande-Bretagne, a été, en nombre rond, 26,000,000 de livres, et de 1821 à 1825, l'importation moyenne a été de 165,000,000 de livres. Les machines expéditives pour filer le coton, loin d'avoir, en définitif, arraché du travail à la classe ouvrière, lui en a procuré considérablement. ARM.

80. DES BATIMENS CONSACRÉS A L'INDUSTRIE; par M. SAY (*Idem*; janv. 1828, pag. 129).

On accuse, dit l'auteur de cet article, les manufacturiers français d'employer trop de capitaux à des bâtimens fastueux. Une solidité superflue est un luxe dont il convient de se garantir, aussi bien que du luxe d'ornement. Les établissemens manufacturiers ne sont pas généralement destinés à durer très-longtemps. Les Anglais, qui sont de très-habiles manufacturiers, ne construisent pas leurs bâtimens pour durer un grand nombre d'années, c'est un point sur lequel ils économisent leurs capitaux. Un calcul bien simple montre ce que coûte le luxe de solidité. Un manufacturier, pour élever les bâtimens et les constructions qui lui sont nécessaires, dépensera 100,000 francs, par exemple, s'il veut que les constructions soient en pierres, avec de fortes charpentes, et admettons que pour ce prix il aura un édifice susceptible de durer éternellement. Un autre manufacturier, moins fastueux, construira en bois et en plâtre, par exemple, une habitation et des ateliers de même étendue et capables d'abriter le même nombre de travailleurs et de machi-

allongeait des mèches préparées avec des cordes à la main ; mais ce procédé imparfait fut abandonné au moment où Arkwright découvrit le sien.

nes, et qui ne seront pas de longue durée; supposons qu'il ne dépense pour ces constructions que 60,000 f, il lui restera par conséquent 40,000 f. de plus qu'au premier; cette somme, à 5 pour 100, avec les intérêts des intérêts, sera doublée en moins de 15 ans, et au bout de 30 ans, les 40,000 f. seront devenus 160,000 f. Si à cette époque le bâtiment demande à être reconstruit, il coûtera de nouveau 60,000 f., et laissera 100,000 f. de bénéfice que n'aura pas le premier manufacturier solidement logé.   Arm.

81. Établissement de M. Degorge-Legrand, à Hornu, près Mons (*Revue Encyclop.* sept.; 1827, pag. 787).

Le voyageur qui se rend de Paris à Bruxelles, arrivé au village d'Hornu, entre Valenciennes et Mons, est frappé de la bonne disposition d'une longue suite de constructions régulières et bien alignées qui bordent la route. Des édifices élégans s'élèvent dans la campagne; d'excellens chemins en facilitent l'accès à une population active. Cette prospérité est l'ouvrage d'un Français. Il n'y a pas 17 ans que M. Degorge-Legrand est devenu propriétaire des mines de houille d'Hornu; elles étaient alors à peu près abandonnées; les deux seuls puits à charbon qui y fussent ouverts étaient épuisés: tout le mobilier de l'établissement se composait d'une mauvaise pompe à feu et d'une machine mue par des chevaux.

De 1810 à 1813, M. Degorge a creusé dix puits pour l'extraction des eaux ou de la houille.

C'est en 1816 et 1817 que M. Degorge-Legrand s'est résolu à donner à son établissement les développemens qu'on y admire aujourd'hui; il lui fallait de 15 à 18 cents ouvriers, et l'on ne pouvait réunir ce nombre qu'en les attirant journellement de villages éloignés. Pendant les années 1823-1825, il a construit 175 habitations d'ouvriers, qui ont chacune un rez-de-chaussée et un premier étage, un puits, un four et une plate-forme en toile bituminée pour toiture. L'année 1825 a vu s'élever une école garnie de tout le mobilier nécessaire pour recevoir 400 élèves; l'instruction est gratuite pour tout le monde. Les constructions ont continué en 1826 : on a formé pour la promenade et les jeux deux places publiques : sur l'une, un bâtiment élégant renferme une machine à vapeur de 128 chevaux, pour l'épuisement des eaux des mines, et cette même machine distribue de l'eau chaude, de l'eau tiède et de l'eau froide à la colonie, pour laquelle on a disposé un établissement de bains également favorable à la santé et à la propreté; non loin est une salle de danse de 50 pieds de long sur 22 de large, pour les ouvriers.

Huit machines, de 156 chevaux, sont employées à l'extraction de la houille. Quatre servent à l'extraction des eaux et réunissent une force de 264 chevaux, en tout 420. Les deux principales machines ont été faites dans l'établissement. D'excellens chemins conduisent des mines au canal de Mons à Condé, distant d'une portée de canon d'Hornu.

L'école primaire de ce *village-modèle* mérite de fixer l'attention : elle est maintenant fréquentée par plus de 200 enfans des deux sexes qui, en moins de trois ans, apprennent à lire, à écrire, à compter, un peu de dessin linnéaire, quelques élémens du *rapport des formes* ou de la géométrie pratique.

82. De l'Hôtel des Monnaies, à St-Pétersbourg (*Jour. des mines*; 1825, n° 1, pag. 85).

L'hôtel des monnaies fut fondé à St-Pétersbourg en 1726. Il est situé dans la citadelle. Depuis la cessation de celui de Moscou, il est le seul où il se fabrique des monnaies d'or et d'argent.

Les sources primitives d'où il reçoit l'or et l'argent sont les forges de la Sibérie, c'est-à-dire de l'Oural, de Kolivanvoskrécenski et de Nertchinsk. La chambre des épreuves reçoit l'or et l'argent en lingots, ou sous toute autre forme, en échange contre des monnaies. On en fait des lingots et diverses monnaies étrangères. Les métaux fabriqués en lingots et avec de l'alliage se divisent en argent mêlé d'or, en or fragile, or mou; argent fragile et argent mou.

L'argent mêlé d'or est celui dans lequel, sur une livre il entre moins de 5 zolotniks d'or.

L'or et l'argent fragiles ne sont pas malléables et se brisent aux premiers coups de marteau.

L'or et l'argent mous sont des métaux devenus malléables au moyen d'un alliage de cuivre rouge.

L'hôtel des monnaies se divise en deux sections : le laboratoire où l'on sépare l'or de l'argent, et la chambre des monnaies.

La première est chargée de l'épuration des métaux; la seconde fait de l'or et de l'argent de diverses qualités servant aux monnaies et aux médailles.

Le laboratoire reçoit l'argent mêlé d'or, l'or mêlé d'argent, l'or fragile et le cuivre mêlé d'argent.

L'argent mêlé d'or vient des forges de Kolivanvoskrécenski et de Nertchinsk. Des premières il en vient annuellement 1000 pouds (18,000 kilog.) sur lesquels il y a de 20 à 25 pouds (360 à 450 kil.) d'or. Des secondes on reçoit environ 200 pouds d'argent, contenant presqu'un poud (18 kil.) d'or. La chambre des épreuves en emploie aussi 200 p., ce qui fait 1400 pouds d'argent mêlé d'or, d'où on tire environ 27 pouds d'or annuellement.

Les masses ou fontes d'or et d'argent venant de Sibérie à Pétersbourg sont de 100 pouds, au plus, et de 7 au moins. On envoie une contre-épreuve cachetée par l'inspecteur des épreuves.

L'or mêlé d'argent vient des forges de l'Oural. On n'en recevait qu'une 20e de poud avant la découverte des sables aurifères; mais depuis, la quantité augmente chaque année. L'hôtel des monnaies a reçu, en 1824, 205 pouds (3690 kil.) d'or.

La chambre des épreuves reçoit annuellement env. 60 pouds (1080 kil.) d'or fragile.

Le cuivre mêlé d'argent sert à défaut de cuivre rouge dans la fabrication. On en a fait une monnaie particulière qui n'a cours que dans la Sibérie.

Jusqu'en 1820, la séparation de l'or d'avec l'argent s'opérait par voies *sèches* et *humides*, c. à d., au moyen du soufre et de l'eau forte; depuis, on n'a plus opéré que par l'eau forte.

L'ancienne méthode, composée des deux procédés réunis, par le soufre et par l'eau forte, s'applique en général à la séparation de l'argent contenant de l'or. Le procédé par voie sèche s'emploie pour épargner une quantité d'eau forte. A cet effet, et pour réunir toutes les parcelles d'or renfermées dans l'argent, on le concentre en moindre masse par le moyen du soufre; c'est le but principal de ce procédé. Sa description complète est en 3 parties : A procédé à sec; B procédé à l'humide, et C manière de travailler la crasse restant après l'un et l'autre de ces procédés.   T.

83. SÉANCE EXTRAORDINAIRE DU COMITÉ DU CORPS DES MINES

RUSSES (*Annales patriotiques.*—Otietschestvennïa Zapisski; av. 1826, n° 72, pag. 126).

Le 20 mars 1826, le comité du corps des mines s'est réuni en séance extraordinaire pour célébrer l'anniversaire de sa fondation. Après un discours adapté à la circonstance, prononcé par le conseiller-d'état actuel Karnéïef, on a fait le résumé des travaux du comité pendant le cours de l'année qui venait de s'écouler, et l'on n'a pas omis de parler de la publication du *Journal des mines* (Voy. le *Bulletin*, Tom. VIII, n° 134), qui ne peut qu'accélérer les progrès de l'industrie nationale dans cette importante partie de l'administration.

Les Sociétés des mines, s'attachant particulièrement aux usines et directions principales des usines, se sont spécialement occupées d'examiner les différentes hypothèses et théories sur l'origine des sables d'or des monts Ourals, d'étendre les fouilles nécessaires pour obtenir ce précieux métal, de trouver des moyens plus faciles pour dégager les molécules d'or du sable où il est engagé, ainsi que pour séparer le platine de l'or, et, en général, d'établir un mode d'amélioration des travaux métallurgiques et technologiques dans les mines. Elles se sont de plus attachées à rechercher la manière la plus avantageuse de raffiner le sel et d'extraire la magnésie du sulfate de magnésie. Les membres ont également fait part à la Société des ouvrages ou des traductions faits par chacun d'eux dans l'intérêt de la propagation des lumières pour la partie des mines et salines.   J....:..T.

84. SUR LA FORCE DES MUSCLES (*New London mechan. Regist.*; n° 4, pag. 63).

L'auteur a pour but d'attirer l'attention des lecteurs sur un fait relatif à la force des muscles, et d'après lequel on leur attribue une puissance qui lui paraît incroyable. Il est dit, pag. 12 du *Mechanic's Register*, que quand un homme enlève, avec les dents, un poids de 200 livres, les muscles qui agissent dans cette opération exercent une force de 15,000 livres; que le cœur à chaque pulsation, exerce une force égale à 100 mille livres, et qu'un homme, du poids de 150 livres, qui saute en avant à la hauteur de 2 pieds, met en action des muscles qui développent une force égale à 300 mille livres. On allègue que ces assertions ont été démontrées par Borelli, et on renvoie à l'ouvrage de

Dick, intitulé : *Christian Philosopher.* L'auteur invite les personnes qui croient ces assertions exactes à présenter les principes desquels Borelli a déduit des résultats si singuliers et si extraordinaires. Il soupçonne qu'il se sera glissé dans les données de Borelli quelque erreur, qu'aucun raisonnement subséquent n'aura pu corriger. CHEV...T.

85. NOTICE SUR TCHISTIAKOF, mécanicien de Perme (*Annales patriotiques, Otietschestwennia Zapisski*; nov. 1825, pag. 229, n° 67.)

Maxime Tchistiakof, simple paysan russe du gouvernement de Perme, annonça, dès sa plus tendre jeunesse, un goût décidé pour la profession de mécanicien. Les serrures, les soufflets de forge et instrumens du même genre attiraient surtout son attention. Un mariage qu'il contracta à 17 ans avec la fille d'un serrurier, ne fit qu'accroître en lui le désir de se distinguer par quelque invention dans l'horlogerie. Après avoir pris des leçons de Stipan Sabakin, horloger attaché aux fabriques de M. Démidof, et s'être pénétré de tous les principes de son art, il fit successivement plusieurs modèles en bois, un tour en fer et différentes autres machines, afin d'accélérer la confection des horloges qu'on lui commandait de tous côtés. Il se procura tous les instrumens nécessaires, et, en 1809, M. Hermès, gouverneur-civil de Perme, le désigna pour avoir soin de l'horloge du tribunal de cette ville. L'esprit toujours occupé de nouvelles découvertes, à peine eut-il entendu parler de l'invention des Kaléidoscopes, qu'il se mit à l'ouvrage et en fabriqua une quantité considérable qu'il vendit à raison d'un rouble et au-dessous. C'est à lui que l'on doit le perfectionnement des machines et des décorations au théâtre de la ville de Perme. En 1821, M. Mamouischef, directeur de la mine impériale de Blagodat, lui confia deux jeunes garçons, pour apprendre de lui l'art de l'horlogerie, ce qui ne prouve pas moins en faveur de la moralité que du talent de Tchistiakof. J......T.

86. NÉCROLOGIE. —Louis-François CASSAS, inspecteur-général de la manufacture des Gobelins, chevalier des ordres de Saint-Michel et de la Légion d'Honneur, né le 3 juin 1756, à Azay-le-Férou (Indre), est mort à Versailles, le 1er novemb. 1827, d'une apoplexie foudroyante. Comme peintre paysagiste et comme architecte, Cassas mérite les regrets des amis des beaux-arts et

des admirateurs de l'antiquité, dont il contribua à faire connaître les monumens en consacrant à leur étude sa vie et sa fortune. Après avoir passé sa première jeunesse en Italie et formé des collections précieuses de vues dessinées dans la Sicile, l'Istrie et la Dalmatie, il accompagna à Constantinople l'ambassàdeur Choiseul-Gouffier, qui l'avait choisi pour travailler à la continuation de son beau voyage de la Grèce. Peu de temps après son arrivée dans la capitale de la Turquie, il partit avec le savant auteur du *Voyage de la Troade*, M. le Chevallier, pour reconnaître et dessiner des monumens et des sites dont l'examen constata, d'une manière frappante, l'admirable exactitude de la géographie et des descriptions d'Homère. A peine avait-il achevé ces intéressans travaux qu'il forma et mit à exécution le hardi projet de visiter et de mesurer les édifices de la terre sainte, les restes imposans des temples de Baalbek, et les magnifiques ruines de Palmyre. A cette époque, comme aujourd'hui, ce voyage offrait des dangers que l'enthousiasme de l'artiste ne redouta point; il fut le premier, après Wood, qui fit connaître à l'Europe savante l'état actuel des monumens restés enfouis pendant tant de siècles au milieu des déserts, et dont les pompeux débris surpassent les descriptions créées par l'imagination brillante des poètes orientaux. M. Cassas revint en France au commencement de la révolution; ses nombreux et riches portefeuilles fixèrent l'attention de tous les amateurs éclairés des arts et de l'antiquité, et leurs suffrages unanimes le déterminèrent à en tenter la publication. Son *Voyage d'Istrie* et de *Dalmatie*, contenant les monumens les plus remarquables et les plus beaux sites de ces deux provinces, a été publié en entier; mais il n'a paru que trente livraisons de son grand voyage en Syrie et en Phénicie. Cet ouvrage, dont le plan était hors de proportion avec les ressources de l'auteur, devait offrir au public une suite nombreuse d'édifices antiques du plus grand intérêt, retracés dans leur état présent, accompagnés de restaurations habilement combinées et de vues pittoresques. On ne saurait trop regretter qu'une si belle entreprise n'ait pas été continuée, ou que dumoins la partie déjà publiée n'ait pas reparu, augmentée d'un texte qui lui donnerait un nouveau prix, et dont les itinéraires et les notes précieuses de l'auteur pourraient rendre la rédaction aussi facile qu'intéressante. (*Revue Encyclop.*; janv. 1828, pag. 317).

87. ÉOL-HARMONICA. — Nous avons entendu récemment au théâtre italien l'*Éol-harmonica*, sur lequel l'un des fils de M. Schulz, l'inventeur de cet instrument, a joué plusieurs morceaux. Depuis ayant eu le plaisir d'entendre en particulier cet artiste, nous pouvons mieux rendre compte des impressions qu'il fait éprouver, et donner quelques détails sur un instrument peu connu.

L'Éol-harmonica présente à l'extérieur la forme d'une petite toilette de femme; l'épaisseur de la caisse est d'environ 8 pouc., sa largeur d'un pied, et sa longueur d'un pied huit pouc. Avec si peu d'étendue dans le corps sonore, on est étonné d'entendre produire des sons nourris et moëlleux; ils sont dûs à l'arrangement du mécanisme intérieur. Dans certains *harmonicas* le son se reproduit par le frappement sur de petites bandes en verre; ici ces bandes sont de métal, et par le milieu de deux pédales qui font jouer des soufflets sur ces bandes, le son acquiert de la douceur, de la force, de la tenue, selon le plus ou le moins de pression sur les pédales. On conçoit que le vent étant ici le seul moteur du son, sa qualité devient ici d'autant plus délicate.

C'est surtout dans les sons élevés que l'instrument atteint la perfection : ils sont beaucoup plus doux que ceux de la flûte et du haut-bois, cependant ils sont clairs et aigus; dans les notes graves on trouve des rapprochemens sensibles avec l'orgue. On peut exécuter des parties d'harmonie, quoique le clavier ait peu d'étendue. On pourrait lui donner une plus grande dimension, et M. Schulz assure qu'il a en Allemagne un de ces instrumens avec un clavier de six octaves. Pour donner une idée des sons qu'il a produits, on ne saurait mieux les comparer qu'à ceux de la lyre Éolienne (*Eolian lyre*), montée de cordes métalliques, qu'on adapte quelquefois, en Angleterre, à la fenêtre d'une salle ou d'une galerie, et dont on laisse au vent le soin de faire vibrer les cordes. Cette idée aura sans doute fourni à l'inventeur la structure et le nom de l'Éol-harmonica. (*Journal des Artistes;* 10 fév. 1828, pag. 90).

88. INSTITUT ROYAL DE LONDRES. — Extrait de sa séance du 21 mars 1828.

Le prof. Millington prononça dans cette séance un intéressant discours sur l'origine, les progrès et l'état actuel des manufactures de papier. L'orateur, en donnant l'historique des divers

modes que les anciens avaient imaginés pour se communiquer
les idées et les sons, donne la description du procédé alors en
usage pour fabriquer le papyrus. Suivant lui, cette substance
se composait de la pellicule intérieure d'une espèce de cyprès
qui, jadis, croissait en abondance dans les marais de l'Égypte
jusqu'à la hauteur de 10 à 15 pieds, mais qui, aujourd'hui, ne
se rencontre presque nulle part dans ce pays. Les Égyptiens,
après avoir détaché avec soin cette pellicule en bandes longitudinales, commençaient par coucher horizontalement un certain
nombre de ces bandes, suivant le format du papier à fabriquer,
sur une surface plane; puis ils plaçaient une 2e couche de ces
pellicules en travers et au-dessus de la 1re; ils recouvraient enfin
cette dernière par une 3e posée dans le sens de la 1re. L'exsu-
dation gommeuse et naturelle de la plante suffisait pour faire
adhérer intimement ces couches entre elles. Après que cette espèce de tissu avait été soumis à l'effet d'une forte pression, la
substance qui en sortait était considérée comme le véritable
papyrus. Plus tard les Romains perfectionnèrent le mode de fabrication de cette espèce de papier, en en polissant et cirant
la surface. Ce papyrus fut fait de différens formats : le premier
d'environ 16 pouces en carré, ne fut employé que par des personnages d'un haut rang : cette destination première lui fit donner le nom distinctif d'*impérial*. Par la suite l'exportation du
papyrus d'Égypte ayant été prohibée, les habitans des côtes
septentrionales de la Méditerranée se virent forcés de recourir à de
nouveaux modes de fabrication; et de là vint celui de la préparation
des peaux de divers animaux, dont les produits furent d'abord,
dit-on, employés à Pergame, dans l'Asie-Mineure; nom duquel
est dérivé notre mot de parchemin. L'auteur produit à l'appui
de cet historique des modèles tirés des moulins à papier, et
d'une certaine quantité de pâte pulpe, terme technique qui
sert à indiquer l'état des chiffons réduits à celui de pulvérisa-
tion mêlé à celui de l'eau chauffée au degré de la chaleur du
sang. (*Athenæum*; 25 mars 1828.)

89. Mémoire sur la numismatique pratique; par Altmutter.
(*Jahrbücher des polytechn. Instit. in Wien*; vol. VIII, p. 75·

Ce mémoire signale deux inconvéniens que présentent les procédés actuellement employés pour frapper les monnaies, mais

il n'indique pas les moyens d'y remédier : tels sont, par exemple ; 1° les lettres qui présentent peu de netteté et des empreintes doubles ; 2° celles qui portent la même empreinte des 2 côtés, l'une en relief et l'autre en creux ; 3° enfin celles sur lesquelles on trouve reproduites sur une face quelques empreintes de l'autre face. Le 1ᵉʳ défaut est dû à 2 chocs successifs du poinçon sur une même pièce. Le 2ᵉ est dû à l'apposition d'un disque nouveau sur une pièce frappée que l'ouvrier n'a pas chassée avant le coup de balancier. Enfin l'auteur attribue le 3ᵉ défaut au choc des 2 poinçons l'un sur l'autre, quand l'ouvrier oublie d'y interposer une pièce à frapper. Dans cette hypothèse il suppose que quelque portion d'acier de l'un des coins, moins dure, reçoit l'empreinte de l'autre.   D. B. F.

90. État des brevets d'invention délivrés en France pendant le 4ᵉ trimestre de 1827. (*Bulletin des lois*; n°-221, 8ᵉ série, pag. 273.)

Au Sʳ *Souffrant*, brevet de 15 ans, pour une pompe qu'il appelle *française*, propre à remplacer les pompes à feu.

Au Sʳ *Bourrouse de Laffore*, brevet de 10 ans, pour un procédé qu'il appelle *statilégie*, propre à apprendre à lire en peu de temps.

Au baron *Cagniard Latour*, brevet de 15 ans, pour des procédés servant à appliquer les différentes espèces de laves à des usages auxquels les produits volcaniques n'ont pas encore été employés.

Au Sʳ *Capdeville*, brevet de 10 ans, pour l'amélioration des fontes de fer par l'usage de la racine de brande non carbonisée.

Aux Sʳˢ *Spiller* et *Crespel-Delisse*, brevet de 5 ans, pour l'application de la vapeur à l'évaporation du suc de betteraves, au moyen d'une chaudière dont le fond est formé de tubes demi-sphériques fixés sur une planche de cuivre.

Au Sʳ *Cluesman*, brevet de 5 ans, pour un piano qui diffère des autres par la position des chevilles et des étouffoirs.

Au Sʳ *Lépine*, brevet de 10 ans, pour un appareil portatif propre à l'éclairage des appartemens, usines, ateliers, etc., par le gaz hydrogène, en se servant de la chaleur produite dans toute espèce de foyers.

Au Sʳ *Segundo*, brevet de 10 ans, pour des mors et gourmettes de chevaux.

Au Sr *Petitpierre*, brevet de 15 ans, pour une boîte mélotachygraphique, servant à fondre les planches propres à la gravure de la musique.

Aux Srs *Aschermann* et *Perrin*, brevet de 10 ans, pour une machine servant à couper les poils de toute espèce de peaux à l'usage de la chapellerie, et connue sous le nom de *cutting machine*.

Au Sr *Louis* jeune, bevet de 10 ans, pour un battant mécanique appliqué principalement aux métiers à la Jacquart.

Au Sr *Maisiat*, brevet de 10 ans, pour la fabrication de tissus imitant la gravure et la typographie.

Au Sr *Labarbey*, brevet de 10 ans, pour un moyen de prévenir et contenir les hernies.

Aux Srs *Conrad* et *Adhémar*, brevet de 10 ans, pour des briques en terre ferme.

Am Sr *Steininger*, brevet de 5 ans, pour un mécanisme adapté principalement aux basses.

Au Sr *Lorget*, brevet de 5 ans, pour un papier glacé imitant l'écaille.

Aux Srs *Firmin Didot* et *Motte*, brevet de 5 ans, pour un procédé appelé *lithotypographique*, propre à imprimer sous la presse typographique des dessins ou écritures exécutées par l'encre ou le crayon lithographique, simultanément avec les caractères mobiles employés dans la typographie.

Au Sr *Leistenschneider*, brevet de 5 ans, pour la fabrication du carton à la mécanique.

Aux Srs *Mallié* et *Mémo*, brevet de 5 ans, pour un battant mécanique propre à la fabrication des rubans et autres tissus.

Aux Srs *Berthet* et *Cacheux*, brevet de 5 ans, pour un échappement de pendule à oscillation dans la fourchette, qui s'adapte à toute espèce de mouvement, et pouvant marcher avec chute égale sans précaution d'aplomb.

Au Sr *Beauvais*, brevet de 5 ans, pour une composition métallique, qu'il appelle *argyroïde*, susceptible de prendre le poli de l'acier.

Au S^r *St.-Maurice-Cabany*, brevet de 5 ans, pour une machine à copier, qu'il nomme *secrétaire*.

Au Sr *Mialle*, brevet de 15 ans, pour une méthode d'enseigner à lire en peu de leçons.

Au Sʳ *Montagny*, brevet de 5 ans, pour des procédés de fabrication de boutons de toutes couleurs et dimensions imitant la soie.

Au Sʳ *Lépine*, brevet de 5 ans, pour un collier de cheval et une sellette.

Au Sʳ *Bridier-Royer*, brevet de 5 ans, pour un moulin à drèche, propre à réduire en farine l'orge germée destinée à la fabrication de la bière.

Au Sʳ *Croisat*, brevet de 5 ans, pour une brosse qu'il appelle *à réservoir*, propre à teindre les cheveux en les brossant.

Aux Sʳˢ *Guibout* et *Bondot*, brevet de 5 ans, pour un système de mécanique préparatoire, propre à établir toute espèce de matières filamenteuses, consistant en un étirage et un métier à lanterne.

Au Sʳ *Gaulofret*, brevet de 10 ans, pour un moyen de revivifier le charbon animal.

Au Sʳ *Arizolli*, brevet de 15 ans, pour une cheminée, âtre, chenets, soubassement, etc., tout en fonte.

Aux Sʳˢ *comte de Rochelines* et *Fabricius*, brevet de 5 ans, pour un mécanisme propre à rendre les voitures inversables.

Au Sʳ *de Bernardière*, brevet de 5 ans, pour des procédés de fabrication de vannerie fine et cannage de meubles avec des fanons de baleine.

Au Sʳ *Richard*, brevet de 5 ans, pour la fabrication de divers objets en fonte de fer poli à l'instar de l'acier fondu.

Au Sʳ *Collain*, brevet de 15 ans, pour un foyer et une cheminée serpentés faisant corps avec la chaudière que l'on veut mettre en ébullition, et applicables à tous objets de chauffage.

Au Sʳ *Irving*, brevet de 10 ans, pour un moyen de communiquer la force motrice aux grues, marteaux de forge et de toute espèce, ainsi qu'à toutes autres machines exigeant un mouvement rotatoire, ou réciproquement par l'application de la pression atmosphérique et d'un vide ou vide partiel.

Au Sʳ *Simon*, brevet de 5 ans, pour un potager mobile en tôle.

Aux Sʳˢ *Siau, Gaulofret et Boffe*, brevet de 5 ans, pour des procédés de fabrication de colle forte des os.

Au Sʳ *Becker*, brevet de 10 ans, pour une machine à vapeur à haute pression sans danger, produisant la vapeur instantanément avec économie de combustible, applicable à toute sorte d'usines, à la navigation et aux voitures.

Au Sr *Clément Désormes*, brevet de 15 ans, pour un procédé de construction de chambres destinées à la fabrication de l'acide sulfurique.

Au Sr *Migeon*, brevet de 10 ans, pour une machine propre à frapper à chaud les têtes des vis à bois, faites avec des fils de fer de tous les numéros, et ayant des têtes de toutes les formes connues, rondes, plates, carrées, etc.

Au Sr *Delacoux*, brevet de 10 ans, pour une harpe perfectionnée.

A la dame *Choël*, brevet de 5 ans, pour un moyen de denteler les bords des pièces de tulle sans les couper.

Au Sr *Thinat*, brevet de 10 ans, pour une machine nouvelle à haute pression.

Au Sr *Lamothe*, brevet de 10 ans, pour des moyens de rendre portatif et distillant sur charrette l'appareil distillatoire de Baglioni.

Au Sr *Strybosch*, brevet de 5 ans, pour des procédés de fabrication de chandelles imitant la bougie.

Au Sr *Perkins*, brevet de 15 ans, pour des améliorations dans les machines à vapeur.

Au Sr *Bernhard*, brevet de 15 ans, pour un appareil, qu'il appelle *appareil Bernhard*, propre à élever l'eau ou tout autre fluide à l'aide seulement de la pression de l'air atmosphérique et par l'emploi de la chaleur.

Au Sr *Chamborédon*, brevet de 5 ans, pour un moteur mécanique qu'il appelle conservateur des forces, lequel, mis en mouvement, reçoit ses forces de lui-même, et paraît propre à remplacer toute espèce de moteurs.

Au Sr *Wright*, brevet de 15 ans, pour une nouvelle grue perfectionnée.

Aux Srs *Boche* et *Aubin*, brevet de 5 ans, pour une poire à poudre qui détermine d'elle-même la quantité de poudre qui doit former la charge.

Aux Srs *Rollé* et *Schœilgué*, brevet de 10 ans, pour une balance à pont propre à peser les voitures chargées.

Au Sr *Niogret*, brevet de 10 ans, pour un mode de transport des voyageurs et marchandises par terre et par eau au moyen d'un bateau-voiture, de voitures, bateaux et navires mis en mouvement et dirigés sans vapeur, sans chevaux en employant de nouvelles puissances à simple, à double et triple effet.

Au Sr *Chamblant*, brevet de 15 ans, pour un nouvel élément mécanique, dit *machine principe de conversion du mouvement rectiligne en mouvement circulaire*, avec une force constante et uniforme sans le secours du volant.

Au Sr *Duclos*, brevet de 5 ans, pour une ceinture ménorrhéenne à l'usage des femmes.

Au Sr *Bostock*, brevet de 15 ans, pour un système de mécaniques perfectionnées propres à fabriquer les vis métalliques communément appelées vis à bois.

Au Sr *Batillat*, brevet de 10 ans, pour une substance chimique propre à remplacer en partie la pâte de chiffon dans la fabrication du papier auquel elle communique plusieurs propriétés particulières.

Au Sr *Gibon*, brevet de 5 ans, pour de nouveaux cadres inaltérables ou bordures de tableau.

Au Sr *Poupon*, brevet de 5 ans, pour une nouvelle presse propre à presser les raisins et autres substances.

Au Sr *Arnèlt*, brevet de 10 ans, pour un lit flottant perfectionné.

Aux Srs *Moitessier* et *Mazeline*, brevet de 5 ans, pour une machine propre à tondre les draps et autres étoffes, qu'ils nomment vélociforce.

Aux Srs *Delaporte* et *Berthier*, brevet de 5 ans, pour des procédés et outils de fabrication de dés à coudre, en acier, en fer, en cuivre, en argent et en or.

Aux Srs *Aschermann* et *Perrin*, brevet de 10 ans, pour une machine servant à éjarrer et nettoyer les poils, à l'usage de la chapellerie, et connue sous le nom de *Blowing machine*.

Au Sr *Capelain*, brevet de 5 ans, pour une machine propre à tondre les draps ou autres étoffes, qu'il appelle *tondeuse à mouvement alternatif*.   ARM.

91. Liste des patentes délivrées en Angleterre, du 21 février au 20 mars 1828. (*Gill's Reposit.*; avril 1828, p. 255.)

A *Caleb Hitch*, jeune, pour un mode de construction de mur perfectionné à l'usage des édifices.

A *George Dickenson,* pour perfectionnemens introduits dans la fabrication du papier, au moyen des machines.

· A *Ang. Bened. Vanhera,* pour perfectionnement du Luth-harpe et de la guitare espagnole.

A *David Bentley,* pour un perfectionnement introduit dans la manière de blanchir le fil ou les étoffes de lin ou de coton.

A *Wil. Brunton,* pour perfectionnement des fourneaux à l'usage de la calcination, de la sublimation ou de l'évaporation des minérais, métaux et autres substances.

· A *John Levers,* pour perfectionnement dans la fabrication des dentelles au fuseau.

A *Wil. Pownall,* pour perfectionnement des métiers à tisser.

A *Bern. Henry Brook,* pour perfectionnement de la construction des fourneaux et des retortes servant à carboniser le charbon à l'usage de la fabrication du gaz.

A *Wil. Rogers,* pour certains perfectionnemens introduits dans la forme des ancres.

A *Rob. Griffith Jones.* Importation d'un procédé pour orner la porcelaine de la Chine, et pour compositions qu'il appelle *Lithophania* transparente ou porcelaine opaque.

A *George Scholefield,* pour perfectionnement des métiers à tisser les étoffes de laine, de lin, de chanvre, de coton, et autres matières premières.

A *Nathan Gough,* pour perfectionnement de l'art de diriger les voitures et les vaisseaux par le moyen de la vapeur ou de toute autre puissance.

A *Sam. Clegg,* pour perfectionnemens introduits dans la construction des machines à vapeur, de leurs chaudières et de leurs générateurs.

92. PRIVILÉGES EN BAVIÈRE. (*Kunst und Gewerbe Blatt,* 1828, n° 10, 12, 6.)

Brevet de 6 ans à *G. Janzer,* pour machine à incendies; de 4 ans à *Ertle,* pour gants de peaux; id à *Laz. Ullmann,* pour un savon appelé circassien; de 5 ans à *Ant. Knelling,* pour préparation de fleurs et guirlandes artificielles; id. à *Barth. Straub,* pour préparation de conduites d'eau en pierres; id. à *G. Schemlein,* pour perfectionnement du lithontripteur du dr Civiale; 11 brevets de 5 ans à *Semler,* pour 1°: préparation de galoches;

2° machine à apprêter les chapeaux de paille; 3° machine à couper le fourrage; 4° calandre pour le linge; 5° machine à plier le linge; 6° roue elliptique à filer; 7° tour; 8° machine à broyer les couleurs; 9° balance des joailliers; 10° machine à filer le lin; 11° fauteuil de malade.

5 ans à G. *Ant. Scherpf* et *Koch*, pour introduction de métiers à tisser anglais.

93. OENOLOGIE FRANÇAISE, ou Statistique de tous les vignobles et de toutes les boissons vineuses et spiritueuses de la France, suivie de considérations générales sur la culture de la vigne; par M. CAVOLEAU. In-8° de 436 p.; prix, 6 fr. 50 c. Paris, 1828; madame Huzard.

L'ouvrage, dit l'avant-propos, a pour but d'indiquer avec plus de précision qu'on l'a fait jusqu'ici : 1° l'étendue superficielle des vignes, non-seulement dans chaque département, même dans chaque arrondissement de sous-préfecture; 2° le produit moyen de l'hectare et par suite le produit total moyen des vignes de chaque arrondissement et de chaque département; 3° les diverses qualités de vins et le prix qu'on leur donne le plus communément dans le commerce; 4° leurs débouchés pour la vente, lorsque la production excède la consommation; 5° les procédés employés dans divers vignobles pour se procurer des vins plus recherchés qu'ils ne le seraient s'ils étaient faits par les procédés ordinaires; 6° l'emploi du vin dans la consommation intérieure, le commerce extérieur et la distillation; 7° les quantités de cidre fabriqué dans toute l'étendue de la France, leur valeur venale et leur emploi; 8° les quantités de bière fabriqués et la quantité d'orge employée dans cette fabrication; 9° enfin, le produit de la distillation des liqueurs spiritueuses de toute espèce.

Cet exposé donne une idée exacte de la composition du livre, et nous l'avons pris dans cette vue; nous ajouterons maintenant que toutes les matières annoncées y sont traitées avec bonne foi, savoir et discernement. C'est un livre de bibliothèque, que l'on pourra consulter avec fruit, non-seulement pour des renseignemens statistiques, mais encore pour des détails techniques.

L'Académie des Sciences a décerné à cet ouvrage, en 1827,

le prix de statistique, fondé par M. Montyon. Citer ce fait est
le meilleur éloge qu'on puisse en faire. D. B. F.

94. Manuel d'Arpentage, ou Instruction élémentaire sur cet
art et sur celui de lever les plans; par S. T. Lacroix. 3ᵉ édition, rev. et corr. In-18 de XVJ et 187 p., plus 4 pl. gr.;
prix, 2 fr. 50 c. Paris, 1828; Roret.

Nous annonçons avec plaisir cette nouvelle édition du Manuel dont M. Lacroix a bien voulu doter la collection de M.
Roret, en renvoyant le lecteur à notre première annonce de ce
bon ouvrage, dans lequel un savant du premier ordre n'a pas
dédaigné de mettre sa science et d'y attacher son nom, afin de
contribuer à répandre des données justes et utiles. D.

95. Jahrbuch der neuesten und wichtigsten Erfindungen
und Entdeckungen, etc.—Annuaire des découvertes et inventions les plus nouvelles et les plus utiles, etc.; par M.
H. Leng. In-12. Ilmenau, 1828.

Voici le 4ᵉ volume d'une publication que nous avons déjà
annoncée avec éloge dans le tome VII du Bulletin de 1827,
nᵒ 54, et qui a commencé à paraître en 1825. Ce livre, rédigé
avec goût, groupe dans son cadre les découvertes et les inventions les plus importantes qui sont faites et publiées dans tous les
pays sur les sciences, les arts, les manufactures, les métiers et
l'économie domestique et agricole. Cette publication ressemble
un peu au *Bulletin* par son but; mais son cadre est moins vaste,
et ses publications n'étant qu'annales, n'exercent pas sur les progrès des sciences et des arts l'influence plus utile et plus rapide
d'une publication mensuelle. D. B. F.

96. Récréations tirées de l'art de la vitrification, recueil-
lies par M. E. Pelouze. 2 vol. in-18, avec 2 pl.; prix, 2 fr.
50 c. Paris, 1828; Audot.

97. Art de la réglure des registres et des papiers de musique, suivi de l'art de relier les registres. 2 vol. in-18, avec
1 pl.; prix, 2 fr. Paris, 1828; Audot.

Ces 2 ouvrages ne présentent d'importance, par leur exécution ou par la nature de leur sujet, que celle que l'on peut attacher à des travaux qui n'offrent point de motifs graves de critique. Ils contiennent au reste des renseignemens utiles sur
leurs sujets.

98. Établissement de Lavoulte. (Voy. *Bulletin* de février dernier, n° 204.)

Dans la description qui nous avait été communiquée de l'établissement des hauts fourneaux pour le traitement du minérai de fer, à Lavoulte (Ardèche), on attribue exclusivement le mérite de cette construction à M. Walter, ancien officier d'artillerie. M. J. Culmann, capitaine d'artillerie, employé aux forges de la Moselle, nous écrit pour réclamer la première part dans cet établissement, qui a été exécuté d'après les plans qu'il avait dressés, comme il appert d'une lettre en date du 26 septembre 1826, et signée des syndics de la compagnie de Lavoulte, présidée par feu le comte Anglès, lettre dont il nous donne communication. Les travaux, dit-il, étaient à moitié terminés, lorsqu'il fut remplacé dans leur direction par l'estimable officier qui a eu le mérite de les achever, et qui doit ainsi en partager l'honneur avec lui. Du reste, M. Culmann paraît surtout attacher de l'importance à cette réclamation, parce qu'il se propose de publier incessamment le travail complet dont il a tiré ses plans pour l'établissement des hauts fourneaux de Lavoulte.

99. Navigation a la Vapeur et Nouveau thermomètre; par M. Andrew Skene.

L'auteur a fait dernièrement sur la Tamise l'essai d'un bateau à vapeur, mû à l'aide d'une nouvelle espèce de roues-rames, au moyen desquelles on évite le frottement ordinaire, et on obtient une immense augmentation de vitesse. Ce même officier est, dit-on, l'inventeur d'un thermomètre perfectionné, dont les points fixes ne sont plus donnés par la glace fondante et l'eau bouillante. (*Lond. liter. gazette;* 22 mars 1828.)

100. Séance publique de la Société d'encouragement pour l'industrie nationale, du mois de mai.

La Société a décerné des médailles d'or : 1° à M. John Collier, mécanicien, pour avoir fondé à ses frais, pour ses ouvriers, une école de géométrie appliquée aux arts; 2° à M. Burel, lieutenant-colonel de génie, pour un nouveau réflecteur; 3° à M. Revillon, horloger à Mâcon, pour l'invention d'un volant à battre les pieux; 4° à M. Maisiat, de Lyon, pour perfectionnement dans les métiers à tisser. Deux médailles d'or de deuxième classe ont été obtenues : par M. Langlois, de Bayeux, pour ses porcelaines allant au feu, etc.

Des médailles d'argent ont été accordées : 1° à M. Bonnemain, pour l'application de la circulation de l'eau au chauffage des liquides ; 2° à M. Bernard Derosne, maître de forges, pour la construction d'un poêle économique en fonte ; 3° à MM. Vernet frères, de Bordeaux, pour la fabrication de tapis de pied peints, que nous tirions autrefois de l'Angleterre.

Une médaille de bronze a été donnée à M. Bourgoin, inventeur de la lithophanie. (*Nouveau Journal de Paris*, 27 mai 1828, p. 2.)

101. Sur les couleurs vénéneuses.

Le gouvernement Lombardo-Vénitien vient de rendre une or-

PARIS. — IMPRIMERIE DE FIRMIN DIDOT,

RUE JACOB, N° 24.

BULLETIN

DES SCIENCES TECHNOLOGIQUES.

ARTS CHIMIQUES.

102. Sur la Bière; par Wurzer. (*Journ. für techn. und œkonom. Chemie* ; n° 2, 1828, p. 143.)

Les observations contenues dans cet article sont extraites d'une lettre de M. Van-Mons ; elles sont relatives à la fabrication des bières blanches en Belgique. Les bières blanches dans ce pays se préparent avec du froment non germé, et de l'orge germée et un peu touraillée. La couleur dépend du degré de chaleur auquel on a touraillé le malt, et en même temps de l'ébullition qu'on fait subir au moût. Il paraît qu'en Allemagne on ne sait pas préparer la bière blanche, parce qu'on s'obstine à malter tous les grains. On a voulu aussi dans le même pays faire les extractions avec l'eau tiède et même à froid, et on n'a pas réussi ; cela devait être, puisqu'on ne peut produire la saccharification qu'à la température de 40 à 50°. L'auteur fait ensuite des observations à l'égard des influences locales sur les qualités de la bière, et il admet l'existence de ces influences. D. B. F.

103. Sur la fabrication des huiles de graines ; par M. Du-brunfaut. (*Industriel;* août 1828, p. 193.)

L'auteur décrit dans ce mémoire développé les diverses opérations que l'on exécute dans les huileries où l'on travaille les graines. Il signale les améliorations et les modifications qu'ont éprouvées les machines et les appareils, depuis le simple atelier du moulin à vent jusqu'à l'usine plus somptueuse, où l'on rencontre tout à la fois la machine à vapeur, les meules verticales, les presses hydrauliques, les chauffoirs à vapeur et tout le luxe de la mécanique industrielle moderne.

Ce mémoire, qui renvoie à des descriptions de machines insérées dans le même journal, présente tous les développemens utiles aux industriels pour l'établissement et la direction de leurs machines. Les détails qu'il renferme ont été pris par l'auteur dans les huileries les mieux organisées.

104. Sur la fabrication du sucre indigène en Bavière (*Wo-chenblatt des Landw. Vereins in Bayern*; n° 18, 1828, p. 597.)

L'auteur, qui a précédemment fourni dans le journal mentionné des articles sur la fabrication du sucre de betteraves, s'occupe d'abord de réfuter plusieurs auteurs qui ont, pour ainsi dire, traité de chimère cette utile industrie. L'un de ces auteurs est M. Halberg, dont nous avons parlé dans le *Bulletin*, t. VIII, n° 244. Il fait ensuite quelques observations sur la production et le rapport des raisins, du miel, et de la fécule en sucre, et cela d'après les auteurs qui ont écrit sur ce sujet   D. B. F.

105. Parement des tissus. Académie royale des sciences, *séance* du 9 juin 1828.

M. Chevreul, rapporteur, fait, au nom de la commission chargée de décerner le prix fondé par Montyon pour l'assainissement d'un art ou d'un métier, un rapport duquel il résulte qu'une seule découverte a été présentée à la commission. Cette découverte consiste dans la préparation d'un encollage qui, contenant de l'hydrochlorate de chaux, attire l'humidité de l'air, et peut aussi contribuer à rendre le métier de tisserand moins insalubre qu'il ne l'est, en permettant de l'exercer dans des endroits secs. L'inventeur s'était déjà présenté au concours de 1826, et avait obtenu une mention honorable. Cette année il a envoyé à l'appui des pièces qu'il avait déjà remises, de nouveaux renseignemens et deux certificats favorables, signés l'un de M. Houton de la Billardière et l'autre par quatorze fabricans du département de la Seine-Inférieure. La commission, en examinant ces pièces et en discutant le mérite de cette invention, a reconnu que l'auteur s'est approché de plus en plus du but; mais elle pense que ce but n'est pas encore atteint. En effet, les renseignemens qu'elle a demandés dans les principales villes de fabriques lui ont prouvé que, dans quelques-unes, on avait à peine entendu parler du procédé dont il s'agit, et que dans d'autres, il avait été essayé et abandonné.

La commission, en continuant ses recherches, a d'ailleurs appris que l'on se sert à Lyon et dans les environs de cette ville, d'un encollage ne contenant pas d'hydrochlorate de chaux, et que l'on dit être préférable à celui que l'on prépare au moyen de ce sel. Mais elle n'a pas pu examiner elle-même ce *nouveau parement*, et le comparer à l'encollage qui, d'après les deux certificats présentés à l'appui des pièces envoyées de Rouen, paraît être adopté dans cette ville et y donner de bons résultats. Dans cet état de choses, la commission a pensé qu'en admettant que l'encollage dont il s'agit pût contribuer à l'assainissement des ateliers de tisserands, il resterait encore à propager l'emploi de ce procédé, et qu'il est d'ailleurs convenable d'attendre que l'expérience ait prononcé entre les nouveaux encollages que l'on commence à employer dans les grandes fabriques de tissage. La commission propose en conséquence à l'Académie de ne point adjuger cette année le prix pour l'assainissement d'un art ou d'un métier et d'attendre à l'année prochaine pour juger définitivement la question dont il s'agit. (*Le Globe;* 14 juin 1828, p. 478.)

106. Notice sur la préparation et la confection des briquets physico-chimiques ou briquets de diverses espèces, sur les allumettes, et sur les précautions que leur emploi exige. (*Extrait d'un rapport de M. Barruel au Conseil de salubrité. Recueil industriel,* etc.; mai 1828, p. 113.)

L'on examine ici les divers briquets physiques sous le rapport des dangers que leur fabrication présente, et des inconvéniens que leur établissement dans Paris peut entraîner. Nous extrairons de ce rapport les détails purement techniques qu'il renferme.

Les briquets phosphoriques se préparent avec du phosphore qu'on fait fondre dans de petites bouteilles au bain de sable, et l'on plonge dans le phosphore fondu, à plusieurs reprises, une tige de fer rougie au feu, afin, dit le rapporteur, d'oxider le phosphore et de le rendre inflammable par le seul contact de l'air. Nous ne concevons pas cette théorie de l'inflammation du phosphore, ni de la simple oxigénation par le fer.

Les briquets de mastic inflammable qui se vendent à Paris, rue des Poulies, et dans lesquels il suffit de plonger une allumette pour l'enflammer, ont une composition inconnue, dont on attri-

bue l'invention au baron Cagniard-Latour. L'on a imité ces briquets par des mélanges de phosphore avec la magnésie ou autres matières terreuses (1).

Les briquets phosphoriques simples sont des tubes de verre
ou de plomb, dans lesquels on fait fondre du phosphore. Ces
briquets exigent que l'on frotte l'allumette soufrée et imprégnée d'atómes de phosphore sur des corps dépolis.

Les briquets oxigénés ont des allumettes ordinaires dont le
soufre est recouvert d'un mélange de 3 p. de chlorate de potasse et de soufre bien divisés séparément. Ces allumettes s'en-
flamment quand on les a plongées dans un flacon contenant de
l'amiante imprégnée d'acide sulfurique concentré.

Les allumettes fulminantes sont des jouets qui contiennent
une poudre fulminante (argent fulminant ou autre), et dont
on se sert pour effrayer les dames.

107. Moyen de remplacer les noix de Galle. Patente à
C. H. Girond (*Lond. Journ. of arts;* février, 1828, p. 314.)

L'auteur substitue à la noix de Galle un extrait d'écorce de
bois et d'aubier de châtaignier. Il nomme cet extrait *damajavag*,
et le prépare en faisant bouillir dans l'eau l'écorce du châtaignier réduite en très-petits fragmens.

Cent livres d'écorce de châtaignier bien broyée sont mises à
macérer dans 18 à 20 quartes d'eau, dans un vaisseau de cuivre
ou d'autre matière, le fer excepté : après douze heures de macération on fait bouillir trois heures environ. Le bois peut être
coupé très-sec et traité de la même manière.

La liqueur est décantée et coulée au travers d'une toile, puis
rapprochée en consistance de pâte. On peut la couper en petits
blocs que l'on fait sécher à l'étuve, et quand ils sont bien secs
on peut les emballer. On obtient huit à dix livres de domaja-
yag, de la quantité indiquée.

Pour employer cette substance, il ne faut que la réduire en
poudre.   G. de C.

108. Sur la fusion des minerais dans les hauts-fourneaux

(1) J'ai très-bien imité ces briquets en combinant le phosphore avec
une faible proportion de soufre. Ce mélange s'enflamme à l'air, et la préparation n'est pas sans danger.   D. B. F.

DES FORGES DE L'OURAL; par M. LIOUBARSKY. (*Gornoï-journal.* — Journ. des Mines; nov. et déc. 1826, n°ᵒˢ 11 et 12, pag. 67 et 103.)

Ces forges méritent d'autant plus de fixer l'attention du gouvernement russe, que la chaîne des monts Ourals renferme toutes les espèces de modifications que peuvent présenter les mines de fer. Les usines pour la fusion du fer de fonte sont établies sur le même pied dans toutes les mines de Goroblagodat ; mais la principale est celle de Kouschvinsk, qui peut servir de modèle pour toutes les autres.

Les mines connues sous le nom de *Goroblagodat* sont, sans contredit, les plus riches en fer magnétique de toutes celles qui ont été découvertes jusqu'ici, car elles rapportent de 60 à 68 pour cent de fonte. Les autres mines, dont on destine principalement les produits à la fusion, renferment aussi du fer oxidulé, mais qui est combiné avec de l'argile et du talc. Cette mine porte le nom de *Maloblagodat*. Le minerai de fer rouge, solide et ocreux, ainsi que les hématites de minerai de fer noir, sont également exploités pour être fondus. Tous ces minéraux se trouvent alliés à la pierre calcaire et appelés *Balakinsk*. Ces deux dernières mines sont beaucoup moins riches que celles de la grande mine de Goroblagodat, car elles ne donnent que 40 à 41 pour cent de fer de fonte.

Après l'extraction des minéraux dont on vient de parler, ils sont brûlés sur des bûchers découverts auprès des mines mêmes d'où ils ont été tirés, et de là ils sont transportés dans les forges pour y être fondus. D'après la propriété orictognostique qu'ils possèdent, il est facile de concevoir qu'ils renferment peu de soufre et d'arsenic. Lorsqu'ils ont été déposés en tas dans les cours des usines, on les *amincit* jusqu'à ce qu'ils aient été réduits à la grosseur d'un œuf de pigeon ou même d'une noix, et c'est sous cette forme qu'ils sont envoyés à la fusion. Leur amincissement s'opère au moyen de *marteaux à mains* de fer de fonte. Chaque ouvrier est tenu d'en amincir ou d'en casser cent pouds en un jour, c. à. d. en douze heures de travail. Quant à la fusion, elle a lieu dans de hauts fourneaux de la plus grande dimension, (dont un entre autres a plus de cinquante pieds de haut), et construits d'après les principes ordinaires de la sidérotechnic. L'intérieur en est fait de pierre de montagne, connue dans l'orictognosie, sous le nom de *sablière*, et combinée avec des cristaux assez considérables de plomb rouge. L'extérieur du corps est entièrement construit de brique commune. Le haut-fourneau qui existe dans l'usine de Pojefsk appartenant à M. de Vsévolojsky est entièrement établi sur le modèle des hauts-fourneaux étrangers. On y fond de 800 à mille pouds de minérai par jour, qui produisent de quatre à cinq cents pouds de fer de fonte. L'air y est introduit, ainsi que dans tous les autres fourneaux des usines de Goroblagodat, au moyen de *soufflets simples cylindriques*, mûs par des roues hydrauliques.

Les cylindres des soufflets étaient anciennement de bois : aujourd'hui on les fait en fonte. Le diamètre inférieur de chacun est de 14 pouces, et la coupe du piston est de deux archines, 14 verschoks.

La force de l'air introduit dans les fourneaux est calculée d'après des manomètres particuliers : mais comme le degré de pression de l'air ne dépend pas seulement de la rapidité du mouvement du soufflet, on a remarqué qu'en général, à vitesse égale, il était beaucoup plus comprimé par un temps froid que par la chaleur, et que par l'humidité la fusion s'opérait moins bien. Effectivement outre l'humidité des matériaux mis à la fonte, comme le minerai, le charbon, etc., l'atmosphère peut avoir une grande influence sur la qualité de la fonte, le fer ayant une affinité chimique très-forte avec l'oxigène.

Les matériaux jetés dans les hauts-fourneaux, en parvenant au fond de la cheminée se dessèchent et se brûlent avant de parvenir à l'état de fusion. C'est à ce dernier moment qu'il s'y opère une décomposition entièrement chimique : le fer cessant d'être dans l'état oxide par l'action du carbone, s'en nourrit en partie, en formant le graphite qui se combine plus ou moins avec le fer revenu à son état naturel ; c'est ce procédé qui donne naissance au fer de fonte, dans la composition duquel entrent plusieurs parties terreuses de minerais, ou, pour mieux dire, de terres métalloïdes, comme le silicium, le calcium et autres. Pour être plus court, voici le tableau de cette opération telle qu'elle se passe dans le fourneau, avec les résultats qu'elle présente :

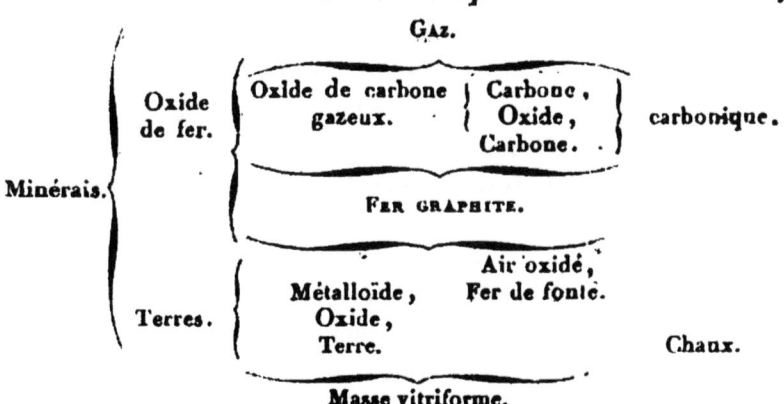

D'où il résulte évidemment que plus le carbone se trouvera en, quantité considérable dans le fourneau, et plus la chaleur y favorisera la fusion, moins le fer sera exposé à se perdre par l'évaporation, et plus la qualité du fer de fonte sera supérieure. A. J.

.109. Acier. — On vient de faire à Paris une découverte qui paraît devoir être de la plus haute importance pour les arts. Un anglais est parvenu à fabriquer de l'acier de la première qualité avec du fer, n° 2, de M. Crawshay. L'inventeur assure que l'on peut, au moyen de ce nouveau procédé, obtenir de l'acier d'une qualité supérieure, qui remplace, dans l'usage, celle du fer de Suède. Une lame de couteau, faite de cet acier, est d'une trempe telle, que l'on peut s'en servir pour couper le fer comme l'acier; et une lime faite de cette même matière a été reconnue pour être d'une qualité supérieure à celles de toutes les fabrications antérieures en ce genre. Il paraît que par ce nouveau procédé, l'acier acquiert un plus haut degré de dureté que celui dont il était susceptible suivant l'ancienne méthode, ce qui le rend précieux pour l'exploitation des mines. L'inventeur se propose de visiter l'Angleterre pour y publier sa découverte. (*London and Paris Observ.* ; 23 mars, 1828).

ARTS ÉCONOMIQUES.

110. Traité de la chaleur et de ses applications aux arts et aux manufactures; par M. E. Péclet. 2 vol. in-8°, avec un atlas. Paris, 1828; Malher et Compagnie.

Ce traité présente avec ordre, méthode et clarté tout ce qui a été publié sur la théorie et les applications de la chaleur; l'auteur y a ajouté les résultats de ses expériences, de ses recherches et de ses observations dans les manufactures, de sorte que son livre est tout-à-fait digne de l'attention et des méditations des nombreux industriels que l'emploi du calorique intéresse.

Le 1er vol. traite en 4 sections, 1° de la théorie physique de la chaleur; 2" de la combustion et des combustibles; 3° du mouvement de l'air chaud; 4° des cheminées.

Le 2e vol. s'occupe en 8 sections, 1° de la vaporisation; 2° de la distillation; 3° de l'évaporation; 4° du séchage; 5° de l'échauffement des gaz; 6" de l'échauffement des liquides; 7° de l'échauffement des corps solides; 8° du refroidissement. D. B. F.

111. MANUEL THÉORIQUE ET PRATIQUE DU CHAUFOURNIER; par M. BISTON. 1 vol. in-18°, avec 3 pl.; prix, 3 fr. Paris, 1828; Roret.

Cet ouvrage contient l'art de calciner la pierre à chaux et à plâtre, de composer toutes sortes de mortiers ordinaires et hydrauliques, cimens, pouzzolanes artificielles, bétons, mastics, briques crues, pierres et stucs, ou marbres factices propres aux constructions. L'on voit par cet exposé que l'auteur a beaucoup étendu les attributions du chaufournier proprement dit, qui consistent à choisir et calciner les matériaux. Les notions qu'il contient sont au reste bien choisies et groupées, et elles seront utiles aux industriels.

112. RAISINÉ DE CERISES ET DE CAROTTES. (*Journal des Connaissances usuelles*; n° 39, Tom. 7, p. 128).

On prend de bonnes cerises, des cerises anglaises, griottes, bigareaux, la cerise douce. Cette dernière est la moins bonne, parce que sa chair n'a aucune consistance. On ôte les queues, les noyaux, on prend le quart de carottes nouvelles, lavées, ratissées et coupées par quartier ou rouelles, pour 60 livres de mélange; ajoutez ensuite miel commun de 15 à 20 livres, puis mettez le tout dans un chaudron, que vous placerez sur un bon feu, ayez soin d'écumer au fur et à mesure, en agitant continuellement à l'aide d'une grande spatule; au bout d'environ 3 heures on obtient la masse en consistance de raisiné. On doit avoir principalement soin de bien remuer; si la masse s'attachait au fond, le tout acquerrait un goût de brûlé désagréable.

Lorsque le mélange est cuit, on le verse dans de grandes terrines, puis, lorsqu'il est froid, on le met dans des pots de faïence qu'on bouche bien. A. Chevallier.

113. Incubation des poulets. *Extrait d'une lettre de M. Fel-gères à M. Darcet (Ibid.; p. 129.)*

Cette lettre de M. Felgères indique l'application de la chaleur des eaux thermales à l'incubation artificielle. En 1827, M. Darcet ayant passé à Chaudes-Aigues (Cantal), indiqua à M. Felgères, propriétaire des bains et des étuves, la manière de faire éclore les poulets. Dans les étuves chauffées par l'eau thermale ce moyen fut mis en usage et réussit complétement au grand étonnement des habitans, peu accoutumés aux résultats provenant de l'application des connaissances scientifiques aux arts industriels. Le procédé de M. Darcet est le suivant : il consiste à mettre dans un petit panier suspendu, dans l'une des étuves chauffée par l'eau thermale, des œufs, et de les tourner presque tous les jours; le 1er essai réussit parfaitement, il fut répété depuis, 4 fois, toujours avec le même succès. A. Chevallier.

114. Verres lenticulaires; par Pritchard. M. Pritchard a imaginé de fabriquer une petite lentille en diamant pour un microscope simple. La supériorité incontestable de cette lentille sur les verres lenticulaires ordinaires, l'engagea à former des lentilles de saphir pour le même usage : des expériences ont démontré qu'après le diamant, le saphir possède une puissance de réfraction plus forte que celle d'aucune autre substance capable de reproduire une image simple, tandis que sa propriété dispersive est très-faible. Dans les lentilles de saphir, la teinte bleuâtre de cette substance est imperceptible, et elles offrent une grande économie aux personnes qui n'ont pas le moyen de faire la dépense de verres lenticulaires de diamant (*London and Paris Observ.; 10 février 1828*).

115. Menuiseries économiques. — La marche de l'industrie est si active depuis quelques années, qu'il serait difficile de la suivre dans tous ses perfectionnemens. Elle a multiplié, par

d'heureuses inventions, les produits les plus usuels de nos manufactures, et chaque jour elle accroît ses conquêtes, en soumettant de nouvelles matières à la puissance de la mécanique. Au nombre des étonnantes innovations dont s'enrichit notre commerce, nous devons distinguer l'établissement fondé par M. Roguin, et maintenant exploité par M. Soulié et compagnie. Dans cet établissement, la menuiserie, objet si important aujourd'hui, ne dépend plus de l'habileté d'un ouvrier. Des machines propres à fabriquer des croisées, des portes, des persiennes, des parquets de toute espèce, les corniches les plus élégantes, les chambranles les plus riches, enfin tout ce qui entre dans la construction la plus soignée, donnent à tous ces produits une perfection et une régularité que la main de l'homme peut difficilement atteindre.

Outre tous les objets nécessaires à la construction d'un bâtiment, on trouve à la fabrique des cadres pour les tableaux de toutes dimensions, et, pour les miroitiers, des baguettes prêtes à être dorées. Nous croyons rendre un service éminent à toutes les personnes qui font bâtir, ainsi qu'à tous les doreurs de cadres, que de leur indiquer un établissement aussi intéressant, et dont nous avons entendu nous-mêmes faire l'éloge par des architectes du premier ordre. Entre les mains de M. Soulié et compagnie, cette fabrique, d'un genre nouveau et utile, a pris une très-grande activité. Les ateliers sont situés quai de l'Hôpital, rue d'Austerlitz, près la barrière de la Gare. Un dépôt de tous les produits de cette fabrique est tenu par M. Gérard, rue des Vinaigriers, n° 25, faubourg St-Martin. Il entreprend la menuiserie entière des bâtimens. Il est inutile de dire que les moyens mécaniques appliqués à la menuiserie, non-seulement assurent la perfection du travail et la promptitude de l'exécution, mais encore diminue le prix de la main-d'œuvre, ce qui permet à la compagnie de vendre ses produits à meilleur marché que ceux qui sont fabriqués par les méthodes ordinaires.

Il faut visiter les ateliers de cette compagnie pour se faire une idée juste du degré de perfection qu'a obtenu la menuiserie par les machines qui remplacent les bras des ouvriers. On ne peut s'empêcher d'admirer comment les scies, les rabots, les verlopes, les outils à montures sont mis en mouvement par la vapeur et agissent avec une précision qu'il est impossible d'obtenir, surtout aussi promptement, avec les mains des menuisiers les mieux exercés (*Journ. des scienc. économ.*; Tom. V, n° 3, page 44).

116. MÉLANGES RECOMMANDÉS par M. CASTELLANI, comme les plus propres à la coloration de l'or (*Antolog.*; n° 73, janvier 1827, vol. XXV, p. 163).

1ᵉʳ mélange. Eau..................... 150 parties.
Acide hydrochlorique à 22°........... 10
Acide sulfurique du commerce........ 4
Acide borique cristallisé............. 2
2ᵉ Mélange. Eau.................... 150
Hydrochlorate acide d'alumine liquide.. 13
Sulfate de soude cristallisé........... 4
Acide borique cristallisé............. 3

A chacun de ces mélanges on devra joindre 20 grains de solution neutre d'hydrochlorate d'or.

117. CULTURE DU COTONNIER, ÉGRENAGE, etc. (*Annal. maritim. et colon.*; mai et juin 1826, p. 688).

Le cotonnier (*Gossypium*), cultivé à la Guiane française, est un arbuste de 6 à 7 pieds de hauteur, il est très-branchu; les feuilles ont quelque ressemblance avec celles de la vigne. Il porte une grande fleur jaune citron, quelquefois rougeâtre, en forme de calice, du fond de laquelle sort là gousse qui renferme la soie. Les semences sont rudes et noires, très-adhérentes les unes aux autres, et rangées en pyramides, au nombre de 7, 8 et 9.

Cet arbrisseau se plaît sur les plages baignées par les eaux de la mer; et c'est par cette raison que les petetuviers qui bordent la côte entre la rivière de Cayenne et celle de Kourou, disparaissent pour céder leur place au cotonnier, dont les habitans du quartier de Macourice ont adopté la culture. On le multiplie par graines ou par plants préparés d'avance. Les plants s'enfoncent de 7 à 8 pouces dans la terre, afin que le vent ait plus de peine à les déraciner ou à les coucher; on met jusqu'à 2 et 3 plants ensemble dans la terre, sauf à en supprimer un, si tous réussissent; 3 à la fois se nuiraient réciproquement.

Quand on sème en graines, on les jette par poignées. Elles sortent très-touffues, et on les éclaircit insensiblement. Les tiges étant parvenues à 3 pieds de hauteur, on arrête leur croissance verticale pour leur faire pousser des branches latérales, ce qui aide beaucoup la cueillette.

Le coton de Cayenne est égal en beauté à celui de Fernambouc et autres parties du Brésil, il est très-supérieur en blancheur et en finesse à celui du Sénégal; il est aussi plus facile à nettoyer.

Si l'on considère que la France consomme annuellement pour une somme de 72 millions de francs de coton, et que toutes nos colonies réunies n'en produisent pas au-delà de 2 millions, on sentira combien il est intéressant d'accorder quelque encouragement à cette culture dans nos colonies, et notamment à la Guiane française, qui, par la fertilité de son sol et par son étendue, pourrait, si les bras ne lui manquaient pas, suffire à la consommation de nos manufactures, ce qui nous affranchirait du tribut de 70 millions que nous payons tous les ans à l'étranger.

De l'égrenage du coton.

Égrener le coton, c'est séparer de la graine la partie cotonneuse qui l'enveloppe, et qui y est plus ou moins adhérente. Cette opération, avant l'introduction des moulins à hérissons, à Cayenne, prenait un temps considérable dans les habitations d'un produit de 30 à 40 milliers de coton; on se sert même encore aujourd'hui de petits moulins à manivelles, composés de deux baguettes cylindriques posées horizontalement l'une sur l'autre, et assujetties chacune à une roue de 2 a 3 pieds de diamètre, que 2 négresses font mouvoir péniblement en sens contraire. On fait aussi usage de moulins semblables mis en mouvement par un seul nègre, au moyen de cordes attachées à un marche-pied, et correspondant aux manivelles.

Les premiers rendent 12 livres ½ par individu et par journée de travail; les seconds, de 20 à 25 liv. par nègre. Il en est de même à Surinam, à Demerary et à l'île de Bourbon.

Le moulin à hérissons de la Louisiane donne un produit de 1000 à 1200 livres de coton par jour. Il a pour moteur des animaux de trait.

On compte aujourd'hui 4 moulins de cette sorte dans le seul

quartier de Macourice, et il est bien à désirer que de semblables machines soient introduites à Bourbon et aux Antilles, pour suppléer au manque de bras, économiser le temps et la main-d'œuvre.

Description du moulin à hérissons.

Ce moulin se compose de 2 cylindres de diamètres différens, dont le plus petit porte, à sa circonférence, des lames de fer dentées ou scies circulaires, espacées l'une de l'autre de quelques lignes. L'intervalle des scies est occupé par des barreaux plats en fer, en forme de grillage, dont la courbure est telle, que le talon de la dent passe avant la pointe.

L'autre cylindre est garni de brosses en crin, dont l'extrémité doit toucher les dents de la scie ou des scies, pour s'emparer du coton qu'elles accrochent.

Cette mécanique est mise en mouvement, soit à bras, par des manivelles, soit au moyen de mulets par une grande roue à manége avec lanterne, correspondant à l'axe du petit cylindre, lequel communique son mouvement au cylindre à brosse par le moyen d'une courroie ou corde sans fin. Un balancier en règle et en accélère la marche.

Les graines de coton sont jetées dans une trémie placée au-dessus du petit cylindre. Les scies, rencontrant le coton dans leur mouvement de rotation, l'accrochent avec leurs dents et l'emportent avec elles derrière le grillage, tandis que les graines dépouillées, qui ne peuvent pas passer, parce que les intervalles des barreaux sont trop étroits, tombent en avant; les dents, chargées de coton, aussitôt après avoir dépassé le grillage, rencontrent les brosses du grand cylindre, qui, à leur tour, saisissent le coton, dont elles le débarrassent bientôt par la rapidité de leur mouvement, et le coton tombe en flocons dans un tambour ou récipient.

Ce moulin exécute, en un jour, le travail de 80 noirs, il a d'autant plus d'avantage sur tous ceux précédemment employés, que le coton en sort parfaitement débarrassé de toutes les parties hétérogènes qui pouvaient s'y être attachées.

Nous avons dit plus haut que le coton récolté à Cayenne était beaucoup plus facile à égrener que celui du Sénégal; nous allons le prouver par une épreuve faite sous nos yeux avec le moulin à hérisson.

100 liv. de coton de Cayenne ont rendu, après égrenage, 3o liv. de coton parfaitement nettoyé et prêt à être livré au commerce, et 70 livres de graines. Il n'y a pas eu de déchet.

100 livres de coton que nous avons fait venir du Sénégal n'ont produit que 23 liv. de coton nettoyé et prêt à être livré au commerce, au lieu de 3o liv., et 73 liv. de graines. Il y a eu 4 liv. de perte.

Ainsi, le coton du Sénégal est, sous tous les rapports, très-inférieur à celui de Cayenne. On a aussi introduit à Cayenne une presse en fer pour emballer le coton, au moyen de laquelle on réduit une grande quantité de cette denrée en un très-petit volume. Il y a donc encore économie de la main d'œuvre dans cette seconde opération.

Il résulte des perfectionnemens introduits depuis peu dans la culture et la fabrication des diverses productions de la Guiane française, que notre colonie de Cayenne marche vers un état de prospérité remarquable. Une exploitation en grand des bois de couleur, d'ébénisteries et de constructions navales, dont la supériorité est aujourd'hui bien constatée, présentent aux spéculateurs des bénéfices immenses. On peut les évaluer à l'avance à plus de 22 pour o/o.

118. SUR LA LITHOGRAPHIE. (*Académie 1. et R. des Georgophiles*, séance supplémentaire du 2 septembre 1827.) (*Antolog.*; n° 81, septembre 1827, vol. XXVII, p. 141.)

Le Dr Alex. Uccelli, associé correspondant, entretient l'Académie d'un mémoire qu'il a composé dans un double but industriel; celui de la multiplication des caractères autographes par un mode propre à suppléer avec avantage et économie à la servile et longue main-d'œuvre des copistes; et celui d'améliorer le mécanisme des presses lithographiques, et diminuer la dépense en les simplifiant. Une de ces presses, par exemple, qui est d'une petite dimension et de l'invention de M. Uccelli, mérite l'attention des lithographes par la position commode du calcateur, l'élévation spontanée du châssis, la promptitude de la manœuvre, et la simplicité du mécanisme.

Pour l'applanissement et le poliment des pierres lithographiques, M. Uccelli présente le modèle d'une machine de son invention pour remplacer le travail manuel de l'homme, et accélérer l'opération.

A la partie extérieure de la machine, il a appliqué le mécanisme d'une scie à plusieurs lames, semblable à celle du chevalier Aldini, pour le sciement des pierres.

Il termine son mémoire par l'examen de quelques machines récemment inventées pour contribuer aux progrès de l'art typographique.

119. INVENTION D'UNE MACHINE POUR AFFILER LES RASOIRS ET LES CANIFS. — Patente à J. FELTON. (*London Journ. of arts*; avril 1828, p. 41.)

Cette machine est un appareil portatif, ayant 2 surfaces cylindriques garnies de dentelures, pour aiguiser divers instrumens tranchans, tels que couteaux, ciseaux, etc., en faisant passer leur tranchant en avant et en arrière dans un angle formé entre les 2 cylindres, ou bien entre l'intersection de 2 ou plusieurs limes circulaires, ou de toute autre surface convenable. La fig. 4, pl. 2, représente une de ces machines en perspective. *a*, base ou socle sur lequel sont fixés les 2 montans *b*, *b*; *c*, *c*, 2 cylindres servant à aiguiser; ils sont formés d'enfoncemens et de saillies; les saillies d'un cylindre passent dans les cavités d'un autre cylindre, et forment ainsi un angle aigu entre elles. Les surfaces des saillies sont arrondies dans une direction circulaire, à peu près comme cette sorte de lime qu'on appelle *queue de rat*, et qui présente un assemblage de limes contre lesquelles le couteau est pressé à mesure qu'on le fait aller et venir dans la machine. Les lignes ponctuées représentent la position dans laquelle le couteau ou tout autre tranchant doit se placer pour être aiguisé, on l'abaisse entre les rainures des montans marquées *d*, *d*, et, au fond de ces rainures, le tranchant du couteau se trouve en contact avec les limes des cylindres. Les saillies, s'avançant alors dans les cavités opposées, produisent cet angle aigu qui forme le tranchant du couteau à mesure qu'on le fait aller et venir. Les cylindres sont montés sur des axes, c. à d. que leurs pivots pénètrent dans les montans *b*, *b*, ce qui facilite leur rotation lorsqu'une portion de la lime est émoussée. Les rainures *d*, *d*, des montans sont appropriées à la forme de l'instrument qu'on veut repasser. CHEV...T.

120. **Perfectionnement dans les planches de cuivre et au-**
tres destinées a l'impression des gravures; par J. G. Christ.
(*Repert. of patent invent.*; avril 1828, p. 254.)

Le procédé consiste dans l'application suivante. On fait bouillir une livre de rognures de parchemin, un quart de livre de
gomme arabique dans 24 quartes d'eau, jusqu'à réduction à
12, et, après avoir séparé cette quantité en 3 parties égales, on
les mêle intimement, la 1re partie avec dix livres du plus beau
blanc de plomb préparé par des moyens chimiques; la 2e avec
huit livres, et la 3e partie avec six livres de la même substance,
le papier ou le carton sont enduits à chaud avec un pinceau
d'une couche de la 1re composition, et laissés à sécher pendant
24 heures, après quoi ils reçoivent une couche de la 2e composition, et après le même temps ils reçoivent une couche de la
3e, après quoi on y applique encore une couche de la 1re composition. On imprime ensuite à la manière ordinaire.

Si l'on veut que le papier soit coloré, on mêle une couleur
avec la composition.

Le rédacteur observe que l'emploi du blanc de plomb présente beaucoup d'inconvéniens à Londres, surtout à cause de
la quantité d'hydrogène sulfuré qui peut se trouver dans l'atmosphère, et pense que le sulfate de baryte pourrait être employé avec avantage.   G. de C.

121. **Moyen simple d'introduire dans les soufflets l'air des-**
tiné a alimenter la combustion. (*Neues Magaz. zur Befœrd.*
der Indust.; vol. 1er, 2e partie, p. 16.)

Dans les fonderies l'acte de la respiration des ouvriers, sa
combustion et le métal en ignition contribuent à vicier l'air :
en outre l'atelier se trouve rempli de fumée et de vapeurs impropres à alimenter le feu. Il serait donc avantageux de ne faire
arriver dans le soufflet qu'un courant d'air extérieur : il ne s'a-
girait que de le mettre en communication avec un tuyau passant
dans une ouverture pratiquée à la muraille. A l'aide de ce tuyau
la combustion serait entretenue par un air pur et sans cesse
renouvelé.

122. **Sur la fabrication du pain.** (*Ibid.*; p. 25.)

L'acide carbonique, qui produit les yeux du pain, et lui

donne de la légèreté, est le produit de la fermentation. Cette fermentation s'opère en ajoutant à la pâte un ferment. L'auteur conseille la pâte aigrie. L'eau que l'on emploie à pétrir la farine doit être pure : c'est ou de l'eau de pluie ou de rivière. Si l'une et l'autre manquent, on n'emploie l'eau crue de source qu'a-près l'avoir fait bouillir et refroidir. Il est bon, pendant qu'elle bout, d'y jeter quelques charbons; par ce moyen on la purifie et la rend de meilleure garde: on peut aussi la passer à travers un filtre de charbon. Quant à la farine, elle doit avoir été pré-parée avec des grains bien pleins et bien secs, et à germes en-tiers. Pour conserver la farine de froment, on la met, au sortir du moulin, dans des chambres plancheïées, la *tamisant* aussitôt pour qu'elle soit moins tassée. Les premiers jours on la remue une ou deux fois avec la pelle. La farine de seigle est de garde dans un coffre en un lieu bien aéré : on ne la remue qu'une ou deux fois la semaine. Chaque fois qu'on en remet de nouvelle dans le coffre, on le nettoie, et le sèche à l'air.

. La pâte aigrie, qui sert de ferment, doit être assez fermen-tée. Si elle ne l'est point assez, on n'emploie que peu d'eau pour faire la pâte; si au contraire elle l'est trop, on emploie une plus grande quantité d'eau. Il faut encore que le mélange du ferment et de la pâte soit intime. Quand la pâte est levée, on l'enfourne : la chaleur augmente d'abord son volume en la rendant plus lé-gère; puis elle forme, à sa surface, une croûte qui met un ter-me à cette dilatation. Si le feu est trop fort, l'extérieur se dur-cit de suite, et l'intérieur reste mat.

123. MOYEN D'ENLUMINER LES GRAVURES, les lithographies, les dessins à la plume et au crayon, etc., et de leur donner le lustre de la peinture à l'huile. (*Kunst und Gewerbe-blatt*; n° 7, p. 102.)

On commence par rendre l'objet à enluminer transparent en mettant dessus un vernis fait avec huile de térébenthine recti-fiée 7 parties, mastic choisi 1 partie, térébenthine de Venise très-belle 3 parties et verre blanc pilé 1 partie. On place l'objet ainsi verni entre l'œil et la lumière, et on applique sur le revers les couleurs à l'huile. Quand ces couleurs sont assez sèches, on couvre le revers d'un papier noir, et on vernit le devant.

124. Conduits de caoutchouc en remplacement du cuir. (*Dinglers polytechn. Journ.*; 28ᵉ vol., p. 165.)

L'on se sert, en Angleterre, de conduits en caoutchouc pour les pompes aspirantes, foulantes, à incendies, de brasseries, etc. en place des tuyaux de cuir ou de métal précédemment employés. Ils présentent tellement de solidité qu'on peut s'en servir pour livrer passage à la vapeur d'une machine à haute pression.   D. B. F.

125. Perfectionnement dans les tonneaux de métal, etc., pour conserver les substances susceptibles de s'avarier. Patente à R. Dickenson. (*London Journ. of arts*; avril 1828, p. 38.)

L'objet de cette patente se divise en 2 parties : 1° la construction d'un tonneau métallique, caisse ou autre vase propre à renfermer et à transporter des provisions et autres articles susceptibles d'avaries, à bord d'un vaisseau et dans les climats étrangers; 2° l'enveloppe de ces tonneaux ou caisses, composée de matières propres à prévenir les avaries. L'auteur confectionne les tonneaux avec de la tôle qu'il étame en suivant le procédé ordinaire; ensuite il les recouvre avec un alliage de 75 parties d'étain sur 720 parties de zinc, qu'on emploie à l'état liquide, comme si on voulait les étamer; par dessus cet alliage on applique encore une couche d'étain, ce qui complète le procédé, et met le fer totalement à l'abri de la rouille. (Voy. le 1ᵉʳ travail de l'auteur sur cet objet, *Bulletin des scienc. techn.*; T. VI, p. 340.)   Chev...t.

————◆————

ARTS MÉCANIQUES.

126. Études sur les machines d'après l'expérience et le raisonnement; par L. M. P. Coste, capitaine d'artillerie. In-4° de 137 p. et une pl. Metz, 1828; Vᵉ Thiel.

Le principal objet de cet ouvrage paraît être de présenter sur la théorie des machines diverses notions que l'auteur s'est formées, et qui diffèrent de celles qui sont adoptées généralement par les savans qui ont traité cette matière. M. Coste cite très-souvent les notes que M. Navier a jointes à la nouvelle édition de l'*architecture hydraulique* de Bélidor, et paraît les prendre pour le sujet principal de ses critiques. Sans entrer ici dans une analyse détaillée d'un travail qui ne paraît pas destiné à faire faire de nouveaux progrès à la mécanique, on mentionnera succinctement quelques-unes des propositions avancées par l'auteur.

Suivant lui, la force consommée par la résistance provenant du frottement dans une machine en mouvement est proportionnelle au carré de la vitesse des parties de cette machine. Il cherche à appuyer ce principe par divers raisonnemens, et à le déduire des expériences de Coulomb. Le lecteur ne trouvera dans ces raisonnemens que des notions confuses, dont le défaut peut être en partie attribué à l'imperfection du langage de la mécanique, et pourra vérifier par lui-même l'exactitude des conséquences que Coulomb a déduites de ses expériences, dans les divers cas où elles indiquent que la résistance du frottement dépend ou non de la vîtesse, conséquences qui ont été généralement admises.

M. Coste n'admet pas la distinction que M. Navier a établie entre le cas d'une roue contenue dans un coursier et mue par l'eau d'une chute, et le cas d'une roue à aubes mue par le courant d'une rivière, supposé d'une largeur indéfinie. (Voyez l'ouvrage, cité ci-dessus, p. 337.) On ne peut que répéter ici que les raisonnemens sur lesquels il fonde son opinion sont entièrement défectueux, et, par exemple, la formule qu'il écrit, page 41, et la conséquence qu'il tire au commencement de la page suivante, sont tout-à-fait erronées.

Dans le commencement de l'ouvrage et dans la note, p. 93, l'auteur paraît penser qu'en évaluant le travail des machines, il faut distinguer le cas où un poids aurait été élevé d'un mouvement uniforme de celui, où ce poids aurait décrit l'espace qu'il a parcouru d'un mouvement uniformément accéléré ou retardé. Il ne paraît pas faire attention que le travail qui a été fait, consistant dans l'élévation du poids à une hauteur verticale donnée, la manière dont l'espace a été parcouru n'en change pas la nature, et ne peut en affecter l'appréciation numérique, et, en général, que les travaux des machines doivent s'estimer par le produit des pressions exercées, multipliées par les espaces parcourus dans le sens de ces pressions, sans égard aux vîtesses constantes ou variables avec lesquelles les mouvemens se sont opérés.

On n'insistera pas davantage sur un ouvrage qui aurait présenté plus d'intérêt, si l'auteur, sans s'écarter des notions généralement admises, eût présenté les expériences qu'il a faites sur un moulin à scier, avec le détail et la netteté nécessaires pour mettre les constructeurs à même d'en tirer des conséquences utiles.

127. MÉMOIRE SUR LES ROUES HYDRAULIQUES A AUBES COURBES MUES PAR DESSOUS, SUIVI D'EXPÉRIENCES SUR LES EFFETS MÉCANIQUES DE CES ROUES; par M. PONCELET. Nouv. édit., augmentée d'un second mémoire sur des expériences en grand, relatives à la nouvelle roue, contenant une instruction pratique sur la manière de procéder à son établissement. In-4° de 146. p. et 2 pl. Metz, 1827; V° Thiel.

Les lecteurs du *Bulletin* connaissent la nouvelle roue hydraulique imaginée par M. Poncelet, pour laquelle l'auteur a reçu, en 1825, le prix de mécanique fondé à l'Académie des sciences par Montyon. Un premier mémoire sur ce sujet a été inséré en entier dans les *Annales de Chimie*, dans le *Bulletin de la Société d'encouragement*, et quelques exemplaires ont été vendus séparément. La nouvelle édition de ce travail, que nous annonçons aujourd'hui, contient, parmi diverses augmentations, l'exposé des expériences en grand faites par l'auteur sur une des nouvelles roues, exécutée à Metz sous sa direction, et au moyen du frein imaginé par M. de Prony et décrit dans le Tome XII des *Annales des Mines.* Il serait nécessaire, pour mettre à même d'apprécier ces intéressantes expériences, d'entrer dans des détails qui ne peuvent trouver place ici. On se bornera à dire que l'auteur en conclut que le rapport de l'effet utile maximum à l'effet total dépensé, descendra rarement au-dessous de 0,6, même pour les charges d'eau qui approcheraient de 2", et qu'il pourra s'élever jusqu'à près de 0,66, pour des charges qui seraient au-dessous de 1",3. Cela suppose toutefois que la dépense d'eau ne soit pas très-petite. L'auteur a trouvé que l'effort de l'eau sur la roue, quand cette dernière est immobile, est près du double de l'effort qui a lieu, lorsque la roue produit le maximum d'effet, ce qui est d'accord avec la théorie. La vîtesse, qui répond au maximum d'effet, est près des 0,55 de la vîtesse de l'eau, à l'instant où l'eau atteint les aubes. En général, ces expériences en grand confirment pleinement les résultats que l'auteur avait avancés, d'après la théorie et d'après les premières expériences qu'il avait faites sur un modèle.

L'instruction pratique, placée à la suite des deux mémoires, présente un guide très-utile aux personnes les moins versées dans la mécanique, qui veulent appliquer cette importante invention.

L'ouvrage est terminé par plusieurs notes intéressantes, où l'auteur a rapporté les résultats de quelques expériences qu'il a faites sur la roue hydraulique du moulin à pilons de Metz, et présenté la discussion de quelques points de théorie relatifs à diverses circonstances de l'établissement de sa nouvelle roue. N.

128. MANUEL DU MÉCANICIEN FONTAINIER, POMPIER, PLOMBIER, etc.; par MM. JANVIER et BISTON. 1 vol. in-18, avec 3 pl.; prix, 3 fr. Paris, 1828; Roret.

Ce petit manuel est bien conçu et bien exécuté, et il fait honneur à la collection de l'éditeur; il présente d'une manière concise et intelligible tout ce qui est relatif à la théorie des pompes et des divers moyens et appareils imaginés pour élever et diriger les eaux. L'auteur a puisé à de bonnes sources, et il l'a fait avec discernement et connaissance de cause. D. B. F.

129. MANUEL DU CONSTRUCTEUR DE MACHINES A VAPEUR; par M. JANVIER. In-18 de 291 pages; prix, 2 fr. 50 c. Paris, 1828; Roret.

Il semblerait que l'ouvrage que nous annonçons devrait être de nature à permettre au mécanicien constructeur de construire une machine à vapeur sans autre aide que son expérience des machines et le manuel en question; telle devrait être sa faculté, s'il remplissait pleinement son titre; mais telle ne sera pas sa destinée. Nous trouvons en effet dans l'ouvrage de M. Janvier des notions pures sur la théorie et l'exécution des machines; mais tout cela n'est pas l'important pour l'ouvrier qui exécute; il lui faut des épreuves qui lui permettent d'établir ses modèles et d'exécuter toutes les pièces avec les dimensions avouées par l'expérience. Il est des sujets qui, par leur grandeur, échappent à la puissance des manuels, et celui qui nous occupe est dans ce cas. Cela n'empêche pas que le manuel du constructeur de machines à vapeur ne puisse être consulté avec intérêt par les industriels et les amateurs. **D. B. F.**

130. Machines a vapeur, a gaz et a air comprimé, mises en mouvement par des feux employés en même temps à d'autres usages, ou l'art d'utiliser successivement et par gradation tout le calorique que peut dégager le combustible, etc.; ouvrage contenant plus de 100 inventions avec pl.; par M. Legris, auteur d'un grand nombre d'inventions déjà publiées en 7 ouvrages. In-8°, avec pl; prix, 3 fr. 5o c. Paris, 1828; Emler.

Ce titre donne une juste idée de la manière de l'auteur, qui s'attache uniquement dans son travail à donner les résultats plus ou moins bizarres de son imagination laborieuse et inventive. Voilà au moins 1200 inventions que M. Legris publie en 7 ouvrages. Il n'en faut pas tant, si elles sont bonnes, pour aller à la postérité la plus reculée. Nous avons lieu de croire cependant que M. Legris pourra survivre à ses découvertes. **D. B. F.**

131. The Steam Engine, etc.—La machine à vapeur; par Th. Tredgold. In-4° de 370 pag. Londres. (*Repert. of patent invent.;* févr. 1828, p. 106.)

Cet ouvrage, d'un auteur recommandable par d'autres travaux importans, est divisé en 8 sections. Dans la 1re, se trouve l'exposé historique de tous les perfectionnemens successifs apportés aux systèmes et constructions des machines à vapeur, depuis le marquis de Worcester, en 1663, jusqu'à Arthur Wolf, en 1804, et Oliver Evans, en 1806. On pourrait reprocher à l'auteur d'en avoir attribué presque exclusivement le mérite aux Anglais, si ce n'était là le défaut de tous ses compatriotes.

Les 7 sections suivantes renferment des détails multipliés sur la nature, les propriétés, la force expansive, la puissance mécanique de la vapeur; sa formation, sa condensation et les appareils y relatifs; l'espèce, la classification, les proportions générales et la construction des machines à vapeur; les moyens d'obtenir, de régler, de mesurer et d'employer leur force.

Enfin, dans une dernière section, M. Tredgold s'occupe des applications de ces machines aux moulins, aux voitures, à la marine et à divers autres objets.

Cet ouvrage est enrichi de 20 planches d'une belle exécution. Une traduction de cet ouvrage vient de paraître à Paris, chez **Bachelier**. L'édition française, due aux soins de M. Mellet, est d'une belle exécution.

132. DISSERTAZIONE INTORNO ALLE FABRICHE DE VELLUTI. — Dissertation sur les fabriques de velours; par ALA. In-8°. Royereto, 1827; Marchesani.

133. INTRODUCTION A QUELQUES EXPÉRIENCES ET APPLICATIONS à l'industrie mécanique de la force d'ascension des fluides (*Genet's Memorial*); par Félix PASCALIS, président de la division américaine de la Société linnéenne de Paris. (*American Journal of Science and Arts*; octobre 1826, p. 339.)

L'auteur se plaint des critiques mal fondées, suivant lui, qui ont été faites du mémoire de M. Genet sur la force d'ascension des fluides. Il observe que, d'après les découvertes qui ont eu lieu dans ces derniers temps, on ne doit point repousser les idées nouvelles, quoique l'application en semble d'abord peu praticable. Les inventions de M. Genet, reproduites dans cet article, consistent principalement dans ce qui suit :

1° Aérostat employé à élever les bateaux ou les chariots sur un plan incliné. L'aérostat s'élève dans une tour établie à cet effet vers le sommet du plan incliné. Au moyen d'une corde passant sur une poulie fixée au point le plus bas de la tour, et qui se développe sur un tambour, le mouvement d'ascension est transmis à des roues sur lesquelles s'enroulent les chaînes auxquelles les chariots ou bateaux sont attachés.

2° Hydrostat ou plongeur employé d'une manière analogue à élever ou abaisser verticalement des bateaux, pour leur faire franchir une chute considérable séparant deux biefs d'un canal.

3° Hystrostat employé à tirer des bateaux sur un canal.

4° Application d'un moteur hydrostatique et aérostatique à la navigation. Il s'agit d'une machine ayant, comme la machine à vapeur, un mouvement alternatif susceptible d'être appliqué au jeu des roues à aubes. Le principe du mouvement consiste dans l'emploi de deux flotteurs qui s'élèvent ou plongent dans des capacités alternativement pleines et vides d'eau.

5° Application de la force d'ascension à l'art des aéronautes. L'auteur cherche à donner à l'ensemble formé d'un aérostat et d'un pont qui lui est suspendu une figure analogue à celle d'un poisson ; il place sur ce pont deux chevaux qui font mouvoir une grande roue horizontale, et par suite deux roues verticales, à aubes, placées de chaque côté de l'appareil. Les aubes de ces roues peuvent se replier pendant qu'elles parcourent une portion de la circonférence, en sorte qu'elles sont susceptibles d'imprimer des mouvemens d'ascension ou de progression. L'appareil est garni d'ailes et d'une queue analogues à celles des oiseaux.

Ces diverses inventions, dont quelques-unes n'annoncent pas que l'auteur ait de justes notions des principes de la mécanique, ne sont pas assez mûries pour mériter l'attention des artistes.

134. Sur deux espèces de roues a eau, appelées *Pitch-back* et *Breast-wheels ;* par M. A. B. Quinby. (*Ibid. ;* p. 333).

L'auteur emploie les termes *Pitch-back* et *Breast-wheels* dans un sens différent de celui qui est admis communément. Il désigne par le premier une roue qui reçoit l'eau à un point quelconque, compris entre le sommet et l'extrémité du diamètre horizontal. Il annonce qu'en donnant l'eau à la roue avec une vîtesse égale, ou un peu supérieure à celle de la circonférence de cette roue, l'effet produit sera mesuré par la quantité d'eau dépensée, multipliée par l'espace vertical qu'elle aura parcouru en descendant sur la roue. Il recommande de construire les roues de manière que l'eau y parcoure le plus grand espace qu'il est possible.

135. Mémoire sur l'impossibilité de faire marcher les chariots a vapeur sur les chemins ordinaires ; par le Chev. Jos. de Baader. (*Das Ausland ;* 1828, n° 40, p. 158 ; n° 41, p. 162 ; n° 43, p. 171, et n° 44, p. 174.)

L'auteur, ainsi que le titre de ce mémoire l'annonce, ne croit pas qu'il soit possible de mettre des voitures à vapeur en circulation sur les routes ordinaires, et il pense que les chemins de fer sont seuls susceptibles d'acquérir aux transports sur la route cet utile moteur. Tout son mémoire est consacré au développement de cette pensée, et nous devons convenir que les argumens qu'il présente sont de nature à porter la conviction dans l'esprit des hommes sensés.

Il prouve d'abord, par l'historique des voitures à vapeur, que, depuis l'année 1759 jusqu'à nos jours, un grand nombre de mécaniciens distingués ont exécuté des voitures à vapeur avec autant de moyens de succès que ceux dont disposent les Gurney, les Bursthall et Hell, etc., et il prouve, par le fait, que toutes ces conceptions ont reçu quelques expériences, comme celles qu'on nous donne encore tous les jours, mais que tout cela n'a produit ni une diligence à vapeur ni un chariot de transport.

Il présente ensuite sous des couleurs très-vraies les difficultés, les dangers et les inconvéniens que présenteraient les voitures à vapeur sur les routes ordinaires, et il finit par produire en faveur de son opinion celles de MM. Partington et Gouy, qui croyaient le problème également insoluble.　　　D. B. F.

136. Description d'une serrure de sureté a pène, avec un perfectionnement; par Ch. Karmarsch. (*Jahrbüch. des K. K. polytechn. Instit. in Wien*; 9ᵉ vol., 1826, p. 140.)

Cette serrure comporte un mécanisme qui a pour objet d'empêcher de la forcer avec une lame qu'on interpose entre la serrure et la gâche. Déjà il existait une serrure anglaise qui produisait ce résultat. A cet effet, le pène était composé de deux pièces qui portaient deux mentonnets à saillie à son extrémité, de sorte que lorsque le pène était entré dans la gâche, un ressort l'ouvrait et l'y fixait à l'aide des mentonnets. Dans la nouvelle serrure de M. Karmarsch, le pène est encore formé de deux pièces, et porte deux mentonnets; mais l'écartement des deux parties du pène est produit par un curseur qui se met entre elles sur deux plans inclinés.　　　D. B. F.

137. Sur les minoteries a vapeur.

Lorsqu'on songe à établir une minoterie, et que l'on veut mettre son usine à même de rivaliser avec celles qui existent déjà depuis long-temps, et celles qui ne datent que de quelques années, il faut faire mieux que les premières, et aussi bien que les secondes, sous peine d'éprouver des pertes considérables, ou, tout au moins, de ne pas retirer de son argent tout l'intérêt qu'il est susceptible de produire; ce qui est encore une perte aux yeux des hommes sensés. On doit donc, dans le genre d'établissement qui nous occupe, construire son usine de manière que le blé y soit parfaitement nettoyé avant de tomber entre les meules, et trouver ensuite les moyens de séparer les divers produits obtenus. Une construction fort économique et assez généralement répandue aujourd'hui, est celle qui consiste en une maison à deux étages. Au niveau du sol, sont les blutoirs; au 1er étage, les meules; et les moyens du nettoyage, au second. Les blutoirs employés généralement ne sont pas d'une bonne construction; ils consistent en un double buffet : dans le buffet supérieur, on retire la fine fleur, et le son qui en sort tombe dans une trémie qui conduit au second buffet, où l'on trouve une farine moins belle, et au dehors le gros son. Le défaut de ces blutoirs est la lenteur de leur travail : la toile tendue qui sert à bluter ne fonctionne pas assez vîte. Dans quelques usines (1), on leur a substitué avec avantage des blutoirs cylindriques, tournant avec rapidité; du reste, ils sont disposés de la même manière, l'un par rapport à l'autre.

Les meules ordinaires n'ont guère, chez nous, que 5 pieds $\frac{1}{2}$ de diamètre : c'est trop peu; une paire de meules qui a 6 pieds $\frac{1}{2}$, fait deux fois plus d'ouvrage, sans employer le double de force. Généralement, dans les usines bien établies, les meules ont un diamètre qui varie entre 6 pieds et 6 pieds 6 pouces.

Les moyens de nettoyage sont le ventilateur ou van, machine trop connue pour qu'on s'y arrête, et le cylindre ou les brosses. Un cylindre à nettoyer le blé se place de manière à recevoir le grain qui tombe du ventilateur; sa surface est un tissu métallique, assez lâche pour laisser passer les petites graines, et trop étroit pour le blé. Outre qu'il sépare, par son mouvement, la céréale des graines étrangères, le frottement qu'il lui fait éprouver, la nettoie parfaitement des particules terreuses que le ventilateur n'a pu enlever. C'est une des meilleures machines dont on puisse faire usage. Les brosses sont

(1) J'ai vu dans un journal anglais des modèles de ces blutoirs d'une construction très-facile.

toujours destinées à ce dernier emploi, et ne peuvent produire le premier effet du cylindre.

La plupart des moulins que nous avons en Bretagne, ont une roue hydraulique pour chaque paire de meules ; ce qui n'est pas économique, tant sous le rapport de la dépense première, que de la force motrice. En effet, ce mode nécessite des constructions plus considérables, et multiplie la perte que l'on fait en force motrice par le nombre des roues hydrauliques ; il est beaucoup plus simple de n'en employer qu'une seule ; cette roue communique son mouvement à une roue d'engrenage horizontale, et celle-ci fait aller les lanternes placées au-dessous de chaque meule. Dans ce système, un édifice carré, qui a intérieurement 22 pieds de côté, est suffisant pour un moulin contenant quatre paires de meules, et donne autant de facilités qu'on en peut désirer. On a, en outre, l'avantage de pouvoir, au besoin, adapter son moteur à une autre machine. C'est ainsi que, pendant l'hiver, on peut utiliser le surcroît des eaux, pour faire de la fécule, pour moudre du tan, etc. En général, nos moulins sont faits sur le même modèle : la roue hydraulique a 5 pieds et demi de rayon ; le rouet 32 dents ; la lanterne, 8 fuseaux ; ce qui donne, pour la vîtesse de la meule, 60 tours par minute, quand la roue hydraulique en fait 15. Cette vîtesse est très-bonne, mais elle a rarement lieu : 12 est le nombre le plus ordinaire.

On devrait s'attacher, autant que possible, dans la construction des moulins, à obtenir 60 tours de la meule. Sans avoir une grande vîtesse de la roue hydraulique, dans les moulins qui vont par-dessous, il est évident qu'une roue de 15 pieds, faisant 8 tours par seconde, vaut mieux qu'une roue de 10 pieds faisant 16 tours ; la première qui marche de 6 pi. par seconde, oppose nécessairement plus de résistance à l'eau que la 2e qui marche de 7 pi. et demi. On peut considérer le blé moulu comme un produit dont les facteurs sont le temps, la vîtesse et la surface de la meule. Si le temps devient l'unité, le blé moulu sera le produit de la surface par la vîtesse. Lorsqu'une meule a deux mètres de diamètre, et qu'elle fait 60 tours par minute, ou un par seconde, la surface qui mout est 3 mètres carrés 1415. Si l'on se sert de meules ayant de rayon 0 mètres 9, la surface qui mout devient 2 mètres carrés 544 millièmes de mètre carré, si la vîtesse est de 60 tours par minute; mais si cette vîtesse est de ¼ de tour de meule par seconde, la surface qui mout n'est plus que 1,884. Le rapport des produits différens que l'on obtient dans ces deux cas est 1,66; ce qui revient à dire que la première paire de meules donne le produit de l'autre, et les deux tiers en sus. La pratique est encore plus avantageuse pour les grandes meules et la grande vîtesse, que la théorie. En effet, l'œillard de la meule et les pièces voisines ne frottent que peu ou point, et la mouture est principalement produite par les parties plus éloignées du centre. Or, les petites meules perdent presqu'autant de ce côté que les grandes; en outre, la pesanteur de la meule influe beaucoup sur la qualité de la farine, et l'on ne peut jamais donner à des petites meules le poids convenable. Il est à la connaissance de tout le monde que le produit ordinaire des moulins qui se trouvent dans notre province est généralement d'un hectolitre de blé moulu à l'heure. L'on peut s'assurer que, dans quelques moulins placés sur de bonnes rivières, où la roue hydraulique fait quinze tours par minute, et dans lesquels les meules ont environ 5 pouces de plus que dans les moulins ordinaires, on mout deux hecto-litres à l'heure. C'est donc une grande faute, lorsqu'on a la force nécessaire pour faire aller une paire de meules, d'en établir deux petites allant avec la même force. L'épaisseur d'une meule doit être d'environ 15 pouces, avec 3 pou. au-dessus; ce qui fait en tout 18 pou. de comblage.

La difficulté du transport fait que, chez nous, il n'existe pas de meules d'une seule pièce. Elles sont généralement composées de 40 pièces et d'un œillard ou pièce centrale, réunies avec du plâtre. La meule supérieure est entourée d'un cercle en fer; la meule inférieure, d'une sorte de charpente de forme circulaire. En général, l'enveloppe des meules est très-mal faite, ce qui est un profit pour le meunier; car la farine qui se perd par les ouvertures qu'elle présente ne compte pour rien dans le prix qu'il s'alloue. Les meuniers sont payés en nature : ils ont le seizième du blé qui sort de dessous leurs meules. Pour celui qui porte son blé au moulin, généralement, ce seizième équi-vaut à un douzième.

La considération du moteur à employer, est beaucoup plus im-portante qu'on ne se l'imagine. C'est un préjugé malheureusement répandu chez nous, qu'on peut remplacer l'eau par la vapeur; oui, sans doute en mécanique; mais, en économie, quelle différence !

J'ai essayé, dans le compte suivant, de comparer deux moulins ayant deux paires de meules, travaillant le même temps et ne présentant d'autre différence que le moteur. Ces moulins sont supposés munis de vans, de cylindres à nettoyer et de blutoirs.

MOULIN A EAU.

Machines............................... 8,000.

Bâtimens............................... 10,000.

Local aux chaussées................... 8,000.

Total...... 26,000.

Fonds de circulation.................. 4,000.

Dépense annuelle.

Intérêt de 26,000 fr. à 10 pour $^{0}/_{0}$.......... 2,600.

Intérêt de 4,000 à 6 pour $^{0}/_{0}$.............. 240.

6 garçons meuniers à 300 fr.............. 1,800.

1 contre-maître........................ 1,000.

6 chevaux.............................. 1,200.

Produit annuel.

Chaque meule est supposée moudre à l'heure 1 hectolitre et $\frac{1}{7}$; par jour, 50 hectolitres de divers blés, au prix moyen de 10 fr.—500 fr. par an de 300 jours 150,000; dont $\frac{1}{6}$ appartient au meunier, soit................................ 9,400.

Bénéfice.............................. 2,560.

Pertes imprévues...................... 560.

Bénéfice net.......................... 2,000.

Si l'on ne moulait que du froment dont le prix ordinaire est de 15 fr. l'hectolitre, le produit brut serait...... 14,000.

Le produit net environ................. 6,500.

Mais dans les départemens de la Basse-Bretagne, quand on n'achète pas les blés pour les vendre en farine, il faut faire entrer en compte que l'on aura à moudre du sarrasin, de l'avoine, du seigle et même de l'orge, selon les localités.

EMPLOI DE LA VAPEUR.

Usine de deux paires de meules.

Moulin et accessoires........................... 26,000.

Bonne machine de Watt (6 chevaux.)............ 15,000.

Augmentation de bâtimens, causée par la machine,
le fourneau et la cheminée...................... 3,600.

Total...... 44,000.

Argent de circulation......................... 10,000.

DÉPENSES ANNUELLES.

Intérêt de 44,000 fr. à 10 pour $^o/_o$............. 4,400.

Intérêt de 10,000 fr. à 6 pour $^o/_o$.............. 600.

2 chauffeurs................................ 1,000.

6 garçons meuniers.......................... 1,800.

1 contre-maître............................. 1,000.

6 chevaux................................. 1,200.

Houille, 210,000 kilo. à 5 fr. les 100 kilo........ 6,300.

Graisse et réparations........................ 500.

Total...... 16,800.

Fromoulu, produit brut..................... 14,000.

2,800.

Si l'on faisait un établissement double de celui-ci, alimenté seulement par du froment, la question serait un peu changée; cependant elle ne présenterait pas encore des résultats avantageux, comme on peut s'en assurer en en faisant un compte de revient. Ainsi donc, c'est dans les chûtes d'eau, qui ne sont pas encore utilisées, plutôt que dans la vapeur, que l'on pourra trouver un moyen de remplacer les 12 moulins que la canalisation va détruire entre Uzel et Loudéac, sur la rivière d'Oût. (*Le Breton;* 1er déc. 1827, n°. 160, p. 652.)

138. BALANCIER MOTEUR; par M. MICHEL GRAND.

Par une habile application des principes mécaniques les plus simples, cet inventeur est arrivé à produire une force initiale pouvant remplacer, avec la plus grande économie, les moteurs les plus puissans employés jusqu'ici. On sent de quelle importance cette découverte peut devenir pour un département tel que le nôtre, où les chûtes d'eau sont rares et où le combustible et les fourrages sont à des prix si élevés. (*Messager de Marseille. Nouv. Journ. de Paris*; 9 avril 1828, p. 2.)

139. MACHINE POUR FIXER DES MORCEAUX DE MUSIQUE IMPROVI-

sés sur un instrument de musique à toucher; par M. Win-
nicombes. (*London Journ. of arts;* avril 1828, p. 10.)

L'auteur, pour exprimer son idée, a fait exécuter un dessin
représentant seulement une octave; mais on conçoit que le
même procédé peut s'appliquer à plusieurs octaves. Voyez la
pl. 2, fig. 2. Soit *a*, les touches de l'instrument; *b*, levier communiquant avec la touche sur laquelle il est placé; *c*, autre levier ou touche de métal, plate et mince, pouvant manœuvrer
facilement entre les rainures de l'instrument, qui doivent être
recouvertes de métal; *d*, fil de fer passant à travers toute la
rangée de touches aux extrémités desquelles on a fixé une substance qui doit laisser une empreinte : ou bien l'on peut faire
couler de l'encre à travers une petite rainure, semblable au mécanisme d'un régulateur de musique. Entre les 2 rangs de touches est placé le cylindre *e*, tournant de manière à permettre 2
ou 3 tours, et les marques de la dernière rangée ne s'entre-
mêlant pas avec celles de la première. Au commencement de
l'exécution, on fait tourner le cylindre uniformément, et le
compositeur presse les touches comme à l'ordinaire. A mesure
que chaque touche est abaissée, le levier correspondant se lève,
et communiquant son impulsion à la touche supérieure correspondante, il abaisse sur le cylindre la pièce qui imprime la
marque; le compositeur tient la touche abaissée en laissant une
ligne qui doit être en rapport avec la durée de la mesure. A la
fin de la pièce, si l'on enlève le cylindre, on peut mettre un as-
sortiment régulier de touches à la place de celles dont on a
fait usage pour produire les empreintes, ou bien on peut le
faire sur un autre instrument dont les touches correspondent
exactement; on produira de cette manière, avec très-peu de
variation, la même harmonie que l'on vient d'exécuter. Chev...t.

140. Machine a imprimer a la main; par V. M. H. Shuttle-
worth. (*Ibid.;* p. 11.)

On a beaucoup perfectionné l'idée de Nicholson, qui consiste
à transmettre l'encre aux caractères au moyen d'un cylindre,
au lieu de tampons employés auparavant. Pour entendre le mécanisme de la presse actuelle, qui diffère sous beaucoup de
rapports de toutes celles qui l'ont précédé, il suffit de renvoyer à

la pl. 2, fig. 3, dans laquelle 1, représente le châssis et la couche; 2, la roue et le pignon pour produire un mouvement continu de rotation par les différens diamètres des 2 côtés de la
roue; 3, appareil pour distribuer l'encre; 4, châssis de traverse
contenant les cylindres A et B pour distribuer l'encre; C, cylindre de la presse; D, E, vis pour régler la pression des cylindres; 5 à 11, tambour et cylindres conducteurs; 12 à 15,
pièces pour conduire le papier.   CHEV...T.

141. SUR UN DIAMANT PROPRE A TRACER DES LIGNES CIRCULAIRES
SUR LE VERRE; par M. J. LUKENS. (*Technolog. Reposit.;* août
1827, p. 76.)

Pl. 2, fig., 5, vue perspective de grandeur réelle des diverses
parties de cet utile instrument. OO, partie d'une tige carrée de
laiton de 10 pouces de long, et divisée en $\frac{1}{2}$ pouces comme autant de rayons répondant à des pouces des diamètres des cercles qu'on doit tracer avec l'instrument; ces $\frac{1}{2}$ pouces sont encore sous-divisés en parties, et régulièrement numérotés. Le
centre P glisse sur cette tige et peut être fixé à la situation désirée par sa vis Q; R partie cylindrique fixée fortement sur un
bout de la tige, et percée d'un trou conique suivant une direction verticale pour y adapter le manche conique d'un diamant de vitrier S, qui est maintenu dans une direction convenable par la vis T, lorsque l'on a trouvé le tranchant du diamant. U, fil de laiton solidement fixé au cylindre R, ayant son
pied V, arrondi et recourbé à son extrémité. Ce pied est porté
sur la surface du verre qu'on veut tailler, il y appuie uniformément, et règle l'inclinaison du diamant que l'on trouve également
ment par l'essai, et en serrant plus ou moins le fil de laiton U,
jusqu'à ce qu'on ait déterminé le degré convenable. L'extrémité
opposée de la tige OO est terminée par une portion cylindrique
en laiton; et la pointe P du centre mobile repose et tourne dans
un petit trou conique pratiqué dans une plaque de métal dont
le dessous est enduit d'une couche mince de cire qui, étant
pressée et en contact avec la surface du verre qu'on veut tailler,
y adhère avec un degré de solidité suffisant pour l'opération
qu'on se propose.
Cet instrument fait des entailles plus ou moins profondes dans
le verre, suivant la bonté du diamant et l'habileté avec laquelle

on le manie. M. Lukens assure qu'il peut faire pénétrer même une légère entaille dans une plaque de verre, en la plaçant alternativement dans l'eau chaude et dans l'eau froide; la contraction et l'expansion, ainsi produites successivement, effectuent la séparation du verre. Nous espérons, dit le rédacteur du *Technological Journal,* que cet instrument vraiment utile, quoique simple, deviendra bientôt d'un usage général en Angleterre.

CHEV...T.

142. NOUVELLE MACHINE PNEUMATIQUE, ou Pompe à air; par STILES. (*London Journ. of arts* ; avril 1828; p. 2.)

La machine pneumatique ordinaire est très-défectueuse relativement au principe d'après lequel les soupapes sont construites; elle cesse d'opérer long-temps avant que le vide parfait ait lieu dans le récipient; la machine dont il est ici question réunit dans un très-haut degré tous les avantages des pompes pneumatiques construites jusqu'ici, avec le perfectionnement si important et si désiré de faire exactement le double de l'ouvrage d'un appareil ordinaire à double cylindre. On voit, pl. 2, fig. 1re, la coupe des parties principales de la machine. Au bout de chaque crémaillère, et au moyen d'attaches en cuivre *a,a*, on a solidement fixé les tiges cylindriques *b,b*, traversant les colliers de cuir *c,c*, qui ont des réservoirs d'huile dans des coupes placées au-dessus, afin de les rendre plus complétement imperméables. Les pistons *d,d* sont solides et sans soupapes; ils sont formés de disques de cuir trempés dans l'huile et le suif, et ils sont vissés fortement entre leurs appuis; on les arrondit au tour de manière à s'ajuster au cylindre intérieur. Il faut maintenant remarquer la position des pistons : l'un d'eux, dans le cylindre A, est monté presqu'au haut de sa course ascendante, tandis que le piston placé dans le cylindre B est à égale distance du fond, dans sa course descendante. La pièce C est ajustée entre les chappes renfermant les colliers en cuir, et y est solidement fixée par des vis. Le cylindre B est retiré hors de sa chappe, afin de faire voir le mode de connexion entre la chappe et le cylindre. Les passages *e,e*, percés angulairement ainsi qu'on le voit dans la pièce C, communiquent avec le principal conduit intérieur qui vient du récipient; celui qni conduit dans le cylindre B est ouvert, et permet une issue libre à l'air

pour arriver au-dessus du piston *d* dans sa course descendante,
marquée par les flèches dont la pointe est en bas ; tandis que
l'air passe dans le tuyau *f*, en suivant le canal horizontal communiquant avec le cylindre A, ainsi que l'indiquent les lettres *ff*.
Ici, l'air passe à travers une soupape en soie huilée; cette soupape est formée par une pièce en cuivre ayant une ouverture
à son centre et une petite rainure pratiquée dans sa partie supérieure. Un morceau de soie huilé est étendu sur sa surface
et fixé par du fil de soie roulé dans la rainure ; cette pièce avec
la soupape est indiquée au fond du cylindre A, s'ouvrant de
bas en haut, et permettant à l'air de pénétrer sous le piston
dans sa course ascendante, comme l'indiquent les pointes des
flèches dans cette direction. D'après cette description, on voit
que, tandis qu'un des cylindres évacue l'air qu'il contient, par
le mouvement ascendant de son piston, il se remplit en même
temps pour évacuer par sa course descendante. L'autre cylindre évacue par la course descendante du piston, et se remplit
aussi en même temps pour évacuer de nouveau par son mouvement ascendant, en sorte que cela fait l'ouvrage de 2 pompes
de cylindre, de même capacité, construites sur le principe ordinaire. Outre ces avantages, le mode de manœuvrer mécani-
quement les soupapes d'induction vers le sommet, garantit un
vide beaucoup plus parfait qu'on ne pourrait l'obtenir autrement. C'est pourquoi, si l'on suppose que les soupapes d'induction *ff*, ainsi que les soupapes d'éduction *s s*, éprouvent des
fuites, il suffira de tourner le robinet M, pour intercepter toute
communication entre elles et le récipient ; la machine devient
alors une pompe ordinaire à simple action. Maintenant, si l'on
suppose que les soupapes supérieures soient défectueuses, afin
de les supprimer, on détachera les vis centrales *h, h*, des leviers I et K, en laissant ces parties pendre librement sur les côtés des soupapes cylindriques, les ressorts à boudin *q , q*,
presseront alors ces soupapes contre les conduits angulaires supérieurs, et empêcheront l'air de passer du récipient sur le piston. Si l'on ouvre alors le robinet M, qui était fermé dans le 1er
cas, la pompe pourra se manœuvrer avec les seules soupapes du
fond.   CHEV....T.

143. SUR LES CAS D'EXPLOSION DES MACHINES A VAPEUR. (*Industriel ;* avril 1827 , p. 329.)

Sans s'embarrasser des causes extraordinaires qui ont pu occasioner dernièrement à Lyon l'explosion d'une chaudière à vapeur, qui a donné lieu à un accident des plus déplorables, bien des gens en sont effrayés au point de se croire en danger partout où ils vont se trouver désormais en présence d'une machine à vapeur; c'est ainsi que l'on passe souvent d'une aveugle sécurité à des craintes peu raisonnées, et que l'on condamne l'usage d'une chose parce qu'on en abuse. Il est certain qu'au moyen de quelques précautions très-simples et peu génantes, et qu'avec une attention et une prudence fort ordinaires, l'usage d'un appareil à vapeur à basse pression ne présente aucun danger, beaucoup moins que des armes à feu, dont le service n'effraie presque personne. On peut même dire qu'avec beaucoup de précautions et de prudence, soutenues par une grande activité de soin et d'attention, les chaudières à vapeur à haute pression offrent encore assez de sécurité pour ne pas se croire gravement exposé dans l'emploi qu'on peut en faire. Il n'y a, pour ces dernières, de péril imminent, que quand elles sont abandonnées à l'impéritie ou à une imprudente audace.

Il y a lieu de croire que, lors de l'événement de Lyon, on a mis de côté toutes mesures de précautions, et qu'on n'a cherché qu'à accumuler une grande quantité de force pour la déployer toute entière et instantanément pour vaincre quelque obstacle puissant, ou pour obtenir quelques résultats supérieurs à ce qu'on devait attendre de la machine. On ne pourrait donc pas tirer d'un fait comme celui-ci, la conséquence que l'emploi de la vapeur, même à haute pression, présente un danger inévitable, quelques précautions qu'on prenne, mais bien qu'il faudrait multiplier ces précautions et les étendre à mesure qu'on élève la pression de la vapeur, attendu qu'après une certaine limite, les chances périlleuses croissent comme la violence avec laquelle la vapeur cherche à s'échapper des vases qui la contiennent.

L'usage des machines à vapeur à basse pression ne doit inspirer aucune crainte; quant aux machines à haute pression, elles ne donnent pas les mêmes motifs de sécurité, parce que toutes les négligences dans le service peuvent être suivies de conséquences graves.

Le récit d'une explosion frappe les esprits pour long-temps; et on ne fait pas attention que des milliers de machines travaillent dans les deux mondes, sans occasioner le moindre accident.

On connaît très-bien les causes des accidens arrivés ou qui peuvent arriver dans le service des machines ou de simples appareils à vapeur; nous allons examiner les principales, et nous verrons ensuite ce qu'on peut mettre en usage pour en être à l'abri.

Il y a peu d'exemples que ce soit autre chose que la chaudière des machines à vapeur qui ait rompu ou éclaté; il faut donc considérer celle-ci comme renfermant un ressort tendu plus ou moins fortement, et exerçant dès-lors, sur tous les points de la surface intérieure de la chaudière, une pression proportionnelle à cette tension.

Dans le service, on doit conduire le feu de manière à maintenir le ressort de la vapeur tendu au même degré; et comme la chaudière est construite d'une force supérieure à l'action intérieure qu'elle doit supporter, même lorsque la machine est à son *maximum* d'activité, la tension de la vapeur ne peut monter au-delà du terme fixé, et la chaudière ne peut être altérée dans sa solidité. Mais si, par quelques causes éventuelles, la tension de la vapeur venait à s'accroître au point de contrebalancer la résistance que peuvent offrir les parois de la chaudière, une rupture est imminente, et si un accroissement de tension a lieu subitement, la chaudière éclate ou se déchire.

L'accroissement de tension a lieu lorsqu'on produit en un temps donné, plus de vapeur que la machine n'en peut consommer, et que la chaudière n'en peut perdre par les issues. C'est l'activité du feu, poussée trop loin, qui a donné lieu à cet excès de production.

Elle s'accumule encore et augmente de tension, très-rapidement, lorsqu'on suspend de tous points l'émission de la vapeur, en continuant le feu : elle se forme inopinément avec abondance, et agit violemment sur les parois de la chaudière, lorsqu'ayant laissé épuiser l'eau de celle-ci, sans l'alimenter constamment, comme cela doit être, le fond, et quelquefois les parois, sont devenus rouges, et qu'on vient alors y introduire de nouvelle eau; la pression instantanée qui se développe peut dépasser la force de la chaudière, et la rompre en éclats ou la déchirer avec violence.

En général, les cas d'explosion sont toujours le résultat d'une masse de vapeur qu'on a laissé accumuler, ou en poussant le feu outre mesure, ou en empêchant ou en limitant son émission par les orifices de la chaudière, ou bien d'une production considérable et subite de ce fluide dans une chaudière qu'on aurait laissé rougir, pour avoir négligé d'y entretenir de l'eau à un niveau convenable. Une chaudière trop affaiblie par l'usage, peut encore donner lieu à des accidens.

Les chaudières exposées à un feu très-vif, comme il doit être pour la haute pression, se détruisent assez promptement, surtout si on laisse le fond encroûté des matières salines qui se précipitent des eaux; mais ici, comme ailleurs, on peut en prévenir les accidens, en s'assurant de temps en temps de l'état de la chaudière, et en la nettoyant fréquemment, pour enlever les dépôts qui s'y forment, et enfin, en la remplaçant lorsqu'elle annonce quelque détérioration.

Ainsi donc, avec des soins et de la surveillance, on peut éviter toute espèce de danger, dans l'usage ordinaire des machines à vapeur. Les soupapes de sûreté sont, en outre, des motifs de sécurité, dans la supposition même d'un relâchement temporaire dans la surveillance.

Chaque chaudière à vapeur porte, à sa partie supérieure, un très-grand orifice par lequel entre l'ouvrier chargé de la nettoyer; il est fort aisé de fermer cet orifice avec une plaque de métal assujettie par une barre de fer, disposée et choisie de telle façon qu'à un certain degré de pression, la barre casse infailliblement et donne à l'instant un libre passage à la vapeur. On peut encore, par un mécanisme, modérer l'activité de la combustion.

Avant de placer une chaudière, on s'assure du degré de pression auquel elle peut résister, en y comprimant de l'eau par une pompe, sous une pression qui est au moins le double de celle que la chaudière est appelée à éprouver. On dispose alors les soupapes de manière que la pression intérieure ne puisse jamais dépasser un nombre de livres beaucoup inférieur à ce que la chaudière peut réellement supporter.

Pour prévenir les accidens qui pourraient arriver par suite de l'altération du métal de la chaudière, résultant de l'action continuelle du feu, on fait une ouvertvre au fond de la chaudière et dans un des endroits les plus exposés à la chaleur, et on rive sur cette ouverture une plaque de même métal que celui de la chaudière, mais plus mince, et, par conséquent, moins solide ; cette plaque s'use la première, et peut céder à la pression de la vapeur bien long-temps avant que la chaudière même puisse céder ; elle avertit ainsi que la chaudière peut avoir besoin de réparation.

Il suit de ce qu'on vient de dire que les causes dont on peut redouter les funestes effets dans le service des appareils et des machines à vapeur, sont toutes connues, et qu'avec de la vigilance on peut fort aisément les écarter.

Si l'on s'était toujours borné à l'emploi de machines à basse pression, on est fondé à croire qu'on n'aurait jamais eu à déplorer les suites d'une explosion ; mais l'idée, que nous croyons erronée, qu'il est plus économique de produire et d'employer de la vapeur à haute pression, a multiplié les chances d'accidens, par la raison seule qu'il faut cent fois plus de soins, de précautions et de prudence dans la conduite d'une chaudière à haute qu'à basse pression.

En effet, une chaudière dont l'intérieur présente à la tension de la vapeur une surface, par exemple, de 1200 pouces carrés, éprouve, à basse pression, en d'autres termes, à une atmosphère de pression, un effort total de 18,000 livres, tendant à repousser l'enveloppe qui doit lui résister ; à 2 atmosphères, 36,000 livres ; à 3 atmosphères, 44,000 ; à 4 atmosphères, 72,000 ; à 5 atmosphères, 90,000 ; à 6 atmosphères, 108,000 ; à 7 atmosphères, 126,000 ; à 8 atmosphères, 144,000 ; à 9 atmosphères, 162,000 ; à 10 atmosphères, 180,000, etc.

Il suffira de remarquer que l'air extérieur exerce sur la surface extérieure de la chaudière, et dans un sens diamétralement opposé à l'action intérieure de la vapeur, une pression égale à 18,000 livres, et que, par conséquent, la chaudière pleine de vapeur, à une atmosphère de pression, n'a aucune résistance à opposer, puisque, si, d'un côté, elle est pressée par la vapeur, elle est soutenue de l'autre par la pression de l'air avec une force égale. Reste donc 3 ou 4 livres par pouce carré qu'on ajoute, à basse pression, pour dominer l'action de l'air par la vapeur, c. à d. que la chaudière n'a réellement à soutenir, dans le cours régulier du service, qu'une pression de 3600 ou de 4800 livres.   Arm.

144. Extrait d'une lettre de M. Perkins sur le succès de diverses inventions, avec quelques remarques sur la machine a gaz de Brown ; suivi d'une réplique de ce dernier mécanicien. (*Repert. of patent invent.* ; décembre 1827, p. 360.)

M. Perkins prétend, dans cette lettre, que beaucoup de gens à projets ont tenté de faire des tubes bouilleurs, depuis qu'il s'occupe de produire de la vapeur par de petites quantités d'eau *sous l'influence de la pression*, mais que, par manque de pression, ils ont échoué. Le premier a été M. Curdy, de New-York, qui a repris le projet de Hawkin. Ignorant la manière dont M. Perkins produisait la vapeur, il n'a pu réussir à faire un seul bateau qui fît plus de trois milles à l'heure.

La machine à vide de Brown ne put servir, parce que, quoique au commencement de la course le mercure montrât un vide égal à 20 pouces, l'air raréfié avait, à la fin de la course, une densité plus grande que celle de l'atmosphère, et produisait, en conséquence, une grande perte par sa rareté. Brown a certainement montré beaucoup de génie dans un grand nombre de machines. Sa machine était une belle pièce de mécanique. N'est-il pas étonnant qu'un homme aussi intelligent n'ait pas aperçu la différence qui existe entre la vapeur condensuelle et l'air, qui ne l'est pas ?

Au commencement de la course, le baromètre indiquait un vide assez puissant, et s'élevait quelquefois jusqu'à 24 pouces, de sorte que le piston, quoique fait pour arriver aussi près du fond du cylindre que dans une machine à vapeur bien faite, ne put jamais y parvenir. Sa première machine élevait l'eau à 10 ou 12 pieds, pour le service d'une roue à eau ; il ne put découvrir dans cette machine combien son air comprimé faisait perdre de force ; mais quand il essaya de faire mouvoir un piston, il aperçut les difficultés. Il parvint, *en apparence*, à obvier à cet inconvénient, mais non sans une grande perte de gaz. Il joignit à sa machine un grand condensateur séparé, dans lequel il brûla son gaz ; mais il ne fit par-là qu'allonger son cylindre. La consommation du gaz était immense.

M. Perkins parle de ses essais sur l'artillerie à vapeur, qui aurait déjà été adoptée par le gouvernement anglais, sans les.

fausses idées de quelques ingénieurs, et des expériences qu'il a faites, à Greenwich, devant des ingénieurs envoyés par le duc d'Angoulême avec un de ses aides-de-camp et le prince de Polignac. Leur rapport au gouvernement français fut si satisfaisant, qu'un traité fut immédiatement signé. Un ingénieur anglais, de Pelasse, et un ingénieur français furent parfaitement de l'avis de M. Perkins sur quatre points, dont plusieurs ingénieurs anglais avaient douté, c. à d. la parfaite sécurité du générateur, son indestructibilité, l'habileté avec laquelle la température est conservée à un degré donné, pendant très-long-temps, et sa grande économie.

La pièce d'ordonnance est destinée à lancer soixante boulets de quatre livres chacun en une minute, avec l'exactitude d'un fusil à point de mire, à une distance proportionnée. Un fusil est aussi attaché au même générateur, pour lancer un courant continuel de balles, et est si portatif, qu'on peut le transporter d'un bastion à un autre. Ce fusil peut lancer de cent à mille balles par minutes. Une observation faite par le duc de Wellington, et qui concorde avec l'opinion de M. Perkins, c'est qu'un pays défendu par cette espèce d'artillerie serait imprenable.

Par rapport à l'économie, M. Perkins assure que, si la décharge est rapide, une livre de charbon peut lancer autant de balles que quatre livres de poudre.

On a fait une objection contre l'emploi de cette artillerie, fondée sur le temps nécessaire pour avoir de la vapeur en cas d'attaque. M. Perkins répond à cela, qu'il suffit de très-peu de feu pour conserver la chaleur de la vapeur au point de produire son effet.

Pour prouver la sécurité de ses machines, M. Perkins a travaillé sous une pression de 1400 livres au pouce carré, ou cent atmosphères, et en interceptant la vapeur à $\frac{1}{12}$ de la course : la pression ordinaire sous laquelle il opère est de 800 livres par pouce.

Réponse de M. Brown.

Pour répondre à l'attaque de M. Perkins, qui a prétendu que l'invention de M. Brown « était morte naturellement », et qu'il avait fondé sa machine sur « un principe contraire à l'ordre de la nature », M. Brown fait observer que l'un des principes les

mieux prouvés sert de base à son invention, la pression de l'air;
et il avance, avec une confiance provenant d'une longue expérience, que le pouvoir dont il dispose, et qu'il peut employer
sans interruption, est au moins égal au pouvoir réel produit
par la meilleure machine à vapeur à condensation qui ait été
construite. Il est prêt à démontrer *ce fait* à tous ceux qui le désireront. Comme l'opinion de M. Perkins a été publiée, M. B.
cite en sa faveur celles du prof. Millington et du doct. Birbeck,
qui a fait une lecture, à l'institution royale de mécanique, et
calculé, démontré et comparé son pouvoir, son économie et
ses autres avantages, avec une machine de Wall et Bolton, et
d'autres machines : les résultats étaient essentiellement en sa
faveur.

Par rapport à l'économie de la machine de M B., M. P. est
dans le doute. M. B. lui fait observer qu'ayant récemment porté
toute son attention sur ce sujet, il peut assurer que la machine
à gaz, soit locomotive, soit à demeure, peut être mue avec
une dépense qui est loin d'excéder celle d'une machine à vapeur. G. DE C.

145. MACHINE POUR ÉCRASER LES GRAINES OLÉAGINEUSES, etc. —
Patente à M. BENECKE. (*Idem*; avril 1828, p. 256.)

Cette machine est un moulin semblable aux moulins à café
ordinaires, formé d'une noix garnie d'aspérités qui roule dans
un cône creux : la graine brisée est si fortement échauffée, selon M. Benecke, que l'on peut en extraire immédiatement
beaucoup d'huile par la pression.

L'auteur indique son moulin comme pouvant servir à broyer
le chocolat, le grain de moutarde, le charbon animal, etc.
G. DE C.

146. PERFECTIONNEMENT DES CROCS ET DES POULIES DE CAPON,
et de leur application ; par J.-L. HIGGINS. (*Lond. Journ. of
arts*; avril 1828, p. 34.)

L'appareil qui forme le sujet de cette patente est une espèce
de poulie mouflée, servant à faciliter les opérations qui ont lieu
quand on lève l'ancre. Le crochet par lequel l'organeau de
l'ancre est saisi, quand on le retire de l'eau, porte en arrière
un œillet ou une ouverture à travers laquelle on passe une

corde. C'est à l'aide de ce crochet, attaché à la poulie de capon, et suspendu au bossoir, que l'ancre est enlevée et retenue jusqu'à ce qu'elle puisse être déposée à bord du navire.

CHEV...T.

147. PERFECTIONNEMENS DANS LES MOYENS DE FAIRE MARCHER LES
CHARIOTS. Patente à J. VINEY et G. POCOCK. (*Ibid.*; p. 29.)

Les patentés ont pour objet d'employer un cerf-volant, comme
une voile flottante, pour traîner les vaisseaux par eau et les voitures sur terre; ainsi que pour élever les fardeaux, sauver les
naufragés, élever des signaux et une foule d'autres usages. Le
1er trait de cette invention est la construction d'un cerf-volant
qui doit se plier à l'aide d'une charnière sur la tige lorsque les
ailes s'affaisseront; 2° un distenseur mobile qui, adapté convenablement au cerf-volant, en fera déployer les ailes et les ren-
dra capables de résister à la pression du vent; 3° l'attache de
4 cordons au cerf-volant pour le diriger; et 4° la réunion d'une
suite de cerf-volans l'un devant l'autre, dans le but d'unir les
forces de ces cerf-volans pour tirer, traîner ou enlever les vaisseaux de la mer, les chariots sur la terre, etc., comme on l'a
dit ci-dessus. Quant aux particularités de la construction ou de
la forme de ces cerf-volans, en outre de ce qui vient d'être rapporté, l'auteur n'en donne aucune connaissance. CHEV....T.

148. SUR LE FROTTEMENT DES VIS ET DES ÉCROUS. Extrait des leçons de mécanique appliquée aux machines, faites en 1825
et 1826, à l'école spéciale de l'artillerie et du génie à Metz;
par M. PONCELET. (Crelle : *Journ. für die reine und ange-
wandte Mathemat.*; 2e vol., p. 293.)

L'auteur est conduit, dans ce travail analytique, à cette conséquence importante que les vis à filets carrés présentent sur
les vis à filets triangulaires un avantage représenté par le rapport 2,90 : 4,78 pour l'économie du frottement.

149. MACHINE A PRESSION D'EAU; par M. JOHN RUTHVEN, d'É-
dimbourg.

Cette machine ressemble à la machine à vapeur, dans l'arrangement de ses parties, mais avec cette différence qu'au lieu
de vapeur, c'est une colonne d'eau qui constitue la puissance

motrice. L'eau est fournie par un tuyau d'un demi pouce de diamètre, aboutissant directement à ceux des rues de la ville, et sa force en pression résulte du poids et du degré d'impulsion qu'elle acquiert progressivement en descendant du réservoir de Castle-Hill, situé à environ 150 pieds au-dessus du niveau du lieu où la force est appliquée. Le cylindre de la machine est en cuivre; il a $3\frac{1}{4}$ pouces de diamètre. La longueur de chaque coup de piston est de 3 pouces. L'arbre a un pied de long. A chaque rotation complète le volant produit environ 13 coups de piston doubles, ou 26 simples par minute : au moyen d'un poids de 20 livres suspendu à l'axe du volant, il opère environ 16 coups de piston simples par minute. Comme chaque coup de piston consomme 27 pouces cubes d'eau, il s'ensuit qu'un *galon* impérial en élevera 20 liv. à 30 pouces de hauteur, ou 50 liv. à raison d'un pied par minute. Naturellement la force de pression varie en raison de la différence de niveau existant entre le lieu où elle est appliquée et la source de la fontaine, et aussi dans la proportion que la pression primitive qui s'opère dans les tuyaux conducteurs, se trouve atténuée par les écoulemens latéraux que reçoivent les tuyaux d'embranchement intermédiaires. Mais un des principaux avantages que présente cette machine, consiste dans la simplicité du mode de sa construction : le tout est mis en mouvement à l'aide du simple véhicule de l'eau. Pour prévenir la révulsion violente que l'obstruction de l'eau, à chaque coup de piston, occasionerait en dedans du tuyau, l'auteur place sous l'arbre un cylindre dans lequel l'eau refoulée s'échappe, et en pressant contre une portion d'air renfermé, elle conserve intacte toute sa force. Ce cylindre est de verre, et on y remarque distinctement le jeu alternatif de l'eau. La descente de l'eau a été souvent employée pour produire une force motrice, mais non pas exactement d'après le principe décrit ci-dessus. Le Dr Bright parle d'une machine servant à faire jouer les pompes des mines de Hongrie, laquelle tirait sa force d'une chûte d'eau rapide. (*Lond. and Paris Observ.;* 13 juillet 1828.)

150. Extrait du rapport de la distribution des médailles d'encouragement de la Société libre d'émulation de Rouen, sur un banc à broches mécanique pour la filature du coton, pré-

senté à la Société par MM. HELLOT fils et RICARD, serruriers mécaniciens, rue Saint-Hilaire, n° 66.

« Le banc à broches de MM. Hellot fils et Ricard a sur les bancs à broches ordinaires les avantages suivans : 1° La faculté de changer le tord à volonté, au moyen de roues de rechange ; 2° celui de modifier la grosseur du boudin, par le moyen d'un pignon seulement, lequel fait produire plus ou moins de couches de coton, suivant la finesse ou la grosseur du boudin ; 3° la nouvelle mécanique permet de changer le voudage en changeant seulement la position du point d'appui du levier qui guide la poulie de friction ; 4° par son moyen, on peut obtenir le tord dans l'un ou l'autre sens, ce que jusqu'ici on avait tenté en vain d'opérer ; 5° enfin, la disposition dans laquelle s'opère le voudage permet à la machine d'être mue avec une vitesse qui n'avait pas encore été atteinte, et qu'il semble difficile de surpasser, puisqu'elle peut faire jusqu'à 400 liv. de boudin par jour ouvrier, de 14 heures, l'aune pesant 20 grains, tandis que les autres bancs à broches n'ont pu jusqu'ici faire au-delà de 200 liv.

Les filateurs déjà munis de ces machines perfectionnées, s'accordent à proclamer leur supériorité sur celles employées jusqu'à ce jour pour le même objet. M. Angrand, à Darnetal, entre autres, a certifié à vos commissaires qu'il avait fait marcher le nouveau banc à broches de manière à remplir les bobines en 13 minutes. Il faut compter 5 minutes pour retirer les bobines et les remplacer par de nouvelles ; en tout 18 minutes ; ce qui donne 30 liv. par heure, et conséquemment 420 liv. par jour de travail, le jour étant de 14 heures.

« Nous devons à l'extrême obligeance de M. Angrand, d'avoir vu fonctionner cette machine, quoique mue avec une vitesse moindre que celle ci-dessus indiquée, parceque l'établissement n'emploie que 240 à 250 liv. de coton par jour, et nous avons pu nous convaincre que le travail est parfaitement régulier.

« Bien convaincus que les perfectionnemens apportés par MM. Hellot fils et Ricard, dans la construction des bancs à broches, doivent avoir nécessairement des résultats avantageux pour la filature, et que, sous ce rapport, ils ont enrichi l'industrie rouennaise, la Société a décidé qu'une médaille d'argent leur serait décernée dans sa séance solennelle. »

CONSTRUCTIONS.

151. Exécution du projet de la rue de Bourbon a Orléans, approuvé par ordonnance du Roi du 16 septembre 1825.— Une forte brochure in-4°. Orléans, mai 1828.

Cette brochure contient, 1° le résumé des travaux préparatoires de la commission formée pour l'organisation de la société; 2° les statuts de la compagnie et 4 lithographies qui expliquent la nouvelle construction.

Le projet sanctionné par ordonnance du Roi et développé dans la brochure, paraît être d'une grande importance pour la ville qu'il concerne. La rue Bourbon, d'après les plans projetés, sera digne de la rue de Rivoli, à Paris, par la régularité et la simplicité de la construction.

152. Description d'un nouveau système d'éclairage pour les phares; par David Brewster. (*Transactions of the roy. Society of Edinburgh*, 1827.)

L'auteur rapporte, qu'en rédigeant en 1811, un article pour l'*Encyclopédie d'Édimbourg*, son attention fut dirigée sur la construction des lentilles d'une grande dimension. Il cite le moyen proposé par Buffon, qui consistait à diminuer au milieu l'épaisseur de la lentille, en la formant de 3 zones sphériques, en échellon l'une sur l'autre, et observe qu'il lui parut impossible de mettre cette idée à exécution, à moins que l'on ne formât ces zones de plusieurs pièces séparées. Il conçut dans cette vue le projet de la construction d'une lentille de 4 pieds de diamètre, destinée à concentrer les rayons du soleil, et consigna ce projet dans l'article *Burning instruments* de l'ouvrage cité ci-dessus. De plus, pour augmenter l'effet de la lentille sans en accroître le diamètre d'une manière demesurée, il proposa l'emploi d'un appareil désigné sous le nom de *Burning sphère*, dans lequel un système de miroirs plans et de lentilles sont combinés de manière à diriger sur un seul foyer les rayons du soleil qui se trouvent compris dans un espace beaucoup plus étendu que ne peut être la surface d'une seule lentille.

Suivant M. Brewster, on eut connaissance en Écosse, en 1820,

des expériences faites en France pour l'application des lentilles
aux phares. A cette occasion M. Brewster communiqua à M.
Stevenson les dispositions qu'il avait proposées pour l'exécution
et la disposition des lentilles. Mais il faut remarquer que ce
physicien n'avait jusqu'alors considéré les lentilles que comme
un instrument destiné à concentrer la chaleur des rayons solaires, et que c'est seulement en apprenant ce qui se passait en
France, qu'il conçut que les appareils qu'il avait proposés pouvaient s'appliquer à l'établissement des phares.

Les années 1820, 1821 et 1822 se passèrent sans que l'on
donnât aucune suite à ces idées en Angleterre. Pendant cet intervalle, M. Fresnel perfectionnait ses procédés, et imaginait
des moyens d'exécution. Il présenta sur ce sujet, en novembre
1822, un mémoire à l'Académie des sciences, dans lequel il décrivit ses nouveaux appareils, et particulièrement les perfectionnemens et l'extension qu'il avait été obligé d'apporter au
système des lampes de Carcel, perfectionnemens qui étaient nécessaires pour que l'on tirât de l'emploi des lentilles tous les
avantages qui devaient en résulter. A cette occasion M. Poinsot,
membre de l'Académie, lut une note (imprimée dans le *Bulletin des sciences mathématiques,* mai 1828) dans laquelle, en rendant justice aux talens de M. Fresnel, et aux services dont la
société lui était redevable, il remarqua que l'idée de construire
les lentilles à échellons au moyen de plusieurs pièces, était due
à Condorcet, qui l'avait énoncée avec assez de détails dans son
éloge de Buffon, et en avait fait remarquer les principaux avantages. M. Brewster, dans l'article que nous analysons, fait mention du mémoire de M. Fresnel; mais il ne parle pas de la note
de M. Poinsot. Il se plaint avec quelque aigreur de ce qu'on ne
fît à cette époque, à l'Académie des sciences, aucune mention
des appareils qu'il avait proposés. M. Brewster paraît oublier
que la seule mention qu'il eut été possible d'en faire, eut con-
sisté à remarquer qu'il donnait comme nouvelle, et comme lui
appartenant, une idée qui appartenait véritablement à un savant français, à Condorcet. M. Fresnel, occupé de l'exécution
matérielle de ses appareils, des essais multipliés qui sont toujours nécessaires pour amener à leur perfection les projets les
mieux conçus, était excusable de n'avoir pas connu dans tous
ses détails l'histoire d'une invention dont il croyait avoir eu la

première pensée. Peut-être M. Brewster, qui s'était occupé de cette matière en savant, en auteur d'encyclopédie, n'a-t-il pas droit aux mêmes excuses, surtout lorsque c'est 6 ans plus tard qu'il semble ignorer le fait essentiel qui a été reproduit à l'occasion du mémoire de M. Fresnel?

En 1825, M. Stevenson acheta à Paris, et emporta en Angleterre une des lentilles composées exécutées par M. Soleil, sous la direction de M. Fresnel. On montra à Londres et à Édimbourg une de ces lentilles. M. Brewster s'étonne toujours que ces instrumens aient été donnés comme des inventions françaises, tandis qu'elles étaient décrites dans des ouvrages très-répandus en Angleterre. Mais comme l'idée de construire une lentille de plusieurs pièces, l'idée d'appliquer les instrumens à l'usage des phares, les procédés d'exécution, sont dus à la France, on ne voit pas ce qui peut rester à M. Brewster, si ce n'est le tracé des figures de l'article *Burning instruments* de l'Encyclopédie d'Édimbourg, tracé dont on lui laissera sans peine le mérite, en remarquant, toutefois, que lorsqu'on se plaint si amèrement de ne pas avoir été cité, il faudrait avoir soi-même le soin de citer, et ne pas s'attribuer les inventions qui appartiennent à d'autres.

Le reste du mémoire de M. Brewster est employé à l'exposition et à la discussion des principaux objets qui se rapportent à l'établissement des phares. C'est ainsi qu'il traite successivement.

1° Des défauts du système actuel d'éclairage consistant dans l'emploi des réflecteurs. Ces défauts consistent principalement dans l'imperfection de la matière du réflecteur, qui absorbe et disperse une partie considérable de la lumière produite par la lampe; dans l'imperfection de la figure de la surface parabolique, et enfin dans la grosseur de la flamme, dont toutes les parties ne peuvent pas se trouver dans le foyer de la parabole.

2° De la construction et des propriétés des lentilles formées de plusieurs zones sphériques. L'auteur fait valoir les avantages de ce système, et surtout les moyens qu'il fournit pour varier et augmenter beaucoup l'intensité de la lumière.

3° De la combinaison des lentilles avec miroirs plans et sphériques, pour former des feux fixes et tournans. Ces objets ont été traités dans le mémoire de M. Fresnel.

4° De l'établissement des feux susceptibles d'être distingués les uns des autres. Les moyens que l'on peut employer à cet effet consistent, 1° à faire paraître et disparaître alternativement une ou plusieurs lumières, en les faisant tourner autour d'un axe vertical; 2° en colorant les rayons de lumière des diverses couleurs du spectre; 3° en combinant ces deux procédés. D'après les expériences de M. Stevenson sur les phares à réflecteur, la couleur rouge était la seule qui pût être employée, parceque toutes les autres diminuaient trop l'éclat de la lumière. Mais, suivant l'auteur, l'usage des lentilles permettra d'en employer d'autres, et il suffira d'une plaque de petite dimension, placée près du bec de la lampe.

5° De l'usage momentané et accidentel d'une lumière très-vive dans les phares. L'emploi d'une semblable lumière pourrait être utile pendant un brouillard très-épais, et serait préférable aux cloches dont on se sert au phare de Bell-Rock. M. W. Herschel avait proposé la combustion du charbon par l'action d'un courant galvanique. L'auteur essaya, en 1820, l'emploi d'une plaque mince de chaux exposée à la chaleur du chalumeau. M. Drummond eut ensuite l'idée de produire une lumière très-intense au moyen d'une boule de chaux de $\frac{1}{4}$ pouce de diamètre, sur laquelle il dirigeait 3 flammes d'alcool au moyen d'un courant de gaz oxigène. La lumière produite de cette manière était 83 fois plus vive que celle de la partie la plus brillante d'une lampe d'Argand. Le Dr Hope produisait le même effet en dirigeant sur une boule de chaux une flamme d'oxigène et d'hydrogène provenant de deux capacités séparées; et le Dr Turner en employant l'oxigène avec le gaz de l'huile comprimé.

6° De l'emploi du gaz dans les phares. L'auteur fait valoir les avantages qui pourraient en résulter, et remarque surtout que l'on pourrait souvent, par ce moyen, se dispenser des réflecteurs ou des lentilles, puisque un seul bec à gaz, avec 4 ou 5 flammes concentriques, donnerait une lumière fort supérieure à celle des 24 grandes chandelles qui ont été employées pendant 35 ans au phare d'Eddystone après sa reconstruction par le célèbre Smeaton.   N.

153. NOTICE SUR LE JAUGEAGE DE LA NÉVA ET DE SES DIFFÉRENS BRAS. (*Journal des voies de communication*, publié à Saint-Pétersbourg, pour 1826, n° 2, p. 33.)

Cette notice indique les moyens employés par M. le lieut.-col. Henry pour faire ces jaugeages, ainsi que les résultats obtenus.

L'observation de la vîtesse à la surface a été faite au moyen de morceaux circulaires de liège doublés de plomb de manière à être presqu'entièrement immergés.

On rapporte aussi 7 observations de la vîtesse moyenne ayant lieu dans un plan vertical parallèle au courant; elles ont été faites au moyen d'un ou de plusieurs cylindres en bois ayant une longueur totale égale à la profondeur de l'eau, et lestés en plomb par leur bout inférieur, de manière à être verticaux et entièrement plongés. La profondeur a varié de 1 sag. 592 (3 m. 40) à 4 sag. 791 (10 m., 22); la vîtesse à la surface, depuis o sag. 204 (o m., 43) jusqu'à o sag., 417 (o m., 889); la vîtesse moyenne, observée dans la verticale correspondante à la vîtesse à la surface précédente, a varié de o sag., 162 (o m., 345) à o sag., 340 (o m., 725), et le rapport entre ces deux vîtesses a varié depuis o sag., 715 jusqu'à 0,903, et a eu pour moyenne 0,825.

Ce rapport n'est point celui que M. de Prony a déduit des expériences de Dubuat, et qu'il a exprimé par $u = v \dfrac{v \times 2.37}{v \times 3.15}$.

ici u est la vîtesse moyenne générale pour toute une section en travers, et v est la vîtesse maximum du milieu du courant. Dubuat ainsi que M. de Prony observent avec beaucoup de raison, que les expériences ont été faites sur des cours d'eau trop petits, pour que les résultats qu'elles ont donnés, puissent s'appliquer à de grandes rivières.

Quoiqu'il en soit, c'est la formule précédente que l'auteur du jaugeage de la Néva a employée pour déduire de la vîtesse observée à la surface, la vîtesse moyenne de tous les filets d'eau que rencontre une même verticale.

Il a divisé une même section de la rivière en trapèzes de 10 sag. (21 m., 34) environ de largeur, et pour chacun d'eux il a observé la vîtesse à la surface, d'où il a déduit la vîtesse moyenne correspondante par le moyen précédent.

Huit jaugeages ont été faits; 4 de la Néva réunie en un seul lit, 2 sur les 2 bras principaux en lesquels cette rivière se divise, et les 2 derniers sur 2 des branches principales qui se partagent les cours de l'un des bras précédens.

Des 8 jaugeages présentés, les 6 premiers donnent 5 produits de toute la rivière, et prouvent que la Néva, réunie en un seul lit, avant de se diviser en plusieurs bras, pour couler dans le golfe de Finlande, donne 116,000 pieds anglais cubes, ou (3,284 m. c.) par seconde. Il n'est pas dit si les eaux étaient basses au moment des jaugeages.

Pour les 4 sections qui comprenaient tout le volume des eaux, la largeur varie de 158 sag. (337 m., 11) à 278 sag. (593 m., 14); les surfaces des sections de 718 sag. (3,268 m.) à 1,451 sag. (6,605 m.); la profondeur augmente de l'amont à l'aval depuis 5 sag. 45 (11 m., 63) jusqu'à 8 sag., 48 (28 m., 09). La vîtesse maximum à la surface, diminue de l'amont à l'aval, depuis 0 sag., 841 (1 m., 79) jusqu'à 0 sag., 476 (1 m., 015).

A l'une de ces sections on a nivellé la rivière en aval, et la pente par mètre I, qui a été trouvée de 0 m., 0267 pour mille mètres, la vîtesse moyenne V que l'on obtient en divisant le produit par la section, ainsi que le rayon moyen R, quotient de la section par le périmètre mouillé, ont satisfait à l'équation entre ces quantités, qui est comme on sait.

$$V = -0.07 \times \sqrt{0.005 \times 3233\,RI}.$$

Paris, 14 juillet 1828.

Duleau.

154. Sur les travaux des ingénieurs des voies de communication, en Russie. (*Ibid.*; n° 2, p. 26.)

On promet l'annonce des travaux théoriques et pratiques des ingénieurs des voies de communication; on rappelle la création de ce corps, qui a suivi celle de l'*Institut* (ou école préparatoire à celles des divers services publics), et pour laquelle l'empereur Alexandre fit venir de France 4 ingénieurs des ponts et chaussées, MM. Fabre, Bazaine, Potier et Destrem. Pour commencer l'indication des travaux théoriques de ce corps, dont l'existence est toute nouvelle, on annonce un *Traité de géométrie descriptive*, publié en 1816 par le lieutenant-colonel Potier; dans cet ouvrage l'*analyse est entièrement séparée des méthodes de projection; et les élèves, ajoute-t-on, ont fait de bien plus grands progrès depuis que cet ouvrage est entre leurs mains.* On annonce aussi une traduction russe de cet ouvrage par le lieutenant Sévastianof. On fait connaître les récompenses accordées par l'empereur à l'auteur et au traducteur. Du.

155. Canal de Nantes a Brest.

A 3 lieues de Carhaix, sur la route de Carhaix à Rostrenen, près du bourg de Glomel, se trouve une plaine couverte d'a-joncs, que doit traverser le canal de Nantes à Brest. Comme cette plaine est plus élevée que les terrains qui l'entourent, il est nécessaire de la creuser pour se procurer des eaux suffisantes à la navigation. Il y a trois ans que des travaux y sont commencés; cependant ils sont encore loin d'être à leur terme. Dans l'espace d'une demi-lieue, on voit des terres amoncelées qui indiquent de loin aux curieux, le but de leur voyage. Le terrain qu'il a fallu couper ainsi, est composé, en presque totalité, de couches d'un schiste très-friable, coupé fréquemment par des veines d'un quartz ferrugineux. Ces travaux sont exécutés, partie par des hommes gagés, partie par des condamnés. Ces derniers ne reçoivent que moitié de ce qu'ils gagnent au-delà de 16 sous par jour : le surplus va au gouvernement. Au point culminant, la profondeur du canal doit être de 73 pieds ; sa largeur de 300 ; mais les déblais entassés sur chaque rive ajouteront considérablement à ces dimensions. La cuvette aura 30 pieds de largeur, et les deux côtés seront taillés en plans inclinés qui viendront y aboutir. (*Le Breton*; 20 janvier 1827, n° 26.)

156. Tunnel de la Tamise.

Quelques journaux de Londres ont reçu une lettre signée : « L'un des membres de la compagnie du Tunnel de la Tamise, » dans laquelle l'auteur, après avoir insisté sur la nécessité de conduire l'entreprise à fin, fait, à cet égard, les réflexions suivantes :

« On a dépensé environ 135,000 livres sterl. tant en acquisitions de terrains, de maisons et de machines, qu'en constructions qui ont porté le Tunnel à une distance de 600 pieds, c'est-à-dire à à peu près la moitié de sa longueur totale. Mais à en juger par un tel succès, peut-on raisonnablement douter que l'on puisse venir à bout de construire les 500 pieds de Tunnel qui restent à faire ? car on ne doit pas supposer, et on n'a aucune raison de supposer que le terrain à traverser soit moins propice que celui qui a déjà été exploité. On peut calculer que la seconde

partie de l'ouvrage coûtera à peu près autant que la première,
c'est-à-dire 135,000 l.st.; et c'est le capital dont on a présentement
besoin. L'intérêt de cette somme, au taux de 5 pour cent,
n'est que de 6,750 liv. sterl.; et il y a peu de travaux publics
qui paient au delà de 2 $\frac{1}{2}$ pour cent; de façon que, même en
admettant que la dépense monte à 270,000 liv. st., l'intérêt à
2 $\frac{1}{2}$ pour cent, ne s'élèverait qu'à 6,750 liv. st. Peut-on douter
un moment que la perception du droit de péage du Tun-
nel rapportât au moins cette somme? Que celui qui concevrait
un pareil doute, veuille bien faire attention aux faits suivans :
Il fut démontré, il y a quelques années, à la Chambre des communes, que le nombre des individus, des voitures, etc., qui pas-
saient journellement sur le pont de Londres, était ainsi qu'il
suit, savoir :

Piétons, 89,640 à 1 d. chacun............l. st. 373 10 0
Chariots ,709 à 1 s........................ 38   9 0
Charettes, 2,924 à 8 d..................... 97 19 4
Carosses, 1,240 à 1 s...................... 62   0 0
Gigs, etc., 485, à 6 d.................... 12   2 6
Chevaux, 764, à 3 d...................... 9 11 0

                    Revenu quotidien 593 1 10

Ce qui donne un revenu annuel de.......l. st. 216,460,3 s.

Au pont de Waterloo, les recettes furent l'année dernière;
savoir : pour les piétons, de.............. £ 10,789. 13. 6.
— les chevaux et les voitures..... 2,899. 5. 9.

                    Total 13,668. 19. 3

Le produit du pont de Southwark, pendant
la même année, fut; savoir :
Pour les piétons..................... 5,389 2 5.
— les chevaux et les voitures,......... 1,347 5 7.

                    Total 6,736 8 0.

Le pont du Vauxhall rend annuellement.... 8,000 0.

Ces relevés offrent d'importans résultats. On y voit que les
piétons paient à eux seuls au moins les 2 tiers du revenu. Les
ponts de Waterloo et de Southwark sont à peu près des ponts
francs; le nombre des piétons qui les fréquentent paraît peu

sensible, et cependant leur produit est considérable. Mais le Tunnel est à 2 milles du pont de Londres, et dans le centre du port de la capitale, dans un district plein de manufacturiers et d'habitans qui ne demanderaient pas mieux d'établir entre eux des relations de commerce et d'industrie sans la barrière que met entre eux les rivières. Peut-on supposer un instant que si cet obstacle se trouvait écarté par l'établissement du Tunnel, le trafic ne serait pas sur ce point plus important que celui qui se fait par les ponts soit du Vauxhall, soit de Waterloo ou de Southwark, particulièrement pour les piétons, les chariots, les charrettes et le bétail? Le revenu du pont de Waterloo étant de 13,688 *e.* paierait 5 pour cent sur un capital de 273,760 l. st., ce qui est plus que le Tunnel coûtera probablement, y compris une ample allocation pour les cas fortuits, surtout si les prêteurs se contentaient de 4 pour cent; dans ce cas son produit couvrirait un capital de 342,200 l. st..; et il est très peu de travaux publics dont on se plaindrait s'ils ne payaient que 4 pour cent d'intérêt. Le gouvernement n'en reçoit pas davantage pour ses avances relatives à la construction de Londres. Mais il est contre toute espèce de probabilité que celle du Tunnel coûte jamais une telle somme. Dans ce cas, je ne vois pas pourquoi on renoncerait à une entreprise qui a fixé sur nous les regards de toute l'Europe, et dont l'objet peut être considéré, en quelque sorte, comme un grand monument national. (*Galign. Messeng.*; 25 avril 1828.)

157. Sur les Houillères d'Anzin.

Les 3 concessions d'Anzin, de Fresne et de Vieux-Condé, réunies dans la main d'une seule compagnie, comprennent une étendue d'environ 30,000 hectares (près de 20 lieues carrées), et l'on n'en a encore exploité qu'une très faible portion. On y compte dans ce moment 29 puits d'extraction, 9 d'épuisement, 3 d'airage; il y a 9 puits en creusement. Le puits le plus profond est celui de Beaujardin, où l'on extrait à 400 mètres ; les autres ont de 150 à 300 mètres.

Les puits d'épuisement sont desservis par 5 machines à vapeur du système de Watt et Bolton de 70 chevaux et 4 de 50 chevaux, à la Newcomen; leur force équivaut à celle de 540 chevaux travaillant ensemble : on peut évaluer à 250 mètres la profondeur moyenne à laquelle les pompes prennent l'eau, en sorte que les machines peuvent élever 120 mètres cubes d'eau par heure, à près de 6 fois la hauteur de la colonne de la place Vendôme.

Douze machines de Périer'et 15 d'Edwards sont employées à l'extraction du charbon; elles réunissent une force de 224 chevaux. L'extraction de la houille ne se fait guère qu'à 200 mètres de profondeur moyenne; ainsi, dans une journée où les 27 machines travailleraient sans discontinuité pendant 24 heures, elles pourraient élever au jour environ 30,000 hectolitres de houille; il ne faut pas conclure de là que le bassin houiller donne 9 millions d'hectolitres par an : il ne paraît pas que l'exploitation ait jamais excédé la moitié de cette quantité.

Une population d'environ 5,000 individus subsiste soit des travaux souterrains des mines d'Anzin, soit des travaux accessoires. On compte dans le pays 3,000 ouvriers mineurs, dont le tiers se compose d'enfans de dix à dix-huit ans, employés pour la plupart sous le nom de *hercheurs,* au trainage dans les mines. La journée de travail souterrain est de huit à dix heures; elle se paie de 1 fr. 20 c. à 2 fr., lorsqu'au jour elle est de 1 fr. à 1 f. 50 c. Le prix des journées de mineurs sont à Anzin, à peu près la moitié de ce qu'ils sont dans le bassin de la Loire; c'est peu, si l'on considère que le travail des mines, sans abréger sensiblement la vie de l'ouvrier, appelle sur lui une vieillesse prématurée; cette modicité des prix de la journée à Anzin est compensée d'une manière, à certains égards, avantageuse à ceux qui croiraient peut-être avoir le plus à s'en plaindre. La compagnie propriétaire des mines distribue d'abondans secours aux ouvriers malades, dont le nombre est ordinairement de 60 à 100; elle salarie pour ce service 5 médecins. Les ouvriers qui se retirent jouissent de pensions qui varient, suivant leur service, entre 10 et 30 fr. par mois, et dont moitié est reversible sur leurs veuves; tout orphelin de père reçoit 3 fr. par mois jusqu'à l'âge de dix ans; enfin la compagnie entretient trois écoles d'enseignement mutuel : on assure que les sommes employées à ces secours de toute nature, approchent, chaque année, de 200,000 f.

De notables améliorations ont été introduites, depuis quelques années, dans les mines d'Anzin, et sont dues en grande partie à l'administration éclairée et au zèle actif du directeur actuel, M. Paulze d'Yvoy. Au premier rang se trouvent celles qui ont eu pour objet l'amélioration de l'airage, et qui ont eu un effet marqué sur la santé des mineurs. L'introduction des lampes de sûreté de Davy, dans toutes les couches de houille sujettes au dégagement du gaz hydrogène carburé, a, pour ainsi dire, supprimé des accidens dont le renouvellement était autrefois très fréquent. Les mines d'Anzin ont été les premières où l'on ait fait, en grand, usage des chemins à ornières de bois; depuis 4 ans on y a substitué des chemins de fonte, et l'on a trouvé l'économie d'entretien et de forces qui résulte de cette nouvelle disposition, très-supérieure à l'intérêt du capital dont elle a nécessité l'émission. L'opinion des propriétaires est que le fer forgé est préférable à la fonte pour ces sortes de chemins : ils se proposent d'en établir incessamment pour les transports au jour.

Les mines d'Anzin, traversées par l'Escaut, sont en communication par ce fleuve avec tous les ports et tous les canaux de la Belgique; mais un droit de 1 f. 70 c. par hectolitre et supérieur à la valeur de la marchandise, que le gouvernement des Pays-pas a mis sur l'entrée des charbons français, a totalement fermé un débouché par lequel s'écoulaient jadis sept à huit cent mille hectolitres par an. Le développement toujours croissant de la consommation de ce combustible en France a fait plus que rétablir l'ancien équilibre; les canaux de la Flandre conduisent les charbons d'Anzin dans le port de Dunkerque et dans toutes les villes importantes des départemens du Nord et Pas-de-Calais; le canal du Duc d'Angoulême les répandra bientôt sur tous les bords de la Somme. Si ces canaux étaient convenablement entretenus, si les droits de navigation y étaient combinés avec un peu plus de discernement, il en résulterait une grande extension dans l'extraction de la houille et son commerce. La comparaison de ce qui est, avec ce qui pourrait être, n'est nulle part plus triste que sur le canal de Saint-Quentin, par lequel les charbons flamands arrivent dans le bassin de la seine, à Paris et à Rouen, et qui semblerait en être le principal débouché. Ce canal n'est navigable qu'à demi-charge, et avec de telles difficultés qu'un bateau met de 4 à 5 mois à faire le trajet d'Anzin à Paris, trajet que le roulage fait en 5 jours. Après cela il ne faut pas se demander qui est chargé de l'entretien. Si l'administration actuelle avait le temps de s'occuper des intérêts de l'industrie, elle pourrait lui donner une grande preuve de sa sollicitude, en cessant de s'occuper de ce canal, et en confiant le soin de l'entretenir, à des particuliers qui s'en tireraient à beaucoup meilleur marché, et ne laisseraient pas dépérir entre leurs mains cette grande entreprise.

Les détails qui précèdent, suffisent pour donner une idée de l'importance des mines d'Anzin, et de l'influence qu'elles exercent dans le rayon de leur débouché; elles mettent en circulation une valeur brute en combustible de 5 à 9 millions, dont une grande partie, consommée par l'industrie, lui fournit un de ses plus énergiques agens de reproduction. Le développement de la consommation de la houille est un des gages les plus assurés de la prospérité d'un pays; et de tous les moyens de le favoriser, l'amélioration des communications est incontestablement le plus efficace. (*Rev. encyclop.*; janvier 1827, p. 3o6.

158. Perfectionnement pour mettre en sûreté les vaisseaux. Patente à S. Palmer, de la Fons et W. Lattlewart. (*London Journ. of arts;* avr. 1828, p. 2.)

On se procure une grande enveloppe conique en fer traversée par un tuyau dans la direction de son axe, ce tuyau est disposé de manière à conserver une position verticale, malgré l'inégalité du terrain sur lequel la base de l'enveloppe conique puisse reposer. Après avoir introduit un pieu dans ce tuyau, on le descend avec l'enlevoppe conique au fond du port ou du fleuve, à l'aide d'une grue ou d'un vindas monté sur une plate-forme entre 2 vaisseaux stationnaires placés au-dessus du lieu où l'on doit enfoncer le pieu. L'enveloppe conique reposant alors sur le terrain avec le pieu vertical, la pointe en bas, on attache une chaîne à un anneau de fer au sommet du pieu; cette chaîne est ensuite fixée supérieurement à un appareil ordinaire pour enfoncer les pieux. On fait alors tomber le mouton qui, coulant le long de la chaîne, frappe la tête du pieu et, par des coups répétés, le fait entrer en terre. Lorsque le pieu a été enfoncé assez avant, on retire l'enveloppe conique, et les navires avec l'appareil sont transférés à une autre station, afin d'enfoncer un 2e pieu, et ainsi de suite jusqu'à ce que l'on ait fixé tous les pieux dont on a besoin. Suivant l'auteur, on tendrait des chaînes de ces pieux aux bouées flottantes et les navires seraient amarrés à ces chaînes.   Chev...t.

159. Le navire a vapeur le Souffleur.

Ce navire commandé par M. Fauchy, enseigne de vaisseau, est arrivé ces jours derniers de Cherbourg au Hâvre, il vient de partir pour Rouen, où il prendra son appareil pour se rendre ensuite dans la Méditerranée. Le Souffleur a la longueur d'une frégate de 44 canons : 20 caronades de 36 et 3 canons de 80 composeront son armement. Ces dernières pièces d'artillerie, qui viennent d'être expérimentées à Vincennes, ne portent pas les projectiles à une plus grande distance que les canons de 24 ; mais le diamètre d'un boulet de 80 livres, produit un dommage double de celui qui, dans les combats, résultait déjà du calibre de 36. (*Nouv. journ. de Paris ;* 17 juill. 1828, p. 2.)

160. Ponts de cordes suspendus, aux Indes orientales.

La gazette de Calcutta, après avoir rappelé un accident occasioné par la rupture d'un sangah ou pont de torrent, dit : « Nous sommes informés qu'il existe maintenant sur les rivières de l'Almorah, 4 ponts de cordes dont l'amplitude diffère de 130 à 175 pieds. Ces ponts sont établis, l'un, bâti en 1825, sur la Kossilah, à Hawul Bagh (station de Kemaon); et les 3 autres, construits l'année dernière, sur les rivières de Bulleah, de Ramgur et de Sawul, qui coupent la grande route de Dâk de l'Almorah aux plaines. Ces ouvrages d'art remplacent les ponts de bois qui, jusques-là, avaient été construits à grands frais par ordre du gouvernement, et que la rapidité des courans et la nature du sol avaient constamment fait fléchir. Les ponts de corde actuels ont été tous construits par des ingénieurs, d'après un modèle envoyé à cet effet; et un comité de gens de l'art, nommé par le gouvernement, est chargé de surveiller l'exécution de ces travaux, et de lui faire rapport de leur état. On travaille en ce moment à d'autres ponts de la même espèce, mais de plus grandes dimensions. Ces sortes d'ouvrages sont aujourd'hui généralement adoptés dans l'Inde. » (*Asiatic journ. ;* mai 1828, p. 678.)

MÉLANGES.

161. Des Métaux en France. — Rapport fait au Jury central de l'exposition des produits de l'industrie française de l'année

1827 sur les objets relatifs à la métallurgie; par B. A. M. Héron de Villefosse. 1 vol. in-8° de 222 p. Paris, 1827; Mme Huzard.

Ce rapport est le résultat des travaux de la commission chargée de l'examen des métaux au Louvre. Cette commission était composée de MM. le vicomte Héricart de Thury, Mollard, Migneron, et Héron de Villefosse, rapporteur.

Le rapport est divisé en 3 parties. La 1re est un coup-d'œil sur l'ensemble des produits métallurgiques exposés en 1817. Ainsi elle s'occupe des mines et minières métalliques de la France, et de leurs produits; des métaux bruts importés depuis 1819, de la consommation métallique de la France en 1822 et 26, etc., etc.

La 2e partie est consacrée aux détails concernant les produits métallurgiques exposés en 1827 au Louvre. Elle passe successivement en revue tous les métaux usuels, la fonte, l'acier et les produits du fer en outils, la tole, le fer blanc, les cardes, les peignes, toiles métalliques, coutellerie, les armes, etc.

La 3e partie donne une liste indicative des distinctions accordées par le roi relativement aux arts métalliques, par suite de l'exposition française de 1817.

162. Manuel complet du marchand papetier et du régleur, contenant la connaissance des papiers divers; la fabrication des crayons naturels et factices, gris, noirs et colorés; celle des encres à écrire ordinaires et indélébiles, des encres d'imprimerie, de lithographie, d'autographie, de la Chine; des encres de couleur et de sympathie; la préparation des plumes, des pains et de la cire à cacheter, de la colle à bouche, des sables, etc.; par MM. Julia Fontenelle et P. Poisson. In-18, avec 2 pl.; prix, 3 fr. Paris, 1828; Roret.

Ce travail, ainsi que le titre l'indique, comprend tout ce qu'il était possible de réunir dans son cadre et il mérite justement le titre de complet. C'est un recueil de procédés, de formules et de recettes qui pourront être utiles aux nombreuses personnes qu'intéresse la matière usuelle de ce traité.

163. Le Plectroeuphon.

On a constamment essayé, sans succès durable, de donner

au piano ce charme d'exécution auquel s'oppose l'impossibilité
où il se trouve de prolonger les sons, seule chose qui manque à
son organisation. Dans ce but, des tentatives multipliées ont
été faites. On a surtout tenté de suppléer au défaut d'expression par la variété des effets. C'est probablement dans cette intention qu'en 1810, un amateur, M. de St.-Pern, a inventé,
sous le nom d'*organon-lyricon*, un instrument réunissant autour
du piano ordinaire une douzaine d'instrumens à vent, toujours
prêts à converser avec lui. Par un mécanisme très-ingénieux,
mais un peu embarrassant, l'exécutant peut, à l'aide d'un double
clavier, faire entendre isolément, ou le piano, ou tel jeu de'
flûte ou hautbois, ou mêler ensemble leurs voix réunies.

Plus tard, M. Dietz a fait paraître son *clavi-harpe*. Il a mis en
vibration des cordes de harpe, au moyen de petites pinces agissant à peu près comme les doigts sur ces cordes, à l'aide d'un
clavier ordinaire. M. Dietz est parvenu ainsi à résoudre une
grande difficulté, celle de modifier et de graduer à volonté les
sons, mais non de les soutenir.

Le même facteur a livré au public le *Trochléon*, instrument
de forme ronde, garni de touches métalliques mises en vibration par un archet circulaire qu'une pédale fait mouvoir.

Beaucoup d'amateurs connaissent l'*Orchestrino*, confectionné
à Moscou par M. Poulleau, et que son inventeur a fait entendre
à Nantes. Cet instrument, qui a précédé le *Trochléon*, se jouait
comme un clavecin : il imitait le violon, la basse, le violoncelle,
la viole d'amour et les orgues. M. Poulleau en a emporté le secret dans la tombe. Sans doute la vielle, à laquelle on accorde
plus d'ancienneté qu'au violon même, a fourni la première idée
de l'*Orchestrino*; car on sait qu'on joue de la vielle au moyen
de touches et d'une roue-archet bien polie et frottée de colo-
phane. Les touches étant pressées en-dessous du clavier par les
doigts de la main gauche, pressent à leur tour l'une des cordes
de la vielle et la portent sur la roue-archet, qui la fait résonner
au grave ou à l'aigu, selon que l'action des touches lui enlève,
plus ou moins de sa longueur. L'autre corde n'étant pas soumise
à cette action, donne toujours la même note, qui est, pour l'ordinaire, la dominante, et forme ainsi une espèce d'accompagne-
ment. On voit des joueurs de vielle gouverner leur manivelle
avec tant d'art, qu'elle imite souvent la pureté de l'archet du

violon, de manière à exciter l'étonnement des musiciens exercés.

Récemment, M. Eschembach, dans son *Eolodicon*, a imaginé, en trouvant le principe de sa découverte dans la harpe d'Eole et la guimbarde, de produire à volonté les vibrations sonores par un soufflet employé à faire vibrer, non des cordes tendues, mais des ressorts métalliques fixés par une extrémité et libres de l'autre.

M. Léonard Maëlzel, frère du célèbre inventeur du métronome, a trouvé à Vienne l'*Harmonic d'Orphée*. Cet instrument produit des sons flûtés, qui se prolongent aussi long-temps que le doigt ne quitte pas la touche, et qui peuvent être renforcés ou affaiblis à volonté. M. Mott, de Brighton, a fait connaître un instrument où les notes sont soutenues, et qu'il appelle *sostenante-piano-forte*. — En novembre 1821, M. Hackel a fait entendre à Vienne un instrument qu'il nomme *Physharmonica*. Il a 3 octaves, imite les instrumens à vent, et est susceptible de toutes les modulations musicales.

Enfin, en 1812, l'abbé Grégoire Trentin a donné un instrument de son invention : le *Violicimbalo*. Il a la forme d'un grand piano à queue, et est monté en cordes de boyau, lesquelles, accrochées tour-à-tour ou simultanément par les touches du clavier, sont mises en contact avec un archet cylindrique que le pied de l'exécutant fait tourner. Cet archet est garni de crins comme celui du violon; ces crins sont retenus, par leurs extrémités, dans un tissu de laine. Ce nouveau piano est de six octaves. Il est peut-être le plus perfectionné parmi ceux du même genre; cependant il pèche par la composition de l'archet qui lui donne des sons criards : il ne possède point l'archet sans suture de M. Poulleau, d'une composition dont ce dernier n'a pas révélé le secret avant de mourir, mais qui, si nous en jugeons par les effets, est remplacé, avec beaucoup de supériorité, par l'instrument que vient d'inventer M. Gama, facteur de piano à Nantes. — Toutes les découvertes que nous venons d'indiquer, étaient connues de M. Gama; mais il n'en redoute pas la concurrence, parce qu'il en sait les inconvéniens. Dans quelques-unes, les cordes se rompent avec facilité ou se montent difficilement; les autres tiennent beaucoup trop de place ou causent une grande fatigue à l'exécutant. Il s'est bien gardé de les copier; toutefois, en homme instruit dans son art, il a profité des fautes de ses prédécesseurs pour les éviter.

M. Gama donne à cet instrument le nom de Plectroeuphon, πλησσω ευφωνος, *archet harmonieux*. Aussi facile à toucher que le piano, il offre le précieux avantage de filer les sons, de les renforcer, et de les affaiblir à volonté et par gradation. En remplaçant à l'occasion un quatuor d'instrumens à cordes, il offrira bien autrement de ressources que le piano pour reproduire les partitions qu'il est impossible d'arranger, pour ce dernier, sans de nombreux changemens; au point que les intentions de l'auteur en deviennent méconnaissables. En outre, nous croyons que les chanteurs ne balanceront pas un instant à choisir le *Plectroeuphon* pour accompagnateur : il soutiendra mieux la voix que le piano, sans cependant la couvrir. Nous avons dit qu'il pouvait remplacer un quatuor d'instrumens à cordes; nous ajouterons qu'il rappelle les sons si agréables du *medium* du violoncelle et les sons graves de la basse, de manière à faire une illusion complète. On conçoit alors quelle expression ravissante il peut offrir dans les mouvemens lents, qu'il ne faut pas songer à obtenir du piano ordinaire. Mais il sera surtout recherché par les musiciens qui, privés d'orchestre et fatigués de ne pouvoir demander au piano que des notes frappées, l'abandonnaient la plupart du temps avec dépit, dans l'impossibilité de produire les effets des compositions dramatiques dans leurs accompagnemens. Avec l'instrument de M. Gama, il n'est pas besoin de ces *tremolo* et de ces batteries monotones pour remplacer les notes soutenues; car ces dernières notes sont rendues avec le même sentiment que sur les instrumens à cordes. (*Le Breton ;* 13 déc. 1827, p. 672.)

164. Sur les forges et usines de feu M. Bataschef·, appartenant aujourd'hui au lieutenant-général Schépélef. (Annales patriotiques. — *Otietschestvennia Zapisski ;* avril, mai et juin 1826, n°s 72, 73 et 74.)

La majeure partie de cette propriété est située dans le gouvernement de Nijégorod, l'autre sur les deux rives de l'Oka, dans les provinces de Vladimir et de Tambof. Le principal de ces établissemens, qui est aussi la résidence des propriétaires, porte le nom de Vouikounsk, et se trouve à 55° 14′ de latitude septentrionale et à 11° 36′ de longitude orientale du méridien de Pétersbourg.

Daniel Géleznikof et les frères Miazdrikof, habitans de Mourom, qui les premiers découvrirent des mines de fer dans ces
contrées, reçurent à cette occasion, en 1724, du collége des
mines l'autorisation de construire des forges dans le district
d'Ounjensk, sur les bords de la petite rivière de Snavédi. Mais
les brigands, qui infestaient les forêts de Mourom, ayant brûlé
les constructions élevées par Geleznikof et Miazdrikof, ceux-ci
se trouvèrent dans l'impossibilité de relever leurs usines.

En 1755, André et Jean, fils de Rodion Bataschef, fabricant
de Toula, ayant découvert une belle mine non loin des lieux
dont nous venons de parler, dans l'arrondissement de Kam-
mofsk, furent également autorisés à y élever une fabrique. Indépendamment des avantages que leur offrait la rivière d'Ounja,
ils reçurent encore du prince Dolgorouky, dans les terres duquel se trouvait leur mine, le droit de prendre tout le bois qui
leur serait nécessaire, à la seule charge de payer au prince une
somme annuelle de 45 r., jusqu'à ce qu'ils jugeassent à propos
de ne plus conserver leur établissement.

Tandis que les forges d'*Eremschinsk* appartenant aux princes
Repnin, n'étaient d'aucun rapport, celle que les Bataschef
avaient construite sur l'Ounja parvint à un tel degré de prospérité, qu'ils furent bientôt en état d'en établir, en 1749, une
plus considérable, qui porte le nom de *Goussef*. Plus tard ils
achetèrent tout le terrain où les habitans de Mourom avaient
découvert des mines de fer en 1724 et en 1767. Ils firent bâtir
la forge de *Vouiksounsk* sur la rivière de Vouiksa, un peu plus
haut que l'endroit où elle se jette dans la Géleznitza; et enfin, à
la même époque, à 13 verstes à l'est de la forge de Vouiksounsk,
ils fondèrent sur la Véletma un autre établissement pour le fer
de fonte; ils firent plus, en 1773, la forge d'Ilef fut construite
par eux à 70 verstes sud-est de celle de Vouïskounsky, et postérieurement encore, c. à d. en 1776, ils acquirent des princes
Repnin l'usine d'Eremschinsk avec toutes ses dépendances.

En 1770, ils en formèrent une nouvelle, celle de Géleznitsky,
à 8 verstes de Vouïskounsk, pour le fer en feuilles, et une autre
encore nommée Pristansk sur la rive même de l'Oka. Leur forge
de Verkoujensk, presqu'à la source de l'Ounja, à 50 verstes
sud-ouest de Vouïskounsk, ne fut construite qu'en 1783.

Jusqu'alors les propriétés des deux frères étaient restées en commun; mais cette année même ils se séparèrent. Les forges de Goussef, Eremschinsk, Ilef et Verkhounjensk échurent en partage à André Bataschef, et Jean conserva celles de Vouïksounsk, Viletma, Ounjensk et Géleznitsky. Ce dernier ne cessa de s'occuper de la multiplication et de l'amélioration de ses forges. En 1784, il en fonda une nouvelle qu'il nomma Snavedsky, du nom de la Snavéda, sur laquelle elle est construite, et en 1791, il acheta au prince Dolgorouky tout le terrain où s'élevait sa forge d'Ounjensk, avec tous les villages et bois en dépendant. Ce fut dans l'année 1798 qu'il fit bâtir sur la Géleznitsa une forge de faulx, et en 1803, à une verste et demie de cette dernière, qu'il établit celle de fil de fer.

D'après les derniers états présentés à la mort de Bataschef, le nombre des hommes à lui appartenant s'élevait à 12,528, tant maîtres qu'ouvriers et paysans; et l'espace de terre occupé par ces individus présentait une surface de 148,967 dessiatines, 1,455 sagènes carrées.

Par la mort des enfans et petits-enfans de Bataschef, tous ces biens échurent au lieutenant-général Schépélef, qui avait épousé l'une des filles du défunt, et personne n'était plus en état d'entrer dans les vues de son beau-père, et pour mener à bien toutes les entreprises qu'il avait commencées. A cet effet, M. Schépélef crut devoir engager à son service des étrangers instruits dans l'hydraulique et la mécanique, chose à laquelle Bataschef n'avait jamais voulu consentir, par un patriotisme assez mal entendu; les plus heureux résultats furent les fruits de cette démarche, dictée par l'esprit le plus éclairé. M. Schépélef désigna M. Klark pour être à la tête de la fonderie et présider à la fonte de toutes les pièces nécessaires à la distillerie, et autres de différentes espèces, comme presses à eau, tours, cylindres à imprimer. M. Kounisch dut inspecter la fonte de toutes les machines destinées à la confection des draps, et M. Morgan, mécanicien anglais très-distingué, fut chargé des machines à vapeur et des pyroscaphes.

Les usines de M. Schépélef produisent de sept cent mille à un million de pouds (1) de fer par an, et emploient 800 hommes, dont 600 sont attachés spécialement à l'établissement, et les 200 sont des ouvriers à gages, et qui ne sont occupés que tempo-

(1) Le poud équivaut à 36 livres pesant de France.

rairement. Comme elles ne se trouvent qu'à 3oo verstes de la
capitale, au centre même de l'empire, près de la rivière navigable de l'Oka, les produits s'en débitent facilement dans les
gouvernemens de Vladimir, de Nijni-Novgorod et de Tambof,
de Simbirsk et de Casan. Une grande quantité même va bien
plus loin ; l'acier est expédié sur Astrakhan, où il est acheté par
les Perses et autres peuples de l'Orient ; les faulx le sont pour
les bords de la Baltique, la petite Russie et la Sibérie, tandis
que Tver, Novgorod et Pétersbourg présentent des débouchés
assurés pour le fer-blanc, le fil de fer et la fonte. La majeure
partie de la marchandise est dirigée sur Moscou, d'où elle part
comme d'un centre commun sur toutes les extrémités de l'empire.

Si l'on considère ces mines sous le point de vue d'économie
publique, il sera facile de remarquer que, bien qu'un pur préjugé ne leur accorde pas la même réputation qu'à ceux importés de l'étranger, leurs produits ne le cèdent en rien à ces derniers, et qu'ils conservent à la Russie plusieurs millions de roubles, le tout à l'avantage de sa balance commerciale (1).

Ces usines deviendraient un véritable trésor entre les mains
du gouvernement, et, au moyen des établissemens à y faire pour
la fabrication des armes, elles surpasseraient bientôt les manufactures de Toula, d'autant que, loin d'emprunter aux autres
mines, elles tireraient tout de leur propre fonds. En y attachant
2,000 paysans de la Couronne, on éviterait tous les frais
qu'exige la location des ouvriers. Alors ni Solingen, ni Pots-
dam, ni Versailles, ne seraient point supérieures aux forges de
M. Schépélef pour la qualité des armes. Plusieurs des mines du
gouvernement manquent de la quantité suffisante de fer, et
dans les endroits où ce métal abonde, il n'y est pas d'une
belle qualité. D'ailleurs la Couronne gagnerait encore à cet arrangement tout le fer dont il a besoin pour les bâtisses de Moscou, les ports de la mer Noire et l'artillerie, sans compter qu'il
rencontrerait les plus grands avantages dans le cas où il voudrait y faire construire des vaisseaux à vapeur, des fusées à la
Congrève et autres objets de même genre.   J......т.

(1) L'acier, la fonte, le fil de fer, et surtout les cardes pour les fabriques de drap.

165. Sur la ville de Verviers.

Cette ville est dans une des positions les plus favorables à l'industrie manufacturière. Le genre de culture du pays qui l'entoure, les rivières, les ruisseaux qui coulent dans ses environs, la proximité des houillères, le bas prix de la main-d'œuvre, l'activité de ses habitans, tout concourt à en faire une des villes les plus industrieuses de l'Europe. Les collines du canton de Verviers sont toutes couvertes de prés-gazon, enclos de haies et divisées en petites propriétés; division reconnue extrêmement favorable à l'accroissement de la population, et, sous plusieurs rapports, aux progrès de l'agriculture et de l'industrie.

Dans chaque ménage rustique, la femme suffit aux soins qu'exige la vacherie; et le mari, ainsi que les enfans, travaillent, une grande partie de l'année, pour les manufactures de drap. Cette circonstance, jointe à l'habitude de se nourrir de pommes de terre, que le pays produit en abondance, entretient la main-d'œuvre à bas prix.

Cependant les fabriques de Verviers ont été les premières, sous le régime français, à employer les machines à filer, et les autres machines qui économisent le travail; elles ont été favorisées en cela par les nombreuses chutes d'eau que présentent les rivières de Vesdre, de Spa, de Soleur, de Hoigne, et les ruisseaux de Baclen, de Dison, etc., etc.

A ces avantages il s'en joint un autre qui n'est pas sans importance : les grandes houillères des environs de Liège, dont plusieurs sont à 4 ou 5 lieues de Verviers, fournissent, à bas prix, à cette dernière ville, le combustible le plus économique, nécessaire à la grande consommation de ses fabriques, de ses constructeurs mécaniciens, de ses machines à vapeur, de ses teintureries, etc. Il ne reste, sous ce rapport, qu'une chose à désirer, c'est de voir entreprendre l'exploitation des mines de houille qui sont encore plus rapprochées de Verviers.

Jusqu'ici nous n'avons fait mention que des avantages qui résultent de la position géographique de Verviers; il nous reste à parler de ceux que lui assurent les dispositions faites dans son intérieur. — Verviers est bâti sur les deux bords d'un canal construit en pierres de taille, qui a 5 mètres. Ce canal prend les eaux de la Vesdre au haut de la ville, qu'il traverse dans toute sa longueur. Ces eaux font mouvoir sept usines, alimentent une grande quantité de machines à vapeur, servent au lavage des laines et des draps, et fournissent aux besoins de tous genres des fabriques, des teintureries, etc. Tout est disposé de telle sorte, que chaque fabricant trouve dans sa cour, ou à proximité de ses ateliers, toute l'eau qui lui est nécessaire.

Mais tous ces avantages seraient de peu d'importance, si l'industrie active des habitans n'avait su les mettre à profit avec une rare intelligence. Nulle part, l'économie manufacturière, la surveillance des ouvriers, la direction des travaux, ne sont mieux entendues. En général, les fabricans sont occupés de l'administration de leurs manufactures, depuis 5 heures du matin jusqu'à 7 heures du soir. Ils dirigent eux-mêmes toutes leurs opérations industrielles, depuis le lavage de la laine jusqu'aux derniers apprêts du drap; et c'est sans doute à leur infatigable activité, à leur persévérante industrie, aux avantages résultant de leur position, qu'ils doivent d'avoir pu supporter la perte de leur débouché en France, d'avoir résisté aux crises qui, depuis une trentaine d'années, ont si souvent accablé les manufactures, et d'avoir lutté avec succès contre la concurrence de toutes les fabriques de l'Europe.

La population de Verviers était, il y a 20 ans, d'environ 9,000 âmes. Depuis cette époque, elle s'est beaucoup augmentée, et elle s'augmenterait encore aujourd'hui, s'il se trouvait dans l'intérieur de la ville assez de logemens pour la classe ouvrière. Cette augmentation de population est due aux grands développemens qu'a pris l'industrie, après la réunion de la Belgique à la France. Ce nouveau débouché détermina dans les fabriques de Verviers un mouvement extraordinaire; la production s'agrandit et se perfectionna, au point que, sous l'empire, les fabriques de Verviers étaient presque sans rivales sur tout le continent. Les conquêtes de Napoléon étendaient sans cesse leurs débouchés, et les fabriques s'augmentaient en proportion. C'est alors que furent établis ces vastes ateliers, ces nombreuses usines, ces machines de toute espèce que l'on y admire aujourd'hui.

La réunion de la Belgique à la Hollande, en la séparant de la

France, fit évanouir cette grande prospérité. Les fabriques de Verviers perdirent leurs principales relations commerciales, et le nouvel état des choses ne leur offrit aucune compensation. Presque toutes les puissances de l'Europe repoussèrent leurs produits par des prohibitions ou par des droits excessifs, qui équivalent à des prohibitions. La vente de leurs draps ne leur fut pas même exclusivement assurée dans le royaume des Pays-Bas. Guidé par un système de liberté commerciale, qui a causé, dans le courant du XVIIIe siècle, la ruine des fabriques de la Hollande, et qui a beaucoup contribué à la décadence de son commerce, le gouvernement des Pays-Bas laisse entrer, moyennant un droit très-faible, les marchandises étrangères, et la prévention, la vanité d'anciennes habitudes profitent de cette circonstance pour consommer les draps des nations voisines, au préjudice des fabriques nationales.

D'un autre côté, on avait espéré que le commerce maritime de la Hollande, à l'ouverture des mers, offrirait un débouché aux fabriques de Verviers; mais cet espoir ne s'est pas réalisé; le commerce hollandais n'est pas sorti de son inaction. Cependant, loin de se laisser abattre par tant de revers, les fabriques de Verviers redoublèrent d'efforts; et, par l'économie qu'elles ont apportée dans les manipulations, elles sont parvenues à pouvoir, par les bas prix de leurs draps, conserver ceux de leurs débouchés dont les lois prohibitives ne les ont pas privées. (*Revue encycl.*; juin 1827, p. 798.)

166. Peintures sur pierre de Volvic (1).

Lorsque nous faisions l'examen, il y a peu de mois, des essais de peinture sur pierre de Volvic, exposés dans les salles de l'industrie au Louvre, par M. Mortelèque, nous manifestions le désir et l'espérance de voir bientôt des résultats importans de cette tentative.

Cet artiste est sur le point de terminer un paysage de 21 pouces de haut, sur 16 de large, d'après une belle Sépia de M. Baltard, appartenant à M. le préfet de la Seine.

Nous avions remarqué dans le tableau de M. Mortelèque

(1) Volvic est un village à peu de distance de Clermont (Puy-de-Dôme), et près duquel est une immense carrière de pierre, d'un gris foncé, légèrement poreuse, et qui acquiert à l'air un grand degré de dureté.

13.

(c'était une tête de vieillard) un grenu, résultat de la porosité de la pierre, et qui semblait devoir être un obstacle au fini de la peinture; mais la seconde tentative prouve qu'on peut se procurer des plaques de la même pierre susceptibles d'un plus grand poli que celles qui ont été d'abord employées; elle prouve également qu'au moyen d'un nouvel enduit ou couverte, on peut donner à cette substance une surface en tout point analogue, pour le poli, à celle d'une toile destinée à la peinture à l'huile. Toutefois, dans le tableau que M. Mortelèque achève maintenant, on remarque des gerçures dans les tons les plus clairs; mais ces gerçures, quoique nombreuses, sont extrêmement petites et imperceptibles du point de vue.

On sait que la peinture sur pierre de Volvic, emploie, à peu de choses près, les mêmes couleurs que la peinture sur porcelaine. Ces couleurs conservent sur la pierre tout leur éclat, et elles y perdent, en grande partie, ce luisant, quelquefois fort nuisible à l'illusion, dans les peintures sur émail et sur porcelaine.

Nous ne pouvons donc plus douter des avantages de cette tentative, dont la première idée est due à M. le comte Chabrol de Volvic, préfet de la Seine. C'est à ce magistrat que la ville de Paris doit l'heureux emploi de la pierre de Volvic dans les arts architectoniques, à partir des trottoirs de plusieurs rues jusqu'aux vasques des fontaines de la place royale. La peinture sur cette même pierre doit avoir des résultats non moins importans.

Les essais de M. Mortelèque prouvent qu'il serait facile de peindre sur cette substance des tableaux de grande dimension, qui seraient composés de fragmens plus ou moins considérables, scellés avec soin, et dont les découpures pourraient suivre le dessin des parties les moins apparentes de la composition.

En Italie, les mosaïques, dont le travail est si lent, donnent le moyen d'orner de peintures l'extérieur des églises; mais ces fruits d'une longue patience ne sont point inaltérables à l'action prolongée des intempéries de l'atmosphère; elles se détériorent sensiblement: on en voit un exemple dans celles qui décorent la façade de l'église de Saint-Marc à Venise. Il n'en serait point ainsi des tableaux sur pierre de Volvic, consacrés à l'ornement extérieur de nos monumens. Dans les peintures de grandes di-

mensions, les fragmens pourraient être fixés au moyen de cram-
pons solides, et formeraient une masse inhérente à l'édifice et
aussi durable que lui. Les encadremens et les rinceaux dorés
accompagnant ces tableaux pourraient être formés de la même
pierre; peut-être même dans la suite paraîtrait-il facile de revêtir extérieurement de pierre de Volvic des dômes d'une petite dimension, qu'on pourrait orner d'arabesques et de do-
rures indestructibles.

Nous croyons donc que les protecteurs et les amis des arts
doivent donner une attention spéciale aux heureuses tentatives
de M. Mortelèque; elles nous promettent des tableaux presque
inaltérables et à peu de frais, sous le rapport de l'exécution.
Ce n'est pas là une des conditions les plus importantes que doivent désirer les fonctionnaires auxquels le gouvernement confie
la noble présidence des beaux arts. (*Journ. des Artistes;* 9 décembre 1827, p. 784.)

167. AMUSEMENS D'OPTIQUE. (*Lond. Journ. of arts*; avril 1828,
page 7.)

Voici une illusion curieuse d'optique : soit une carte percée
d'un petit trou, et placée vis à vis d'un mur blanc ou d'une fenêtre, l'œil de l'observateur étant situé de l'autre côté de la
carte; une épingle, étant alors placée entre l'œil et la carte,
sera vue de l'autre côté de l'orifice renversée et agrandie. La
raison de ce phénomène, comme M. Lecat l'a observé, est que
l'œil, dans ce cas, voit seulement l'ombre de l'épingle sur la
rétine, et puisque la lumière, qui est arrêtée par la tête de
l'épingle, vient de la partie inférieure de la muraille blanche
ou de la fenêtre, tandis que celle qui est arrêtée par le bout inférieur de l'épingle vient de la partie supérieure, l'ombre doit
nécessairement paraître renversée par rapport à l'objet.

On peut complétement imiter le phénomène connu sous le
nom de *Mirage*, comme l'a fait voir le Dr Wollaston, en dirigeant
ses regards vers un objet éloigné, le long d'une pincette chauffée
au rouge, ou à travers une dissolution saline ou saccharine recouverte d'une couche d'alcool.

L'expérience suivante, indiquée par le Dr Brewster, explique agréablement la formation des Halos. Prenez une dissolution saturée d'alun, et, après en avoir versé quelques gouttes

sur un morceau de verre, elle cristallisera rapidement en petits octaèdres plats à peine visibles à l'œil : lorsqu'on tient ce morceau de verre entre l'observateur et le soleil ou une bougie, l'œil étant très-près de la surface unie du verre, on y verra 3 beaux Halos de lumière à diverses distances du corps lumineux. Le Halo intérieur, qui est le plus blanc, est formé par les images refractées par 2 des surfaces des cristaux octaèdres peu inclinés l'un à l'autre. Le 2e Halo, dont les couleurs sont plus belles, avec des rayons bleus extérieurs, est formé par 2 faces plus inclinées; et le 3e, qui est très-grand et très-coloré, est formé par 2 faces encore plus inclinées. On peut obtenir les mêmes effets avec d'autres cristaux, et chaque Halo sera, soit doublé, lorsque la réfraction est considérable, soit modifié par diverses couleurs, lorsque la réfraction est faible. Les effets peuvent varier d'une manière curieuse, en faisant cristalliser sur le même morceau de verre des sels d'une couleur déterminée; par ce moyen des Halos blancs et colorés se succèdent l'un à l'autre.

CHEV...T.

168. CORPS D'INGÉNIEURS CIVILS dans la Grande-Bretagne.

Il vient de paraître une charte revêtue de la signature royale, qui crée un corps d'ingénieurs civils. Par le même acte, M. Telford est nommé président de cet institut. L'établissement a pour objet, suivant la teneur de la charte, l'avancement général de la science de la mécanique, et plus particulièrement l'acquisition de l'espèce de connaissances qui constitue la profession d'ingénieur civil, et consiste dans l'art de diriger, dans l'intérêt de l'homme social, les grandes sources des forces de la nature, considérées comme moyens de production et de trafic dans les états, pour le commerce tant extérieur qu'intérieur, dans l'application dont elles sont susceptibles à l'égard de la construction des grandes routes, des ponts, des aqueducs, des canaux, des chantiers, des ports de mer, des môles, etc. (*Galign. Messeng.*, Paris; 5 juillet 1828.)

169. FONDERIE DE M. VIC FILS, A NANTES.

Parmi les établissemens importans qui s'élèvent dans notre ville, nous devons citer la nouvelle fonderie de M. Vic fils dans l'île Videment, vis-à-vis la Fosse. Cette usine se déploie sur une vaste étendue de terrain; parfaitement distribuée, elle convient aux grands travaux auxquels ce jeune manufacturier a l'intention de se livrer.

Lors de la dernière exposition à Nantes, on a pu examiner les produits de l'ancienne fonderie de M. Vic, produits qui se faisaient remarquer par la bonne qualité de la fonte, la netteté de l'exécution, et qui ont mérité au manufacturier une médaille d'encouragement de la part du jury.

Son nouvel établissement, formé sur le plan des grands modèles, et muni de fourneaux à réverbères, à la *Wilkinson*, de vastes chaudières et fosses, de magasins immenses, de tout le mobilier, en un mot, qui convient à une entreprise de ce genre, permettra à M. Vic de confectionner promptement les objets les plus considérables, et de fondre jusqu'à 4,000 par jour, comme il nous l'a assuré lui-même. Nous voyons avec plaisir s'élever dans notre ville des entreprises aussi utiles, et conçues sur des plans assez vastes pour rivaliser un jour avec les grands établissemens que possède la France.

La nouvelle fonderie de M. Vic doit être mise en activité sous peu de jours. (*Le Breton*; 6 septembre 1827, n° 124.)

TABLE

DES PRINCIPAUX ARTICLES DE CE CAHIER.

Arts chimiques.

PARIS. — IMPRIMERIE DE FIRMIN DIDOT,
RUE JACOB, N° 24.

BULLETIN

DES SCIENCES TECHNOLOGIQUES.

ARTS CHIMIQUES.

170. Des cires végétales.

Les végétaux que l'on sait donner de la cire, sont : le *Urtica galactodendrum*; le *Rhus vernix*; les *Myrica cerifera, pensylvanica, cordifolia et quercifolia*; le *Ceroxylon andicola*; les Croton *sebiferum* et *moluccanum*.

M. Hensmans y ajoute encore une autre espèce de cire végétale arrivée du Japon à Batavia, et de là, depuis peu à Anvers. Le baron de Serret avait envoyé à M. Van-Hulthem, président de la Société royale d'agriculture et de botanique à Gand, un échantillon de cire végétale qu'il avait récoltée de ses myricas, cultivés à Beernem, près de Bruges.

Nous croyons devoir, dans l'intérêt de la culture et de l'introduction de nouveaux produits qui pourraient intéresser notre industrie nationale, donner ici une place aux renseignemens sur les cires végétales, que M. Vrancken, chimiste très-habile à Anvers, a transmis à M. Hensmans, D^r en sciences physiques et mathémat., et en pharmacie à Louvain, de qui nous les tenons, par l'intéressant journal qu'il publie, sous le titre de *Répertoire de chimie, pharmacie, matière pharmaceutique et chimie industrielle*; en voici un extrait : « Il est arrivé dernièrement à Anvers une partie de cire végétale, formée en gâteaux de différentes épaisseurs et portant à sa face convexe les empreintes du vase dans lequel elle avait été coulée. Sa couleur était celle de la cire blanche ordinaire; elle était moins dure, moins cohérente et moins pétrissable que cette cire; son odeur était celle du cérat rance; tout ce que j'ai pu savoir, c'est que cette cire avait été expédiée du Japon à Batavia, et de là en Belgique. On ignorait la source d'où elle était provenue, et on prétendait que les abeilles la déposaient sur certains arbres du Japon. C'est avec la cire de l'arbre à vache, *Urtica galactodendrum*, que cette cire nouvellement introduite a le plus de rapport.

La cire provenue de l'*Urtica galactodendrum*, est d'un blanc-jaunâtre; à 40° centigrades, elle est assez molle pour être pétrie; à 60° cent., sa fusion est complète. L'alcool bouillant la dissout, mais, par le refroidissement, toute la cire se dépose. Les alcalis la réduisent en savon. On en fait des chandelles qui brûlent très-bien.

Nous ne connaissons pas assez la description des qualités de la cire produite par le *Rhus succedaneum*, de Thunberg, pour pouvoir la comparer avec la cire arrivée à Anvers.

La cire de Mirthe (*Mirica cerifera, pensylvanica, cordifolia et quercifolia*), est plus dure que la cire des abeilles et se laisse pulvériser; elle est peu malaxable à chaud, et se fond à 46° c.; traitée avec vingt parties d'alcool bouillant, elle se partage en 87 parties de cerine qui se dissolvent, et en 13 parties de myricine qui reste indissoutes. Cette solution, lorsqu'elle est saturée, se prend en gelée par le refroidissement. A froid, l'éther exerce peu d'action sur cette cire, mais à chaud il en dissout le quart de son poids; par le refroidissement, la plus grande partie de la cire se précipite. L'huile de térébenthine la ramollit à froid, et, au degré de l'ébullition, elle en dissout le 17e de son poids. Sa couleur, avant d'avoir été blanchie par insolation, est verdâtre. Sa liquéfaction avec l'eau diminue cette couleur. Elle se transforme en savon par les alcalis.

La cire de palmier, *Corexilon andicola*, est de couleur jaune-pâle; elle est cassante et se laisse pulvériser. A froid, l'alcool la dissout à peine; mais, au degré de l'ébullition, il en reprend depuis le 5e jusqu'au 6e de son poids; la solution se concrète en refroidissant. Elle se dissout dans l'éther et forme des savons avec les alcalis. On l'allie à du suif pour en faire des chandelles. L'analyse de cette cire, faite par Vauquelin, indique, comme ses composans, de la cire véritable et une résine jaune.

Le *Croton sebiferum* ou arbre à suif de Chine, lequel est cultivé dans le midi de l'Europe, contient dans ses semences une sorte de cire végétale dont on fait des chandelles.

Le *Croton moluccanum* fournit la même substance. — La graine des *Myrica* donne la cire par l'ébullition dans l'eau. La cire de palme est fournie par l'écorce, qu'on râpe, qu'on chauffe avec de l'eau, et qu'on exprime à la presse.

La cire de *Galactodendrum* ou *Palo de vacca*, est fournie

par le lait extrait de l'arbre, qu'on fait bouillir afin de faire coaguler l'albumine végétale et déterminer par là l'isolement de la cire.

La cire du Japon est malaxable sous les dents et entre les doigts; sa consistance est moindre que celle de la cire blanche ordinaire; son odeur rappelait un peu le cérat ancien; elle se fondit à un degré moindre de près de la moitié que celui nécessaire pour fondre la cire blanche ordinaire, savoir : à 40; à 30, elle commence à être coulante. Toutes les autres cires végétales sont plus difficilement fusibles que la cire d'abeilles. M. Vrancken fit confectionner, pour les brûler comparativement, des chandelles du même poids et de même longueur : 1° De cire de Japon; 2° de cire blanche d'abeilles; 3° de suif; 4° de $\frac{3}{4}$ de cire de Japon et $\frac{1}{4}$ de suif; 5° de $\frac{3}{4}$ de la même cire et $\frac{1}{4}$ de cire d'a. beilles.

Ces cinq chandelles furent allumées en même temps; quand elles furent réduites au quart de leur longueur on les éteignit pour comparer leur diminution, et on trouva que les bouts de celles de cire de Japon, de suif et de ces deux substances réunies, étaient de la même longueur; que celle de cire d'abeilles s'était raccourcie de deux neuvièmes de moins, et que la chandelle des deux cires alliées était d'une longueur intermédiaire.

La flamme de la chandelle de suif était de beaucoup la plus brillante; celle des autres chandelles avait un éclat à peu près égal, hors celle mêlée de suif, qui suivait, toutefois d'un peu loin, l'éclat de la flamme de la chandelle de suif. L'odeur de la combustion des deux cires était la même. Il est résulté des expériences que la cire nouvellement arrivée à Anvers n'est identique, par l'ensemble de ses propriétés, à aucune cire végétale connue, et qu'elle est propre à pouvoir être confectionnée en bougies coulées.

La cire que fournissent les *Myrica* est verte; les bougies qu'on en fabrique donnent une lumière très-triste, et il n'y a que les nègres qui en récoltent dans la Caroline pour cet usage; mettant seulement de cette cire dans un vase avec une mèche de coton, ils en usent pour des lampions. M. Vrancken n'a pas cru utile de faire la comparaison de la cire des *Myrica* avec celles dont il vient d'être fait mention.

14.

Quoique les *Myrica cerifera* et *pensylvanica* croissent naturellement dans les marais, sur le bord des rivières dans l'Amérique septentrionale, et qu'il ne coûte à qui en veut, que la
peine d'en ramasser la graine, les bougies qu'on en fait reviennent plus cher à Charleston que les chandelles de suif, et l'expérience a prouvé qu'il n'est pas avantageux, comme on l'a prétendu, de le multiplier en France, même dans les Pays-Bas,
pour en tirer parti sous ce rapport, si on ne trouve à donner
à cette cire un emploi autre que celui d'éclairer.

Dans le royaume des Pays-Bas, où l'on ne cherche que les
moyens d'augmenter l'industrie et les ressources des hommes,
et d'assainir le sol, il serait à désirer que l'on introduisît la
culture en grand de ces *Myrica*, pour améliorer l'air et en tirer seulement parti pour le chauffage; les *Myrica* améliorent
l'air des marais, tous deux exhalent, par la chaleur, une odeur
forte et aromatique qui porte à la tête, mais ne fait aucun mal.
Combien il serait louable de faire des essais de plantations des
Myrica, qui ont cette propriété d'absorber l'air impur qu'exhalent les marais et les cimetières, dans les contrées des provinces septentrionales du royaume, où la mort a frappé si
cruellement les habitans! (*Messag. des scienc. et arts*, de Gand;
1827-28, p. 325.)

171. NOTICE HISTORIQUE SUR LA LITHOGRAPHIE, à l'occasion d'un
*Mémoire sur quelques améliorations apportées à l'art de la
lithographie*, par MM. CHEVALLIER et LANGLUMÉ. In-fol. de
9 p. lithogr. Paris. (Ne se vend pas.)

Le mot *lithographie* est composé, comme personne ne l'ignore,
de 2 mots grecs, dont l'un signifie *pierre*, et l'autre *écriture* ou
description; c'est-à-dire, l'art de tracer sur pierre des dessins
ou des écritures dont on peut tirer un grand nombre de copies.
Cet art, imaginé par un chanteur du théâtre de Munich, nommé
Senefelder, ne fut, dans son origine, qu'une très-heureuse découverte, mais qui ne donna que des produits tellement grossiers que l'on était bien loin de penser qu'il pût devenir aussi
important qu'il l'est en ce moment, où il rivalise, pour un grand
nombre de sujets, avec la gravure sur cuivre, qu'il surpasse
même dans plusieurs cas.

Ce fut vers le commencement de ce siècle, que Senefelder fit

paraître ses premiers essais, dont il tenait les procédés secrets;
mais, tout informes que fussent les épreuves qui se multipliaient
à Munich, des hommes instruits et amis des arts jugèrent qu'il
ferait beaucoup de progrès entre des mains plus heureuses et
plus capables de perfectionner un art qui semblait promettre de
grands avantages; ils engagèrent le gouvernement de Bavière à
acheter de l'inventeur les notions que jusqu'alors il pouvait seul
communiquer. Senefelder se décida, et dès l'année 1805, le
gouvernement avait fondé un établissement dans lequel personne ne pouvait pénétrer, et qui était dirigé par Senefelder.

En 1806, nos armées étaient en Allemagne; le général *Lomet,*
ce savant infatigable, le meilleur technologue que la France ait
possédé, se trouvait à Munich; il se procura des épreuves, des
pierres, des crayons lithographiques, des notions sur les presses, et, pendant les années 1806 et 1807, il exécuta quelques
dessins à Passau et à Braunau, qu'il apporta en France au mois
de février 1808. Il s'empressa de communiquer à tous ceux qui
voulaient l'écouter tout ce qu'il avait recueilli sur la connaissance de ce nouvel art; il montrait les épreuves à tout le
monde; mais tout ce qu'il disait paraissait si incroyable que
personne ne voulut y ajouter foi.

M. *Molard aîné,* alors conservateur des Arts et Métiers, fut
lui-même du nombre des incrédules (1). Il déposa entre ses
mains, pour faire partie de la collection du Conservatoire, une
pierre de 8 à 10 pouces de dimension, portant une empreinte
qu'il avait dessinée à Braunau, en 1807, et dont il avait retiré
cinq mille épreuves, ce qui confirmait le succès des procédés
qu'il avait employés. M. Molard était alors occupé d'une nouvelle méthode de clichage pour le perfectionnement de vignet-
tes typographiques, et il doutait à cette époque que l'art lithographique fût susceptible de recevoir d'utiles applications.

Cette prévention obligea M. Lomet à retirer sa pierre, et à
chercher des amateurs et des artistes plus favorablement disposés à recueillir cette heureuse invention, qu'il désirait alors,
en 1808, faire adopter et pratiquer en France, comme elle l'é-

(1) Tout ce que je dis ici est extrait d'un excellent mémoire manuscrit
que feu M. *Lomet* me donna six mois avant sa mort, et que je ferai imprimer sous peu. Un travail aussi précieux ne doit pas être perdu pour l'industrie.

tait chez presque toutes les nations éclairées de l'Europe.

M. *Denon*, directeur du Musée des arts, en avait déjà quelque connaissance ; il était excellent juge en cette matière : il regrettait que ses occupations et ses voyages le missent dans l'impossibilité d'y donner une attention spéciale.

M. *Landon* prit communication de tout ce que M. Lomet avait apporté d'Allemagne, et après avoir admiré tous les produits de ce nouvel art, il ne pensa pas qu'il pût tirer parti de cette découverte pour l'appliquer à l'ouvrage qu'il avait entrepris sur la description du Musée ; mais il entrevit que cet art nouveau méritait qu'on y donnât la plus sérieuse attention.

M. Gilet de Laumont, inspecteur général des Mines, à qui rien de ce qui se rapporte aux sciences et aux arts n'est étranger, sentit au premier abord toute l'importance que pouvait acquérir la lithographie, et témoigna à M. Lomet le désir d'en voir établir un atelier à Paris. Tout le monde le sollicitait d'établir lui-même des presses lithographiques, c'était son intention, mais les fonctions dont il était chargé, comme officier supérieur du génie militaire, et l'obligation où il était de se rendre de suite à l'armée d'Espagne, le mirent dans l'impossibilité de suivre l'exécution de son projet. Il déposa la pierre au Muséum d'histoire naturelle du Jardin des Plantes, où elle figure parmi les pierres calcaires.

Ce ne fut que 6 ans après, en 1814, que M. Engelmann, de Munich, fonda, à Paris, un des plus grands établissemens lithographiques, et y apporta tous les procédés qu'on employait dans l'atelier qui fut le berceau de cet art important, qui est resté presque stationnaire depuis cette époque. Les perfectionnemens qu'on y a apportés sont plutôt dus aux talens croissans de nos artistes qui ont dessiné les sujets, qu'à l'art lui-même qui

thographique a reçu les premiers et les plus grands perfectionnemens dont nous allons rendre compte ; mais avant, et pour

lesquelles est fondée la lithographie.

1° De faire choix d'une pierre calcaire à grain très-fin, susceptible d'une grande adhérence avec un crayon gras qui sert à faire les traits du dessin qu'on veut y produire dessus, et en même temps capable de se laisser imprégner d'eau qu'elle doit retenir dans les pores pendant un certain temps.

2° Que, pendant que cette pierre est mouillée, elle ne contracte aucune adhérence avec l'encre d'imprimeur, dans aucune des parties qui n'est pas couverte du crayou gras.

3° Que, lorsque la pierre est plus ou moins couverte du dessin gras, imprégnée d'eau ensuite et chargée de l'encre d'imprimeur, on imprime avec une force capable de transporter sur le papier suffisamment mouillé, la plus grande partie de l'encre qui recouvre le crayon gras.

Les *pierres lithographiques* ont été, jusqu'ici, presque toutes tirées des environs de Munich, le long du Danube, dans le comté de Pappenheim. On en trouve en France, mais elles ne renferment pas toutes les conditions exigées par les habiles lithographes; elles n'offrent pas une surface d'une assez grande étendue, ou bien leur grain n'est pas partout d'une contexture homogène, pour les grands sujets. La meilleure pierre doit avoir les qualités suivantes : 1° Sa teinte, d'un blanc jaunâtre, doit être jaunâtre dans toute son étendue, sans taches, sans fils et sans veines.

2° Sa dureté doit être assez grande, sans être trop forte : on la reconnaît à l'aide d'une pointe d'acier qui doit avoir de la peine à l'entamer.

3° Les éclats enlevés au marteau laissent une cassure conchoïdale, c'est-à-dire que le morceau enlevé présente un creux d'un côté et une élévation de l'autre, comme une coquille.

4° Son grain doit être très-fin, et, mouillée avec une éponge imbibée d'eau, elle doit la retenir assez long-temps.

5° L'avantage que présentent les carrières des environs de Munich, c'est d'offrir une exploitation facile; on les trouve par *lits* d'égale épaisseur, de sorte qu'elles n'exigent presque aucun travail. On leur donne une forme régulière à l'aide de la scie.

Le premier travail est le dressage des pierres, et leur grainage. L'opération du dressage est la même que celle qu'on emploie au douci des glaces. On selle horizontalement une pierre; on frotte circulairement une pierre mobile sur la première en interposant entre elles du sable fin tamisé et de l'eau. Le grainage devient d'autant plus fin qu'on frotte plus long-temps, et que le sable est plus fin. Le genre d'ouvrage auquel on destine les pierres exige un dressage et surtout un grainage différens. On en reconnaît le grainé en levant de temps en temps, en soufflant fortement sur la pierre pour chasser l'excès d'eau, et en regardant la surface obliquement.

De la bonne qualité des *crayons lithographiques* dépend la beauté de l'ouvrage. Ils doivent adhérer fortement sur la pierre, de manière à ne s'en détacher en aucune circonstance. Ils doivent être assez durs pour que le dessinateur puisse obtenir une taille fine, afin de former des traits déliés et bien marqués sans crainte de rupture : trop secs ou trop poreux, ils se brisent à tout instant; trop mous, ils s'écrasent, en formant des traits grossiers et confus.

Il paraît que jusqu'ici chaque artiste a adopté une recette particulière; nous ne nous attachons pas à les décrire toutes, nous nous bornerons à donner celle que MM. Bernard et Delarue emploient avec succès.

Cire pure (de première qualité)............. 4 parties.
Savon sec de suif et de soude................. 2
Suif blanc (1)................................. 2
Gomme laque.................................. 2
Noir de fumée (2)............................. 1
On ajoute quelquefois du vernis gras au copal. 1

On fait fondre la cire sur un feu doux; on y ajoute ensuite, peu à peu, toute la gomme laque concassée en petits fragmens, en remuant sans cesse à l'aide d'une spatule : on mélange alors le savon, réduit en raclures fines, et lorsque le mélange est parfait, on y verse le vernis gras, dans lequel on aura préalablement délayé le noir. On continue à chauffer en remuant toujours, jusqu'à ce que la pâte ait acquis la consistance convenable, ce qu'on reconnaît en formant un crayon dans un moule, et le laissant refroidir. Alors on l'essaie avec un canif; les copeaux doivent être cassans. Lorsque la pâte est assez cuite, on en forme des crayons en la versant dans des moules.

Si notre but était de faire ici un traité complet de lithographie, nous entrerions dans tous les détails nécessaires pour composer l'*encre lithographique*, l'*encre autographique*; pour

(1) En hiver, on double la dose, afin de diminuer la dureté du crayon causée par l'abaissement de température.

(2) M. Lomet prescrit de ne pas employer le noir de fumée, mais d'y substituer le *charbon de chiffons*, qui est beaucoup plus beau, et qu'on trouve sous le nom de *noir d'Allemagne*.

préparer le *papier autographique;* nous entrerions dans tous les détails nécessaires pour ne rien laisser à désirer; mais nous serions obligé de répéter, même en abrégeant, ce qu'on trouve dans le *Dictionnaire technologique,* au mot *lithographie,* dans lequel l'auteur a réuni tout ce qui était connu au moment où le tome XII a été imprimé. Nous y renvoyons donc (Voy. p. 333.) Nous allons faire connaître les perfectionnemens importans qui ont eu lieu depuis cette impression.

Depuis l'invention de la lithographie les manipulations n'avaient subi aucun perfectionnement; ce n'est que depuis peu de mois que cet art vient de recevoir des améliorations d'une telle importance qu'on peut affirmer qu'il a reçu une nouvelle existence. Afin de faire apprécier les avantages immenses que M. Chevallier, chimiste distingué, secondé par les talens et le zèle de M. Langlumé, un de nos meilleurs lithographes, a apportés dans les travaux que nécessite ce bel art, nous devons exposer succinctement les moyens qu'on a employés jusqu'à ce jour, pour les mettre en parallèle avec ceux qu'on emploie d'après les précieuses découvertes de ces deux artistes. Ces perfectionnemens résident dans trois points principaux; 1° *l'acidulation des pierres;* 2° *l'effaçage;* 3° *la retouche.*

1° *L'acidulation des pierres.* C'est la première opération que le lithographe fait subir aux pierres après qu'elles sont sorties des mains du dessinateur. Elle a pour but d'en découvrir les pores qui ont été bouchés, soit dans le travail du poli, soit pendant le dessin, afin de la rendre plus susceptible d'absorber l'eau. Cette acidulation, qui se faisait à l'aide de l'acide nitrique affaibli, avait encore pour but d'enlever au crayon ou à l'encre l'alcali qu'ils contiennent, et les rendre par là insolubles à l'eau. Le lavage qui succédait enlevait l'acide non saturé. On recouvrait ensuite la pierre d'une solution de gomme arabique afin de remplir ses pores et de l'empêcher de prendre le noir.

La nouvelle préparation est toute différente: on emploie l'*hydrochlorate de chaux,* obtenu par la saturation complète de l'acide hydro-chlorique par la poussière de marbre blanc. Après que la dissolution est parfaite, et qu'elle a été suffisamment filtrée, on y fait dissoudre de la gomme arabique bien blanche et séparée de toute substance étrangère. Les proportions données par l'auteur sont les suivantes: un kilogramme et demi d'acide hydrochlorique, la quantité suffisante de poudre de marbre pour la saturation, et 367 grammes (12 onces) de gomme arabique. On ajoute à ce composé filtré et limpide 92 grammes (3 onces) d'acide hydrochlorique pur; on met en bouteilles, on bouche et l'on réserve pour l'usage.

On verse de ce mélange dans un verre, et à l'aide d'un pinceau en poils de blaireau, on acidule toute la surface de la pierre avec facilité et une grande uniformité : on laisse sécher. Cette préparation simple présente une foule d'avantages que n'avait pas l'ancienne, et dispense de l'emploi d'une grande quantité d'eau qui rendait insalubres les ateliers du lithographe.

Ce nouveau mode d'acidulation a reçu l'approbation des lithographes et des dessinateurs, qui ont reconnu que les teintes les plus vigoureuses comme les plus faibles viennent également bien. Ils ont remarqué avec satisfaction que les pierres ainsi préparées restent constamment humides à cause du sel déliquescent dont elles sont pénétrées, ce qui est un avantage inappréciable pour la pureté du dessin.

Mais ce qui leur a fait le plus grand plaisir, c'est de voir que cette liqueur sert à enlever des taches qui se font quelquefois sur la pierre pendant l'impression, et qui paraissent au tirage, en fournissant des teintes plus vigoureuses. Ces taches disparaissent par l'emploi de la liqueur *saline acide.*

2° *L'effaçage.* On distingue deux sortes *d'effaçage;* il est *complet,* lorsqu'on veut enlever le dessin en entier, pour y en substituer un autre; il est *partiel,* lorsqu'on ne veut enlever qu'une partie du dessin pour le corriger, ou pour le changer. Dans l'un et dans l'autre cas, on ne connaissait d'autre moyen que d'user la surface de la pierre, en totalité ou en partie, par le frottement et à l'aide du sablon, ce qui à chaque opération totale diminuait la pierre d'épaisseur, et dans peu de temps la mettait hors de service. Dans l'*effaçage partiel,* on y pratiquait des cavités qui rendaient très souvent, pour ne pas dire toujours, l'épreuve défectueuse aux yeux d'un amateur difficile; et on en conçoit la raison, la surface n'étant plus plane le rateau ne peut pas presser également sur tous les points.

Le moyen de remédier à tous ces inconvéniens s'est présenté naturellement au chimiste éclairé aussitôt qu'il a connu la composition du crayon lithographique. Il a senti qu'il lui suffirait

de saponifier les subtances qui le composent, qu'il les rendrait
par là solubles dans l'eau, et qu'ensuite un simple lavage les
enlèverait. La *pierre à cautère* lui a présenté cet avantage : il
en prend un demi kilogramme qu'il fait dissoudre dans 3 fois
son poids d'eau, et qu'il passe avec une éponge sur la partie
qu'il veut enlever; il lave ensuite à grande eau, et tout disparaît
sans que la pierre soit en aucune manière altérée. Il enlève
ainsi avec la plus grande facilité, soit totalement, soit partiellement, le dessin, sans que la pierre ait éprouvé la moindre altération : il leur donne, par conséquent, une durée indéterminée, ce qui est un avantage inappréciable pour diminuer prodigieusement le tribut que nous payons à l'étranger pour l'achat
de ces pierres, qui, grace à cette nouvelle découverte, ne seront renouvelées que très-rarement.

3° La *retouche* des dessins sur pierre, de l'aveu de tous les
dessinateurs et des lithographes, est une des opérations les plus
difficiles et pour laquelle on n'avait encore proposé aucun
moyen exempt de reproches. Voici le procédé de l'auteur :

Dans 125 grammes (4 onces) d'eau pure, on fait dissoudre 2
grammes (37 grains) de pierre à cautère (potasse à la chaux).
Cette liqueur alcaline étendue sur le dessin débarrassé de la
gomme qui le recouvre, et séjournant sur ce dessin l'espace de
une à cinq minutes, suffit pour qu'on puisse rendre le dessin
sur pierre apte à recevoir de nouveau le crayon lithographique,
qui tient constamment et vient très-bien au tirage.

A la suite d'un mémoire très-bien fait, sur quelques améliorations apportées à l'art de la lithographie, les auteurs ont décrit leurs procédés avec beaucoup de clarté et de précision; ils
y ont joint les épreuves de leurs essais qui ne peuvent laisser
aucun doute au lecteur sur la vérité de leurs assertions. Quinze
planches y sont jointes, elles présentent les tirages successifs
après l'effaçage et la retouche. Ce mémoire n'a pas été mis dans
le commerce, mais adressé à l'Institut et à la Société d'encouragement. Sous ce rapport, ils ont un double mérite, d'une découverte de la plus haute importance et d'un désintéressement
très-rare, en répandant leurs procédés sans aucune rétribution.
Nous savons cependant qu'on leur a offert beaucoup d'argent,
qu'ils ont constamment refusé.

Un perfectionnement d'un autre genre fut introduit dans

l'art qui nous occupe, en 1827; il est dû à M. L. Séb. Le Normand , qui le décrivit dans le tome XIII des *Annales de l'industrie*, page 175. Voici comment s'exprime l'auteur.

« Dès l'instant que je vis les premières presses lithographiques, je conçus la possibilité de substituer à la râcloire ou rateau, un rouleau ou cylindre en fer qui présente plusieurs avantages ; 1° il n'agit sur le cuir, sur le papier et sur la pierre que par simple pression ; et au lieu de frotter sur le cuir, comme le rateau, il roule et ne tend pas à l'allonger ; 2° ce mode de pression est le même que celui employé par l'imprimeur en taille-douce pour faire les belles épreuves qu'on admire ; 3° la pression du rateau fait souvent plisser le cuir : lorsqu'on néglige de le tendre selon le besoin, le papier se déplace, l'épreuve vient mal, et quelquefois le dessin se gâte. Aucun de ces inconvéniens ne peut arriver avec le rouleau, et l'on peut obtenir la même pression qu'avec le rateau.

En 1817, l'auteur en fit construire un en fer pour un Portugais qui alla établir un atelier de lithographie en Colombie ; les expériences qu'il en fit à Paris furent concluantes : aucune épreuve ne fut gâtée, et l'ouvrier en tirait dans le même temps un tiers de plus qu'avec le rateau. En 1821, il en donna communication à M. *Boucher,* ingénieur géographe au Dépôt de la guerre, qui en témoigna sa satisfaction à l'auteur. En 1819, lors de l'exposition, il en avait donné la description au commis de M. *Senefelder* qui, à l'exposition de 1823, présenta des presses portatives dans lesquelles il avait fait usage de ce rouleau, sans nommer celui qui lui en avait donné l'idée, faisant entendre que c'était une de ses inventions. Il travaillait en public, chacun put juger de la perfection des épreuves, et il est étonnant qu'aucun lithographe n'ait employé ce procédé. Ce rouleau est décrit avec figures dans le volume des *Annales de l'industrie* que nous avons cité. Il faut espérer que les lithographes se rendront à l'évidence, et qu'ils adopteront un procédé qui présente plus de sûreté, moins d'effort à employer, plus de célérité, et moins de chances à courir pour la perfection de l'ouvrage. L.

· 172. REMARQUÉS SUR L'EFFET NUISIBLE DE LA PRÉSENCE DE L'ACIDE NITRIQUE ET DE L'ACIDE HYDROCHLORIQUE DANS L'ACIDE SUL-

FURIQUE EMPLOYÉ A LA SÉPARATION DU CUIVRE, DE L'OR ET DE L'ARGENT; par M. HERMBSTÆDT. (*Journ. für technische und œkonomische Chemie;* n° 2, 1828, p. 128).

L'auteur a remarqué que, lorsqu'on se sert d'acide sulfurique rendu impur par la présence de l'acide nitrique et de l'acide hydrochlorique, pour séparer l'or et l'argent du cuivre, que le fin n'est jamais entièrement enlevé au cuivre, et que le sulfate de ce métal obtenu par la précipitation de l'argent par le cuivre, contient toujours de l'or et de l'argent en solution. Dans ce cas, il faut donc employer de l'acide sulfurique pur, ou bien traiter le sulfate de cuivre par le sel marin pour lui enlever l'argent à l'état de chlorure; ou mieux, faire bouillir le sulfate acide de cuivre avec du cuivre métallique et réduire à siccité, attaquer le sulfate par l'eau, et laisser le résidu pour en séparer une poudre noire qui est un mélange d'argent et d'or métalliques. D. B. F.

173. SUR LA TREMPE DE L'ACIER DANS LE MERCURE; par G. ALTMUTTER. (*Jahrb. der polytech. Instituts in Wien;* 12ᵉ vol., 1828, p. 1.)

L'auteur cite, dans ce Mémoire, des expériences desquelles il résulte que l'acier trempé dans des liquides autres que le mercure est toujours plus ou moins oxidé, et que cette trempe est la seule que l'on puisse employer pour préserver le métal de l'oxidation. Il remarque que ce procédé de trempe n'est enseigné dans aucun ouvrage, excepté celui de M. Thénard où il est seulement signalé. . D. B. F.

174. SUR LA TREMPE DE L'ACIER (*Neu. Magazin zur Befœrd. der Industr.;* 1ᵉʳ vol., 2ᵉ part., p. 18.)

Pour durcir l'acier, tantôt on le frotte avec du savon avant de le chauffer, tantôt on le place avec de la corne rapée, du poussier, du sel marin et du charbon de terre pulvérisé dans un vase de terre clos et bien luté, que l'on soumet à une température convenable. On casse le vase au-dessus du liquide à tremper : la masse y tombe et le refroidissement est rapide. Si la trempe doit être moins forte, on jette le vase dans le liquide; celui-ci ne peut pénétrer dans son intérieur, et le refroidissement de l'acier n'a lieu qu'après celui de ses parois.

Quand on veut tremper de l'acier travaillé, on le recouvre d'une couche d'argile d'un $\frac{1}{2}$ pouce d'épaisseur : cette couche empêche encore que l'eau ne le refroidisse trop promptement et ne le rende cassant. On peut préalablement détremper l'argile avec de l'urine et ajouter au mélange du sel marin.

On trempe souvent dans de l'huile la pointe et le tranchant des instrumens d'acier; mais un mélange de savon, d'urine, de suif et d'huile d'olives est préférable.

ARTS ÉCONOMIQUES.

175. Description de calorifères a air chaud; par M. Wagenmann (*Verhandl. des Vereins zur Beförd. des Gewerbfleiss. in Preussen;* mai et juin 1827, pag. 147.)

Ces calorifères sont formés de tuyaux de fonte, qui circulent dans un espace clos par de la maçonnerie; ils livrent passage à l'air provenant de la combustion, et ils échauffent de l'air froid avec lequel ils sont constamment en contact.

La planche 3 représente deux de ces calorifères; le plus grand présente 7 mouvemens de tuyaux dans des plans verticaux. La fig. 1re est une coupe horizontale de ce calorifère. La chambre de chaleur en maçonnerie est fermée par de doubles parois, entre lesquelles l'air est confiné. La fig. 2 est une vue antérieure du calorifère; on y a figuré la porte du foyer, l'ouverture du cendrier, deux orifices pour l'arrivée de l'air froid à échauffer; et une porte A, qui permet d'entrer dans la chambre de chaleur. La fig. 3 offre la coupe transversale de la chambre à feu, et la figure 4 la coupe perpendiculaire par le milieu du poële.

La fig. 5 est le plan d'un poële avec 5 tuyaux. Le poële est ici de côté et en travers dans la chambre de chaleur. Cette dernière est également revêtue d'une couche de pierres qui résistent au feu, sans être séparée de la paroi principale par une couche d'air. Les ouvertures pour l'air froid et le canal pour l'air chaud sont les mêmes que dans les grands poëles. La fig. 6 est une vue devant, avec la porte du foyer et le cendrier, les ouvertures pour l'air froid et la porte pour entrer dans la chambre de chaleur.

La fig. 7 offre la perspective du poële. Dans la fig. 8, *a* est la coupe longitudinale d'une barre du gril, *b* la coupe transversale, *c* une barre vue en-dessus et en profil, et *d*, vue devant.

La fig. 9 représente la coupe d'un tuyau coudé inférieur. Dans les deux figures on aperçoit une ouverture pour nettoyer les tuyaux. La fig. 10 est la coupe du dernier tuyau coudé supérieur, qui conduit à la cheminée. La fig. 11 est une coupe des tuyaux coudés supérieurs. La fig. 12 est la coupe du premier tuyau perpendiculaire qui repose sur le poële. La fig. 13 est aussi une coupe des autres tuyaux perpendiculaires.

176. Notice sur un moyen d'éclairage par le gaz; proposé par M. Guilbaud, de Nantes. (*Rapport à la Soc. acad. de Nantes. — Recueil indust.*, etc.; Mai, 1828, p. 185.)

L'auteur propose un éclairage au gaz extrait d'une matière qu'il ne nomme pas, et qui donne une très-belle lumière. Il paraît que c'est une matière huileuse, qu'on pourrait se procurer en province et qui n'a pas été utilisée jusqu'à ce jour. Cette matière, selon l'auteur, pourrait aussi être employée dans la confection du vernis. Il est étonnant que l'auteur n'indique pas la substance qu'il emploie; il dit en effet qu'elle est déjà employée dans l'Amérique septentrionale pour le même usage.

177. Tuiles perfectionnées, par Maurice Kellner. (*Neu. Magaz. zur Befœrd. der Industr.;* 1er vol., 2e part., p. 15.)

Dans la disposition des tuiles sur les toits, celles du dessus reposent, par leur milieu, sur l'endroit où les inférieures sont placées l'une à côté de l'autre, et la pluie pénétre aisément dans la fente, d'autant plus qu'elles sont courbes à leur partie inférieure. Les nouvelles tuiles sont droites; elles offrent de chaque côté, dans toute leur longueur, un petit sillon droit; deux autres obliques, partant du centre de la tuile, rencontrent en bas les premiers sous un angle aigu. L'eau découle par ces petits conduits sans entrer dans les fentes.

178. Procédé pour la fabrication du ratafia dit de Grenoble. (*Journal des Connaissances usuelles;* n° 39. Tom. 7, 1828, pag. 127.)

Ce ratafia, préparé avec une espèce de cerise noire cultivée dans l'arrondissement de Saint-Marcelin et dans les communes de Saint-Hattier, Saint-Hilaire, Chattes, etc., se fait dans le mois de juin et de la manière suivante. (Des liquoristes de la côte Saint-André, de Voiron, de Ternay, viennent sur les lieux pour s'en occuper.) On prend les cerises bien mûres, on les porte dans des ateliers, en se servant de tonneaux défoncés par un bout, on les verse dans des cuviers ou dans d'autres vases, on les tasse, on ne les laisse pas assez long-temps pour qu'elles puissent aigrir et fermenter. Lorsque la quantité de cerises récoltées est assez considérable pour pouvoir commencer l'opération, on les soumet à l'action d'une meule ou d'une pierre à huile, et on les broie ainsi que le noyau; lorsqu'elles sont broyées, on porte la pulpe et le jus dans des chaudières, et on leur fait subir une ébullition de 2, 3 et même 6 heures, selon que le fruit est plus ou moins mûr. On a soin pendant l'ébullition d'agiter avec des spatules afin que les diverses substances ne s'attachent pas à la chaudière; lorsque la coction est suffisante, on met le tout dans des cabas en jonc et on le soumet à la presse de manière à tirer tout le jus, qu'on reçoit dans des cuves, ce jus est ensuite porté dans des tonneaux où on le laisse tiédir pour le mêler ensuite avec $\frac{1}{4}$, $\frac{1}{3}$, $\frac{1}{6}$ d'alcool à 33°, variant la dose selon la destination que l'on veut donner à la liqueur; aussitôt que le mélange est fait, on ferme hermétiquement les tonneaux. Cette liqueur prend le nom de *jus de cerises* ou ratafia, lorsqu'elle contient la plus forte dose d'esprit de vin, et que les fabricans y ont ajouté d'autres noyaux avec quelques ingrédiens qu'ils ne veulent pas désigner.

La quantité de ratafia de diverses qualités fabriqué ordinairement à Grenoble s'élève à 300 hectolitres; cette production est vendue à Grenoble même, à Lyon, et à la foire de Beaucaire. Le prix moyen de l'hectolitre est de 60 francs.

A. Chevallier.

ARTS MÉCANIQUES.

179. Mémoire sur les mouvemens de l'eau dans les canaux qui peuvent servir au desséchement d'un lac ou d'un marais; par le prof. Geminiano Poletti (*Giornale di fisica*, etc.; 4ᵉ et 5ᵉ bimestres, 1826.)

L'auteur considère un canal découvert destiné à conduire l'eau d'un bassin supérieur à un récipient inférieur. Il se propose de déterminer dans divers cas la direction de la surface de l'eau dans le canal, et le produit de l'écoulement. Mais il ne paraît pas que la manière dont il a traité ces questions l'ait conduit à aucun résultat utile aux progrès de l'Hydrodynamique.

Au commencement de son mémoire, il a établi, comme on le fait ordinairement, l'équation différentielle du mouvement des tranches du fluide dans le canal. Puis, supposant la vitesse constante, il intègre cette équation de manière à obtenir une relation entre les pressions exercées sur les sections extrêmes, et les hauteurs de ces sections. Il tire ensuite diverses conséquences de ces relations, sans faire attention que, dans un canal découvert, aboutissant à deux réservoirs, les pressions moyennes sur les sections extrêmes dépendent de la hauteur de ces sections, ensorte que ces quantités ont les unes avec les autres des relations qui ne peuvent être négligées. L'auteur calcule comme on le ferait si les deux réservoirs étaient réunis par un tuyau, et applique les résultats à un canal découvert.

On n'insistera pas davantage sur un travail qui atteste seulement le zèle avec lequel les savans italiens continuent à cultiver une partie de la mécanique, qui leur doit ses progrès et d'utiles perfectionnemens.

180. Théorie des ondes fondée sur l'expérience, ou des ondes dans les liquides, avec des applications aux ondes du son et de la lumière; par les frères Ernest-Henri et Guillaume Weber, professeurs à Leipzig et à Halle. Leipzig, 1826 (*Ibid.*; 4ᵉ bimestre, 1826.)

Cet article très-court est l'annonce d'un ouvrage allemand, dont le titre précédent peut donner une idée. On trouve dans cet ouvrage, outre l'exposition des diverses recherches mathématiques et expérimentales qui ont été faites jusqu'à présent sur les ondes, des recherches nouvelles dues aux auteurs. Le rédacteur du journal italien ne donne aucuns détails sur ce dernier objet, qui seul pourrait intéresser les lecteurs du *Bulletin*.

181. Méthode abrégée pour le tracé des engrenages des roues d'angle; par M. Poncelet. (*Journ. für die reine und angew. Mathem.*, de Crelle; 2ᵉ vol., 1827, p. 301.)

Soient C S, C' S (figure 14, pl. 3), les axes des deux roues dont il s'agit d'exécuter la denture, on divisera l'angle C S C' de ces axes en deux autres C S T; C' S T, dont les sinus C T, C' T soient réciproquement comme les vitesses de rotation à imprimer aux roues. En faisant tourner ces angles autour des axes respectifs, qui leur correspondent, on aura les cônes primitifs, se touchant suivant l'arête commune T S. C'est sur les bases circulaires T C *t*, T C' *t*' de ces cônes, prises à l'une des extrémités des couronnes, qui portent les dents, qu'on fait ordinairement la division de l'engrenage. Cela posé, tout ce qu'on peut dire sur le tracé des engrenages cylindriques, ou dans un plan, sera applicable à l'espace, pourvu qu'on remplace les lignes droites, relatives à ce tracé, par des plans passant par le sommet S des cônes, et les lignes courbes par des cônes ayant ce même point pour sommet. Ainsi, par exemple, pour que les surfaces coniques des dents, en se poussant, puissent imprimer des vitesses uniformes aux roues, il sera nécessaire que le plan normal à l'arête commune de contact de ces surfaces, passe continuellement par l'arête S. T des cônes primitifs; pareillement les courbes épicycloïdes des dents, relatives au cas du plan, seront remplacées par des cônes épicycloïdes produits par le mouvement d'une arête de l'un des cônes primitifs roulant sur l'autre cône primitif; et si l'on considère simplement les cercles de base *t* C T, *t* C T *t*' qu'on peut appeler les cercles primitifs, les choses se passeront encore d'une manière analogue sur la sphère qui renferme ces cercles et a S pour centre; seulement les droites seront remplacées par des arcs de grands cercles, et les épicycloïdes, les développantes planes, etc., deviendront des épicycloïdes, des développantes sphériques, etc.

D'après cette analogie, qui règne entre les deux cas du plan et de l'espace, il devient inutile d'entrer dans des détails sur la manière de disposer les engrenages selon les diverses circonstances; il est évident que toute la difficulté réside dans les opérations graphiques nécessaires pour tracer les différentes courbes ou surfaces de dents d'après les principes de la géométrie descriptive. Or, je ferai remarquer que la rigueur qu'on apporterait ici dans le tracé, en suivant les méthodes connues, ne conduirait pourtant qu'à des résultats fort incertains, vu la multiplicité des opérations nécessaires pour obtenir le tracé d'une surface de dents, ou même d'un seul point de sa courbe de base; il me semble que le procédé qui suit est suffisamment exact pour la pratique, et n'offre pas ces inconvéniens.

On remarquera que les couronnes ou jantes qui portent les dents ou fuseaux, etc., sont et doivent en général être terminées, du côté opposé au sommet S des cônes, par d'autres surfaces coniques, dont les sommets S, S' sont sur les axes S C et S'C' des roues, et dont les arêtes S' T, S T comprises dans le plan de ces axes, sont perpendiculaires à l'arête de contact S T des cônes primitifs, en sorte qu'elles sont le prolongement l'une de l'autre, et se trouvent comprises dans le plan perpendiculaire à S T, tangent à la fois aux cônes S, S' : c'est sur la surface de ces cônes que l'on applique les panneaux des dents, et qu'on vérifie le tracé général de l'engrenage; or, vû le peu d'étendue qu'occupe sur ces cônes, le profil de la courbe d'une dent et de celle qui la conduit, on pourra, sans erreur sensible pour la pratique, regarder les petites portions des surfaces coniques S, S' correspondantes à ces dents, comme se confondant continuellement avec le plan tangent S T S', pendant la durée de leur contact mutuel.

Cela posé, développant donc les deux surfaces du cône S et S' sur le plan tangent dont il s'agit, ce qui n'offre aucune difficulté, puisqu'on a la longueur des arêtes et le périmètre des bases, et observant que, dans ce développement, les longueurs dans le sens des arêtes, et les largeurs dans le sens des cercles méridiens concentriques aux sommets, ne sont nullement altérées, on ramènera de suite le problème des engrenages coniques à celui des engrenages cylindriques, ou sur un plan; car les cercles primitifs des dents sur la surface des cônes, seront devenus sur le développement, des arcs de cercle tangens entre eux, et qu'on pourra regarder comme les cercles primitifs de deux roues planes à tracer par les méthodes connues, selon le genre d'engrenage que l'on désire adopter. On aura ainsi obtenu tous les panneaux nécessaires pour tracer les dents sur la surface des cônes limites S, S'; d'après quoi l'on exécutera facilement les dents toutes entières.

On pourra d'ailleurs préparer de nouveaux panneaux développés pour les surfaces coniques, qui terminent intérieurement les couronnes du côté de S et qui, ayant leurs arêtes parallèles

15

à celles des premiers cônes limites, donnent, pour les dents, des profils exactement semblables, en sorte qu'il suffira de réduire les dimensions des premiers panneaux dans un rapport convenable, celui des arêtes S T, S T'.

182. Sur un Odomètre qui, sans augmenter de volume, peut centupler sa puissance; par James Hunter. (*Edinb. Journ. of scienc.*; juill. 1825, p. 44.)

L'odomètre consiste en une vis perpétuelle, qui fait tourner deux roues concentriques de 100 et 101 dents respectivement. Il est évident que lorsque la roue C dont les dents sont au nombre de 100 a complété une révolution, l'autre roue B de 101 dents aura une dent de reste. Conséquemment un index placé au *o* de C, correspondra au 1 de B; ce n° 1 indique donc une révolution complète de C ou 100 tours de la vis perpétuelle, laquelle étant fixée à la roue qui sert à mesurer, est équivalente à 100 fois la circonférence de cette roue. Après une 2e révolution, l'index correspondra au 2 de B, montrant 2 révolutions de C ou 200 tours de la roue mesurante et ainsi de suite jusqu'à ce que l'index corresponde à *o* ou à 101 de B, ayant complété 101 révolutions de C, ou 10 mille cent tours de la roue mesurante.

L'objet du perfectionnement proposé est d'enregistrer cette marche par l'introduction d'une 3e roue A de 102 dents, laquelle doit être mue par la même vis perpétuelle et sur le même principe que l'index fixé à la roue, C montre sur l'échelle de B le nombre de révolutions faites par C; un autre index fixé sur B indiquera sur l'échelle de A les révolutions de B; mais les révolutions de B sont simultanées avec celles de C, et, en conséquence, il ne faut pas tenir compte de celles de B tant qu'elles sont les mêmes que celles de C, ou, jusqu'à ce que C ayant parcouru 100 révolutions, l'index de B corresponde sur A aussi à 100. A la fin de la révolution suivante, l'index de C correspondra à *o* de B, et celui de B à 102 de A; c'est alors que le perfectionnement commence à produire son effet. Le *o* de B est equivalent à 101; et je trouve, dit l'auteur, que tant que B est moindre que A, il faut ajouter 101 à B; l'instrument correspond donc à 101 de A, a *o* ou 101 de B, et à *o* de C. A et B sont donc encore les mêmes, et le calcul donne 101 révolutions de C ou 10 mille cent tours de la roue mesurante ; et, à ce point, l'instrument à double roue se trouve avoir complété son service et il est prêt à recommencer.

A la fin de la révolution suivante, l'instrument indiquera *o* de A 1 de B, et *o* de C. Ici nous trouvons une différence de 1 , entre B et A, différence qui compte pour 10 mille cent ; et nous y ajoutons le 1 de B, qui compte pour cent, et nous avons 10 mille deux cent que nous savons être le nombre de tours de la roue mesurante ; conséquemment pour la suite, il faut recourir à la formule suivante : $B - A \times 10, 100 + 100 B + C =$ le tours de la roue mesurante ; tant que B est moindre que A, il faut ajouter 101 à B, parce que, dans le fait, on peut supposer que B continue son échelle après 100, au lieu de commencer de nouveau à *o*.

J'ai recommandé, dit l'auteur, de faire cette dernière roue pour mesurer 6,6 pieds, parce que c'est le dixième d'une chaîne anglaise en usage pour les mesures de superficies, et la même ou le centième d'un furlong pour mesure de longueur. Au moyen de ces 3 roues l'odomètre mesure $100 \times 101 \times 102 = 1030200$ tours de la roue mesurante, lesquels à 6, 6 pieds, montent à l'énorme somme de 67993200 pieds ou 1287 3/4 milles ; et si le temps pendant lequel cette distance a été parcourue est connu à 1 dixième près, on peut aller jusqu'à 10 fois cette distance, ou à 12877 $\frac{1}{2}$ milles, ce qui donne 10302000 tours de la route mesurante. Il n'y a point de doute que cet instrument ne puisse être fort utile dans une manufacture où il est important de déterminer le nombre de révolutions d'une roue en particulier.

183. Extrait d'un rapport sur l'explosion qui a eu lieu a Lyon, le 4 mars 1827, sur le bateau a vapeur le Rhône. Adressé à M. le Préfet du départ. du Rhône par la Commission chargée d'inspecter la navigation à la vapeur, et composée de MM. Favier président, Muthuon, Laguerenne, Gensoul et Tabareau, rapporteur.

Les travaux de la Commission ont eu pour objet de reconnaître les circonstances qui ont accompagné l'accident.

Il résulte de ce rapport que l'accident serait dû à l'imprudence du mécanicien qui avait promis une vîtesse des aubes de 40 tours par minute. L'expérience qui a amené l'accident était dirigée par ce mécanicien, et elle devait confirmer le marché ou le résilier, suivant ses résultats. Deux machines à vapeur, de la force de 50 chevaux chacune, et dans le système de Wolff, construites par MM. Aitkin et Steel, étaient destinées à produire le résultat ci-dessus indiqué.

Plusieurs renseignemens recueillis par la commission, prouvent qu'une expérience faite la veille de l'accident n'avait donné que 22 tours d'aubes par 1' au lieu de quarante, et que, pour augmenter la puissance des machines, le mécanicien ingénieur a fait charger les soupapes de manière à les faire fonctionner à une pression plus élevée que celle qui leur convenait.

Le rapport explique cette imprudence de l'ingénieur qui compromettait ainsi son existence par l'opinion généralement admise que les chaudières de tôle et de cuivre ne font que se déchirer au lieu d'éclater comme le font toujours les chaudières de fonte. Le même rapport combat cette opinion et présente plusieurs considérations qui tendent à démontrer que dans certaines circonstances les chaudières de tôle peuvent éclater, telle serait par exemple une expansion instantanée et considérable. Cette expansion trop forte réagit simultanément sur toutes les parties et peut produire leur désunion.

184. COMPARAISON DES EFFETS MÉCANIQUES DE LA POUDRE A CANON ET DE LA VAPEUR D'EAU, DANS LEUR APPLICATION A L'ARTILLE-RIE; par PRECHTL. (*Jahrb. des polytech. Instituts in Wien*; IXe vol., 1826, p. 1.)

Dans ce travail, l'auteur est conduit par une série de considérations analytiques déduites de faits et d'expériences, à conclure que l'artillerie à vapeur ne peut pas présenter d'avantages sur l'emploi de la poudre à canon, et que l'artillerie à vapeur est une des inventions qu'on doit mettre au nombre des choses qui sont plus curieuses qu'utiles et immédiatement applicables.

L'auteur traite cette question en 10 paragraphes comme suit:

1° Quantité de gaz dégagés pendant la détonation de la poudre.

2° Élévation de température et accroissement de la force élastique des gaz dégagés, pendant la détonation de la poudre.

3° Influence de l'eau sur la force expansive de la poudre.

4° Maximum de la force expansive de la poudre.

5° Réduction de la force de la poudre par le refroidissement des gaz échauffés par l'explosion.

6° Action mécanique de la poudre dans l'artillerie.

7° Application de la vapeur d'eau au mouvement des projectiles.

8° Comparaison du mouvement des projectiles par la vapeur d'eau et par la poudre de guerre.

9° Application de l'air comprimé aux projectiles par l'intermédiaire de la vapeur d'eau.

10° Application de la poudre de guerre, pour donner le mouvement aux machines. **D. B. F.**

185. Note sur des perfectionnemens ajoutés a la machine a graver; par M. Gallet. (*Bullet. de la Soc. d'encourag.* ; avril 1828 , p. 125.)

M. Jomard a présenté à la Société d'encouragement l'épreuve d'un cuivre gravé à la machine, et dans lequel l'emploi du brunissoir est substitué, au besoin, à la pointe à tracer. Quand une taille a été tracée trop près de la suivante par erreur de la main, ou bien quand le graveur s'est trompé dans le degré de pression, on met le brunissoir à la place de la pointe, et on s'en sert de la même manière. On l'amène aisément sur la ligne trop serrée ou trop creuse ; à son aide, on refoule la barbe du cuivre dans la taille, et on le rétablit dans son premier état; après quoi, on exécute le travail comme il doit être. Le brunissoir est une molette tournant sur son axe et qui ne diffère des molettes à tracer que par la largeur. Cette largeur est plus ou moins grande, suivant la ligne qu'il s'agit d'effacer. Ce perfectionnement est dû à M. Gallet; il est important pour le succès de ce genre de gravure et pour remédier à des imperfections qu'auparavant il était presque impossible de corriger, à cause de la différence du travail produit à la machine et du travail de la main.

186. Pendule; par M. Rainco. Rapp. de M. Francœur. (*Ibid.*; pag. 115.)

Cette pendule est portative et composée de deux corps de

rouages, l'un pour le mouvement, l'autre pour la sonnerie; elle marque les quantièmes, les jours de la semaine et les phases lunaires. On y a adapté, pour régulateur, un spirale, comme aux chronomètres, et l'échappement est celui d'*Arnold*. Cette pièce est, en général, bien exécutée; mais ce qui la rend remarquable, c'est un appareil de sonnerie de l'invention de M. Raingo, et qui doit faire principalement le sujet de ce rapport.

Le limaçon des heures est taillé comme dans les pendules ordinaires sonnant les trois quarts; il y a, en outre, une sorte de surprise formée par un limaçon mobile, accolé sous le premier et entraîné dans la rotation générale; ce limaçon reste sans usage, si ce n'est accidentellement, et lorsqu'il devient nécessaire pour faire résonner les quatre quarts. La sonnerie est réglée par un rateau denté, à la manière des horloges du Jura; la détente, qui l'abandonne à temps, le fait porter sur quelques points du contour du limaçon, en s'y enfonçant dans une entaille plus ou moins profonde. L'excursion de la descente détermine le nombre de dents passées et, par suite, le nombre de coups de marteau; le tout conformément au mécanisme ordinairement usité. Lorsque le tour des quatre quarts arrive, c'est alors que fonctionne la surprise ou le limaçon mobile; une détente le dérange de sa place accoutumée, et il se trouve substitué à l'autre. C'est dans cette ingénieuse surprise que consiste le principal mérite de cette invention, et on voit que la pendule ne mécompte pas lorsqu'on n'attend pas que les heures aient accompli leur sonnerie totale : c'est ainsi que cela a lieu dans les pendules du Jura qui, sous ce rapport, ont servi de modèle à l'auteur. Enfin, une détente mobile se présente de manière à ne permettre de sonner que quatre coups, dans les parties du limaçon pour lesquelles la surprise n'est pas nécessaire; car ce n'est que de midi à 4 heures que cette fonction devient utile, à raison de la disposition même des entailles de cette pièce.

187. Sur les horloges publiques; par B. L. Vulliamy. (*Lond. Journ. of arts*; avril 1828, p. 43.)

L'auteur observe que, parmi les meilleures horloges de Londres, il n'y en a pas 2 qui s'accordent; il attribue leur imperfection principalement à 2 causes : 1° les défauts inhérens aux principes et à l'exécution des horloges publiques même ; 2° la manière peu judicieuse de les mettre en place et d'organiser tout ce qui sert à établir les communications de l'horloge. M· Vulliamy recommande de faire les cadrans en pierre. Suivant lui, la peinture adhère mieux et dure plus long-temps sur ces cadrans que sur ceux en cuivre ; on peut en creuser le centre, et faire mouvoir l'aiguille dans sa cavité, cette disposition permet d'approcher l'extrémité de l'aiguille tout près des chiffres, et d'éviter par là presque toute erreur produite par l'effet de la parallaxe qui, dans les cadrans en cuivre, est très-considérable, surtout lorsque la pointe de l'aiguille se dirige vers 15 et 45 minutes. Les chiffres doivent être taillés dans la pierre, où ils s'enfoncent d'environ $\frac{1}{8}$ de pouce. M. Vulliamy s'applaudit d'avoir fait construire nouvellement sur ce modèle quelques horloges de Londres. Chev...T.

CONSTRUCTIONS.

188. Notice sur les travaux exécutés à Iékatérinhoff. (*Journal des voies de communication* ; 1826, n° 4.)

Il s'agit de divers ouvrages exécutés par les ingénieurs français attachés au service de Russie, dans le parc d'Iékatérinhoff, l'une des promenades de Pétersbourg. Ces travaux consistent :

1° Dans un pont en charpente de trois arches de 70 et 77 pieds d'ouverture. Les arches sont supportées par des arcs formés de pièces courbes superposées. Les culées sont en maçonnerie de brique et moellons, et les piles sont formées par un double rang de colonnes de fonte établies sur des basses palées. Ces piles ont résisté au choc de plusieurs barques pontées, dont le vent avait rompu les amarres, et qui ont été jetées avec violence contre le pont.

2° Dans un pont de 58 pieds d'ouverture, construit dans le système des soupoutres et contrefiches avec des bois ronds.

3° Dans un pont suspendu en chaînes de fer, de 50 pieds d'ouverture, destiné au passage des piétons. C'est le premier pont de ce genre construit à Pétersbourg. Les supports des chaînes paraissent être formés par des colonnes de fer fondu. Mais on ne donne pas les détails de la construction.

4° Une route en empierrement, qui conduit de la barrière de Péterhoff à la promenade. Elle est formée d'une couche de briques posées à plat et recouverte de 3 à 4 pouces d'épaisseur de granit concassé. La brique repose sur un sol de sable fin, sans adhérence. Cette route resiste à l'action des équipages qui la fréquentent en grand nombre dans la belle saison.

189. RECHERCHE DES LIGNES DE COURBURE DE L'ELLIPSOÏDE, L'HY-PERBOLOÏDE ET LE PARABOLOÏDE, pour le perfectionnement de la théorie de la construction et de la décoration des dômes; par le Rev. D. LARDNER. (*Transactions of the Royal Irish Academy ;* vol. XIV, 1825, p. 75.)

On sait que le célèbre Monge a donné, en l'an IV, dans le 2ᵉ cahier du *Journal de l'École polytechnique*, l'analyse et la construction géométrique des lignes de courbure de la surface de l'ellipsoïde, en indiquant le parti que l'on pourrait tirer du tracé de ces lignes, soit pour perfectionner la construction des voûtes elliptiques, soit pour donner à la décoration de ces voûtes l'élégance qui résulterait naturellement de l'emploi d'une loi géométrique, exempte d'arbitraire, et immédiatement dérivée de la nature de la surface. Les vues qu'il a présentées sur ce sujet s'appliquaient à la disposition d'une salle projetée pour une de nos assemblées législatives, et pourraient encore être utiles aujourd'hui.

M. D. Lardner, en suivant la même méthode et le même procédé de calcul employés par Monge, donne la construction des lignes de courbure de l'hyperboloïde et du paraboloïde. Cette recherche ne doit être regardée que comme un exercice de calcul, qui peut n'être pas sans intérêt en Angleterre, où elle fera connaître les idées de Monge sur un sujet qui intéresse l'art des constructions, mais qui en présente beaucoup moins en France. Nous exprimerons toutefois ici les regrets dont les amis des sciences ne peuvent se défendre en voyant le genre d'études auquel ces recherches appartiennent, et sur lequel les travaux de Monge avaient jeté tant d'éclat, être, à ce qu'il semble, de jour en jour moins cultivé parmi nous.

190. FEUTRES POUR DOUBLAGE DES NAVIRES; par M. DOBRÉE.

On n'oubliera pas que le premier bâtiment français entré dans un port des îles Philippines, était armé par M. Dobrée.

Combien d'avantages immenses pour nos commerçans, sont résultés de cette tentative heureuse et de tant d'autres expériences hardies faites avec succès! Combien d'objets divers importés par ce négociant habile, ont été répandus dans nos fabriques, et en sont sortis sous de nouvelles formes. Nous pourrions citer, entre autres, ce papier de Chine, si répandu aujourd'hui dans toutes les imprimeries lithographiques de Paris et de la province, et qui naguères était si rare qu'on ne pouvait se le procurer qu'avec de très-grandes dépenses. Ne feronsnous pas aussi remarquer quelle activité nouvelle il a su communiquer à ce commerce de la pêche de la baleine qui, s'il était plus encouragé par le gouvernement, deviendrait une source de richesses pour la France? Si nous voulons examiner ce que M. Dobrée a fait pour notre département, il nous suffira de dire qu'on lui doit la conservation de la belle manufacture de fer de la Basse-Indre; établissement superbe qui, en offrant un grand exemple à nos industriels, a donné naissance aux nouvelles forges de fer établies dans l'arrondissement de Châteaubriand. Certes, il a droit à nos hommages, ce négociant qui, en s'occupant de ses intérêts particuliers, ouvre de nouvelles routes à l'industrie, et contribue aussi puissamment au bien-être de notre pays.

L'invention du feutre à doublage est déjà connue et appréciée, non-seulement en France, mais dans tout le monde commercial. Membre du jury de la dernière exposition, M. Dobrée refusa de faire partie du concours, et se déroba ainsi aux éloges de ses compatriotes et à l'honorable récompense que devait lui mériter l'application de cette belle découverte. Aujourd'hui, nous devons en faire remarquer toute l'importance, et, pour atteindre ce but, nous ne saurions mieux faire que d'emprunter quelques détails à l'intéressant rapport lu à la Société académique de Nantes, par M. Hérisson.

Le rapport examine d'abord les nombreux procédés mis à exécution pour détruire les vers rongeurs nommés *brumes* ou *tarets*, rapportés à la suite des expéditions lointaines; ces procédés avaient tous été reconnus insuffisans jusqu'au moment de l'application du feutre sur la carène. Toutefois, la Commission ne prétend pas revendiquer pour la France tout l'honneur de la découverte du feutrage.

L'emploi de la toile dont on avait revêtu les carènes de plusieurs vaisseaux a pu donner aux Anglais l'idée du feutrage; il n'y avait en effet, dit le rapporteur, qu'un pas à faire d'un tissu végétal et éminemment fermentescible et putrescible, à un tissu de poils d'animaux, non sujet à fermentation, et presque indestructible de sa nature.

Quoi qu'il en soit, ce fait prouve les efforts que l'on a faits pour améliorer cette partie des constructions navales que l'on était loin de regarder comme parfaite. Le feutrage, ainsi que beaucoup d'autres inventions, a éprouvé, dès le principe, des obstacles qui ont retardé son emploi : en Angleterre, deux constructeurs seulement, laissant leur intérêt personnel de côté, eurent la bonne foi de reconnaître les avantages de cette découverte : bientôt ils ne purent suffire aux nombreuses demandes qu'on leur faisait; enfin, le nombre des bâtimens feutrés s'accrut d'autant plus, qu'indépendamment de l'économie que les armateurs trouvaient à faire usage de ce procédé, leurs navires obtenaient des bonifications assez considérables sur les primes d'assurances.

Il n'en fut pas de même en France : plusieurs navires de Nantes et Bordeaux profitèrent cependant de cette découverte; et les rapports avantageux qu'ils firent à leur tour fixèrent l'attention des autres armateurs. Le capitaine du navire baleinier le *Triton*, principalement, déclara que, depuis près de cinq ans que son navire avait été feutré, sa carène n'avait pas été touchée, et que son feutre, encore recouvert du même doublage en bois, se trouvait dans le même état de bonté que lors de son application.

Il est à présumer que les bordages de ses œuvres vives ont été préservés, ainsi que le calfatage; en sorte que le navire n'a exigé d'autre dépense que celle de la réparation pure et simple de ses avaries; tandis que, s'il n'avait pas été feutré, il aurait fallu le caréner de nouveau, et peût-être délivrer plusieurs bordages; ce qui aurait occasioné un radoub plus ou moins considérable. Le cuivre de deux autres navires avait, après six ans de navigation, conservé sa couleur neuve. Deux manières de se servir du feutre ont été mises en usage à bord de l'*Amélie* et du *Triton* : la première consiste à appliquer le cuivre sur un doublage en bois qui recouvre le feutre; celui-ci devient alors imperméable, conserve le bordage dans un parfait état de sécheresse, et préserve le chevillage en fer de l'action que le cuivre du doublage aurait exercée sur lui. En employant la seconde manière, qui consiste à doubler en cuivre sur le feutre, la compression du feutre étant nécessairement moindre, la carène se trouve moins défendue, mais il y a dès le principe l'économie du doublage en bois, qui va à la moitié de la dépense.

Si, à ce rapport, dont nous regrettons ici de n'avoir donné qu'une analyse bien succincte, nous ajoutons les renseignemens pris par M. de Tollenare, pendant son séjour à Londres, nous verrons que ce feutre jouit d'une très-grande réputation en Angleterre, et que la Compagnie des Indes a fait feutrer plusieurs de ses bâtimens, qui devaient être assurés à meilleur marché que les autres; ce procédé s'étant étendu de Londres à Liverpool et à Bristol, on estime qu'il existe en ce moment plus de mille navires auxquels il a été appliqué.

Et enfin, nous dirons que le gouvernement, après avoir reconnu l'évidence et l'utilité de ce procédé, a fait à M. Dobrée une commande de 90,000 feuilles de feutre. Nous ne saurions mieux terminer ce chapitre qu'en citant les paroles d'un savant ingénieur enlevé trop tôt aux sciences, de M. Rapatel : l'idée seule, dit-il, que le feutre, en s'opposant aux voies d'eau, lors même qu'un bâtiment a touché, doit sauver annuellement un grand nombre de marins, ne doit-elle pas suffire pour en prescrire l'usage? et si les idées d'économie viennent se mêler à la discussion, ne peut-on pas dire que l'emploi du feutre opérera une grande diminution dans les primes d'assurances, et que cette diminution seule fera plus que compenser les frais du nouveau genre de doublage. (*Le Breton;* 17 mai 1827, n° 70, p. 300.)

191. COMPOSITION DE BRIQUES OU PIERRES POUR LES BATISSES, ORNEMENS, etc. Patente à J. BROWN et W. DUDERIDGE CHAMPION. (*Repert. of pat. invent.*, etc. ; avril 1828, p. 258.)

Le procédé consiste à se servir d'une terre argileuse que l'on rencontre sur les bords de la rivière Parret, à 2 ou 3 milles audessous de Bridgewater, que l'on mêle avec un quart à trois quarts d'argile. On expose le mélange au froid pendant l'hiver;

on le passe deux ou un plus grand nombre de fois au moulin, après y avoir mêlé la quantité d'eau convenable : cette terre sert ensuite, en la moulant, à faire des briques ou des orne-mens.   G. DE C.

MÉLANGES.

192. FLORE ARTIFICIELLE; par FERLIER. Premier ouvrage consacré aux dames sur l'art de faire les fleurs. 1re livraison. In-8° de 79 p., avec 3 planches lithographiées; prix, 3 fr. (1). Paris, juillet 1828; au dépôt direct de tous les articles pour fleurs artificielles, chez l'auteur, rue St.-Denis, n° 326.

Un reproche que l'on peut faire, en général, à plusieurs parties des collections de *Manuels* et de *Traités populaires* que l'on a publiés depuis quelques années et dont il faut reconnaître du reste l'utile influence, c'est d'avoir été écrits trop souvent par des personnes étrangères à la manutention des arts ou métiers qu'elles s'étaient chargées de décrire. Rédigés pour la plupart du temps sur des ouvrages qui avaient vieilli, plusieurs de ces traités n'ont pas été mis suffisamment au courant de la matière, et n'ont pu par conséquent atteindre leur but. Trop souvent aussi, la plupart de ces traités n'ont été qu'une spéculation de libraires ou d'auteurs, qui n'ont pas assez considéré l'honneur de faire en même temps avancer la science; de là cette facilité avec laquelle on a vu les mêmes noms se reproduire jusqu'à satiété sur les titres d'ouvrages qui, par leur variété, devaient faire supposer dans leurs auteurs des connaissances universelles. Réservés dans les éloges que nous avons accordés jusqu'ici à ces sortes d'ouvrages dont nous sentions le besoin pour l'époque actuelle et que nous voulions par conséquent encourager, nous espérons qu'on aura pu distinguer ceux que nous recommandions plus spécialement à l'attention des lecteurs, et ceux qui réclamaient des perfectionnemens indispensables; c'était là la partie la plus importante de notre tâche, et nous ne croyons pas y avoir manqué.

Nous pouvons recommander, avec la même confiance que nous l'avons fait pour quelques ouvrages semblables, la *Flore artificielle* dont M. Ferlier vient de nous donner la 1re livraison.

(1) Les livraisons suivantes ne seront plus que du prix de 3 fr.

Voué depuis long-temps à l'étude et à la pratique de l'art qu'il décrit, personne n'était plus en état que lui d'en tracer les préceptes, et il était impossible d'apporter dans cette entreprise plus de conscience qu'il n'y en a mis. Tous les procédés sont indiqués dans son livre avec un soin minutieux et des connaissances théoriques et pratiques, qui ne laissent réellement rien à désirer; et, si les livraisons suivantes répondent à celle-ci, nous aurons au moins un traité complet sur un art où l'auteur est le premier, à notre connnaissance, qui ait cherché à initier les dames. En transcrivant ce dernier mot, il nous vient cependant à la pensée l'idée d'un reproche, mais d'un seul reproche, que nous croyons pouvoir adresser à l'auteur, et auquel peut-être il s'attendait le moins de notre part. « J'aurais pu, dit-il, p. 6 de son ouvrage, commencer avec le printemps, m'occupant d'abord des fleurs que cette saison voit éclore; mais je connais les dames, et veux *de suite* les occuper d'elles-mêmes; je commencerai donc par la rose, et pour plus d'analogie, par la rose des quatre saisons. » Eh bien, c'est justement ce passage et ceux de sa 1re livraison qui sont dans le même ton que nous improuvons dans un ouvrage scientifique, quelque soit son objet et quoiqu'il soit principalement destiné aux dames; c'est parce que ces comparaisons se présentaient naturellement à son esprit, comme elles se sont présentées à l'esprit de mille autres avant lui, qu'il était de bon goût peut-être de les écarter. Mais cette remarque et quelques autres que nous pourrions faire sur le style de M. Ferlier, sont en proportion si faible avec le mérite de son livre que nous ne croyons pas qu'elles puissent diminuer en rien le succès qu'il doit avoir.

La 1re livraison, que nous annonçons ici, contient les premiers élémens de l'art de faire les fleurs, les moyens d'exécution, l'apprêt des étoffes, l'ordonnance du feuillage, le trempage des pétales, leur coloris, etc. On y trouve aussi le vocabulaire de la science botanique, comparé aux termes dont on se sert dans les ateliers de fleuristes et la nomenclature de toutes les choses nécessaires à la confection des fleurs artificielles, avec leur application. Nous ignorons quelle sera la composition des 5 livraisons qui restent encore à publier, et que l'auteur a promis de faire paraître de 2 mois en 2 mois; mais celle que nous avons sous les yeux suffit déjà pour nous faire bien augurer de tout l'ouvrage. E. H.

193. Sur l'amirauté de St.-Pétersbourg. (Annales patriotiques. — *Otietschestvennia Zapisski*; oct. et nov. 1825 , nᵒˢ 66
et 67, pag. 3 et 165.)

L'amirauté de St.-Pétersbourg est un monument qui atteste le
prix que Pierre-le-Grand attachait aux progrès de la construction navale dans son empire. Ce fut le 1ᵉʳ octobre 1704 que ce
prince fit jeter les premiers fondemens du chantier, qui ne fut
terminé qu'en 1706, malgré toute l'activité avec laquelle on avait
poussé ses travaux; cette même année , on lança dans les eaux
de la Néva, un brigantin, de l'invention même du Tsar. Dès les
premières années de l'établissement, les constructions firent des
progrès surprenans : et ce fut en 1712 que fut lancé le vaisseau
le Pultawa, fort de 50 canons.

En 1718 l'Amirauté présenta un aspect encore plus animé; l'é-
difice fut entièrement environné de canaux, fermés par des murs
de pierre; derrière on éleva un rempart et un parapet avec ses
bastions, et de plus deux magasins pour les matériaux de construction. Le 26 juin de cette année, on lança le *Stari-doub* (le
vieux chêne) de 90 canons.

Afin de mieux comprendre quels étaient les bâtimens appartenant alors à l'Amirauté, il ne sera pas inutile de jeter un coup-
d'œil sur les environs de cet édifice, à cette époque. A gauche, vis-à-vis sa grande porte latérale actuelle , se trouvaient
des constructions de bois qui servirent pendant quelque temps
au collège de l'amirauté; non loin étaient les magasins aux voi-
les et au charbon; à l'endroit où l'on voit aujourd'hui le palais
du sénat, étaient des casemattes pour les maîtres constructeurs
et les officiers spécialement attachés au service de l'Amirauté;
plus loin s'élevait un vaste édifice qui servait de manufacture
de cables , ainsi que des hangards où l'on travaillait à faire des
rames et où l'on gardait le bois et chanvre. Au delà, on entrait
dans la cour des galères, et le lieu dit la Hollande, où l'on mettait en réserve les bois de chêne et de mâture, les vivres et la
viande salée; il y avait aussi une raffinerie, un établissement de
bains et un bagne pour les galériens. A droite de l'Amirauté, là où
l'on a construit le palais d'hiver, était la Maison de l'amiral Apra-
xin; devant le marché de la Marine, et tout auprès la maison
Kikine, qui a servi dans la suite à l'Académie maritime, où l'on
recevait les élèves qui se destinaient au service de mer. En face

du fronton principal de cet édifice se trouvaient deux rues entièrement habitées par les officiers de la flotte, la pharmacie de la marine, et près du pont bleu était l'état-major de l'amirauté, de telle sorte que tout l'espace compris entre la Néva et la Fontanka étant occupé par les constructions maritimes : on l'appelait alors l'île de l'amirauté.

Vers la fin de son règne, Pierre 1er ayant acheté plusieurs vaisseaux de guerre aux Hollandais et aux Anglais, il n'est pas surprenant qu'en 1718, la flotte russe présentât un effectif de 40 vaisseaux de ligne et de 300 galères. A la fin de 1723, elle comptait 42 vaisseaux, sur lesquels se trouvaient 14960 matelots et 2106 canons; 300 galères, les unes portant 500 hommes et 5 canons, les autres 150 matelots et 3 canons; plus une quantité considérable de bâtimens de différentes grandeurs. Des 42 vaisseaux précités, 35 avaient été construits à St.-Pétersbourg, ce qui pourra donner une idée de l'activité avec laquelle on poussait les travaux pendant les 18 premières années de l'existence du chantier.

En 1727, sous l'impératrice Catherine 1re, à la place de l'ancien édifice de l'amirauté qui était en bois, on en éleva un en pierre, qui conserva cependant presqu'entièrement les mêmes dimensions que le premier et sur lequel, du temps de l'impératrice Anne, on construisit une tour, surmontée elle-même d'une flèche, pour la dorure de laquelle on employa 5081 ducats du poids de 43$\frac{1}{2}$, ce qui faisait, au cours d'alors, 11076 roub. et 58 kopecks. Le prix des travaux exécutés à cette occasion s'éleva à 12,907 roub. 84$\frac{1}{2}$ kopecks.

Sous Catherine II, et à l'occasion de la terrible inondation du 10 septembre 1777, il fut ordonné qu'en pareille circonstance, plusieurs coups de canon tirés du rempart de l'amirauté avertiraient les habitans du danger auquel ils étaient exposés; et que, sur la tour du milieu on arborerait des drapeaux pendant le jour et des fanaux pendant la nuit; mesures de prudence qui ont sauvé la vie à bien du monde, notamment le 7 novembre 1824.

Sous le règne de Paul 1er, la place de l'amirauté devint une place d'exercice pour les troupes; et ce prince, trop vigilant pour ne pas remarquer l'état de vétusté des bâtimens de l'amirauté, donna l'ordre au lieutenant-général Gérard d'en restaurer immédiatement la forteresse. Dès l'année suivante, cet ordre fut exécuté. C'est ainsi que depuis la mort de Pierre-le-Grand jusqu'à l'avènement au trône d'Alexandre Ier, l'amirauté de St.-Pétersbourg subit de nombreux changemens, qui tous amenèrent quelqu'amélioration. On sait que le nombre de vaisseaux de cent et de cinquante canons lancés jusqu'en 1801, s'élevait à 72, sans compter 6084 bâtimens environ de toute autre espèce. Le plus grand navire sorti des chantiers de St.-Pétersbourg est le *Blagodate*, de 130 canons, commencé le 29 février 1799 et lancé le 2 août 1800.

A peine Alexandre fut-il monté sur le trône, que St.-Pétersbourg prit pour ainsi dire un autre aspect. La régularité et l'accord des parties pour embéllir le tout, devinrent le type de toutes les constructions dont l'empereur lui-même dût approuver le plan ; aussi l'indispensable nécessité de reconstruire entièrement l'amirauté se fit-elle d'abord sentir à ce monarque si jaloux de la gloire de travailler aux embellissemens de sa capitale. M. Adrien Zakharof, professeur d'architecture à l'Académie impériale des beaux-arts, fut chargé de faire le plan de l'édifice et d'en faire exécuter les travaux.

La longueur entière de la façade de l'amirauté est de 200 sagènes. Cette façade a 3 corps de bâtimens, dont 1° celui du milieu occupe un espace de dix sagènes, et les deux latéraux, un espace de 17. Au centre de celui du milieu se trouve un arc qui sert d'entrée principale. De chaque côté, sur des piédestaux de granit, on voit deux groupes gigantesques, représentant des nymphes marines qui tiennent une sphère céleste. Au-dessus de cet arc est un bas-relief très remarquable dû au ciseau de M. Térébénief. Au-dessus de ce bas-relief, se trouvent les quatre statues assises d'Achille, d'Ajax, de Pyrrhus et d'Alexandre le Grand ; c'est là que commence la tour, dont la première partie est formée par 28 colonnes d'ordre ionique, offrant l'aspect d'une galerie. Plus haut que les colonnes, sur une corniche, on aperçoit 28 figures de pierre de Poudojsk. A partir de cette corniche, la tour prend la forme d'une colonne circulaire, et se termine par une coupole aux trois côtés de laquelle est adapté un cadran d'horloge. Au-dessus est une lanterne où se placent les signaux indicateurs de l'élévation des eaux de la Néva, et à laquelle commence la flèche recouverte de feuilles de fer doré. A la sommité est représenté un vaisseau de dix pieds de haut, au dessous duquel on découvre une couronne et une pomme de trois pieds et demi de diamètre. L'espace depuis le vaisseau jusqu'à la pomme, est de trois pieds, et la hauteur entière de la flèche, à partir du sol, est de 33 sagènes. De l'amirauté de St.-Pétersbourg, dépend le chantier qui a fourni le plus de vaisseaux à la Russie. On y a construit

de 1712 à........ 1725......... 40 vaisseaux.
1725......... 1745......... 26
1745......... 1763......... 40
1763........ 1797......... 93
1797........ 1801......... 10
1801......... 1825......... 44.

Conséquemment dans l'espace de 115 ans, il a fourni à la flotte russe, 253 vaisseaux, sans compter un nombre considérable de frégates, chaloupes, et autres navires. Toutes les constructions s'y font en bois de chêne du Caucase. J....т.

194. MINES DE FER DE LA JAMOTIÈRE, dép. de la Loire-Inférieure, arrondissement de Châteaubriant, canton de Derval.

Depuis longues années les forges de Moisdon, de la Provotière et de la Hunaudière, étaient en possession de traiter les minérais de fer de l'arrondissement de Châteaubriant, mais seulement d'après les procédés anciens, et à l'aide du charbon de bois. Chacun sait aujourd'hui combien la méthode anglaise de fondre le minérai et d'affiner le fer avec la houille, est préférable, sous les rapports de l'économie et de la perfection des produits.

Les propriétaires des mines de Montrelais ayant, dans ces dernières années, donné à leur exploitation de Monzeil, un développement inconnu jusqu'ici, il ne manquait plus que d'employer ce combustible à la réduction des minérais de fer du voisinage, pour enrichir le département de la Loire-Inférieure, d'une industrie qu'on exploite déjà avec profit sur plusieurs points de la France, dans des localités et avec des circonstances peut-être moins favorables que celles qu'on possède ici.

M. le comte de Jouffroy, qui est venu, il y a peu d'années, faire présent à notre pays de ses vues d'amélioration, appuyé d'une grande fortune et dont les travaux considérables en agri-

culture avaient déjà prouvé, par le succès, ce que peuvent le génie et l'argent contre la routine qui entretient autour de nous
tant de terres incultes; M. de Jouffroy, possesseur du terrain le
plus riche en minérai de fer qui existe dans l'arrondissement, a
entrepris de l'exploiter d'après la méthode anglaise; et son établissement, conçu et élevé en une seule campagne, est aujour-
d'hui sur le point d'entrer en activité.

Cet établissement créé sur une vaste échelle, se composera
de deux hauts fourneaux, deux affineries et un moulin à fer. Il
emploie la vapeur pour puissance, et la force appliquée à toutes les machines équivaudra à 120 chevaux. Déjà le fourneau
est élevé, la machine soufflante est posée, les approvisionnemens
sont prêts, les édifices presque achevés.

Au moyen d'un traité passé pour un certain nombre d'années,
les mines de Mouzeil doivent fournir toute la houille nécessaire à
l'établissement. Un problème était à résoudre, c'était la conversion plus ou moins facile, plus ou moins parfaite, de cette houille
d'une nature sèche, en coke. Cette difficulté a été levée; après
quelques essais satisfaisans, M. de Jouffroy est parvenu, au moyen
d'une manipulation particulière et de fourneaux d'une certaine
forme, à convertir toute la houille de Mouzeil en cook propre à
la fusion, à la grande surprise de plusieurs praticiens qui avaient
essayé précédemment et infructueusement cette même opération. Toutes les conditions de succès d'une entreprise de ce
genre m'ont paru réunies chez M. de Jouffroy. Le minérai de
fer, reconnu pour le meilleur du pays, s'extrait presque au pied
des fourneaux. Le flux ou castine provient d'un terrain acquis
dans les environs; le sable, l'argile réfractaire, la pierre sont en
abondance sur les liéux même. Une route ferrée conduira jusqu'à Nort, où les produits seront embarqués sur l'Erdre.

Plusieurs établissemens de ce genre, qui fleurissent en France,
sont loin de réunir toutes ces bases d'économie : à Fourcham-
bault, la houille revient à l'établissement au prix de 3 fr. l'hectolitre; à Châtillon, elle coûte 5 fr.; ici cette dépense, transport
compris, reste au-dessous de 2 fr.; d'un autré côté, si les établissemens de St.-Étienne jouissent de l'avantage de posséder la
houille d'excellente qualité et à bas prix, le minérai de fer qui
ne coûte ici que 1 fr. le tonneau, revient à St.-Étienne à 22 fr.
différence qui surpasse de beaucoup, dans la dépense générale,

celle qu'on pourrait remarquer par rapport à la houille. La plupart des ouvriers employés à la Jahotière sont des enfans du pays, qui ont été formés dans l'établissement depuis quelques années; car, avant de s'occuper de fourneaux, M. de Jouffroy avait déjà introduit chez lui une industrie considérable, et aussi variée que ses connaissances personnelles. De vastes ateliers de tout genre y sont en perpétuelle activité; on y exécute tout ce que les besoins d'une colonie pourraient exiger, tels que le charronage, la menuiserie, les instrumens d'agriculture, etc. Le nouvel établissement une fois complet, fournira environ 150 milliers de fer par semaine, et occupera quelques centaines d'ouvriers. Les transports seuls, qui pourraient faire l'objet d'une entreprise particulière, s'élèveront à plus de cent mille francs par an. Pour donner à son entreprise un développement que les forces d'un particulier ne sauraient atteindre, le propriétaire a créé, pour une durée de trente ans, cinq cents actions de 3,000 fr. chacune. Les noms les plus honorables figurent déjà parmi les sociétaires, soit dans le département, soit à Paris, ou même dans des contrées plus éloignées encore. Il serait à souhaiter que le patriotisme breton, secondant les vues de M. de Jouffroy, ne laissât pas à des spéculateurs étrangers à notre pays, le mérite de concourir à une entreprise aussi utile.

Quoiqu'il en soit, abstraction faite du nouvel établissement et de l'avenir brillant qui lui paraît réservé, la terre de la Jahotière (aujourd'hui de la contenance de 1000 arpens métriques environ) mérite, seule, une mention spéciale dans les fastes de l'agriculture et de l'industrie de ce département. A la vue de ces terres cultivées, de ces prairies, de ces canaux, de ces plantations, de ces vastes et élégantes fabriques, de ces ateliers, de cette population en mouvement, ceux qui se rappellent comme moi, que le bassin de la Jahotière n'était, il y a peu d'années, qu'une terre en friche et presque déserte, ne peuvent se défendre d'applaudir aux soins de l'homme qui a employé aussi utilement ses connaissances et sa fortune. (*Le Breton;* 17 nov. 1827, n° 154, pag. 628.)

195 NOTICE HISTORIQUE SUR LE GÉNÉRAL DE BETANCOURT. (*Journal des voies de communications;* 1826, n° 1, p. 39.)

A. de Bétancourt, lieutenant-général au service de Russie,

membre correspondant de l'Institut royal de France, etc., naquit à Ténériffe, le 2 février 1758, et vint, à l'âge de 22 ans, en Espagne. Il se livra dans ce pays à des études sérieuses, ses succès dans les mathématiques le firent bientôt remarquer, et le gouvernement espagnol le chargea de parcourir les principaux États européens pour observer, receuillir les nouvelles découvertes scientifiques, examiner les systèmes de navigation, les machines à vapeur et enfin tout ce qui est du ressort de la mécanique; il repondit à toute la confiance de ce gouvernement, et forma à Madrid un des cabinets de dessins et de modèles les plus complets.

Envoyé en 1797 par Charles IV à Londres pour faire construire des machines destinées à dessécher les mines d'or et d'argent d'Amérique, il se rendit, par son génie observateur et pénétrant, suspect aux Anglais qui le conduisirent à Lisbonne après l'avoir dépouillé de ses travaux. Il vint alors en France pour faire rétablir les machines qui lui avaient été enlevées.

On le rappela de Paris, en 1798, pour former une ligne télégraphique de Madrid à Cadix, et fonder les corps du génie et des ponts et chaussées.

Il remplit plusieurs fonctions très-importantes jusqu'à ce que les troubles de l'Espagne l'aient engagé à tourner ses regards vers le nord de l'Europe, et, en 1808, il fut attaché au service de Russie, en qualité de général-major, par l'empereur Alexandre.

Ses travaux sont nombreux: à Kasan il exécuta une fonderie de canon, il réorganisa la fabrique d'armes de Toula, celle d'Alexandrovsky, il pourvut le pont de Cronstadt d'une machine à draguer très-remarquable. Il établit des ponts en charpente à Ijora, à Péterhof, à Toula, à Kamennoïe-Ostrof. Ce dernier pont a 490 pieds d'ouverture, il est formé de 7 arches et sa solidité est remarquable.

Il fut nommé président d'un comité de construction, fit élever l'immense bâtiment destiné à fabriquer les papiers de banque, et donna presque tous les procédés et les machines employés dans cet établissement. Sur ses données aussi on fit construire l'hôtel des monnaies de Varsovie; il fit exécuter en moins de 6 mois, à Moscou, un bâtiment de 150 pieds de large sur 540 de long, destiné aux évolutions militaires de la garde impériale pendant le séjour que la cour fit dans cette capitale.

Il exerça pendant 4 ans la place de directeur des vóies de communication, et, par ses soins, fut bâtie une ville nouvelle sur le confluent du Volga et de l'Oka; en même temps il embellissait Nijni, terminait l'aqueduc de Taïtz, parcourait tout l'empire, observait tous les besoins, et il allait répondre au vœu de l'empereur en rétablissant le toit de l'église de Saint-Isaac, lorsqu'il fut atteint d'une maladie aiguë, suite de ses immenses travaux, et succomba au bout d'un an, le 14 juillet 1824, entouré de regrets bien légitimes.

196. ACADÉMIE ROY. DES SCIENCES. *Teinture des laines.*

M. Chevreul a fait le 1er août, en son nom et aux noms de MM. Thénard et Darcet un rapport sur un travail de M. Raymond fils, ayant pour titre: *De la teinture des laines au moyen du bleu de Prusse.* C'est à M. Raymond père qu'est due la découverte d'un moyen facile de teindre la soie avec du bleu de Prusse. L'application de la même matière colorante sur la laine présentait de grandes difficultés. Un prix de 25,000 francs ayant été proposé en 1811, par l'ancien gouvernement, à celui qui parviendrait à faire cette application, ce prix n'a pu être adjugé; et c'est l'année dernière seulement que le procédé de M. Raymond fils a été soumis à l'examen de l'Académie. Plusieurs pièces de drap teintes par le procédé de l'auteur ont déjà été présentées au public, et les échantillons exposés par lui, en 1823, lui ont valu une médaille d'argent. Ce n'est pourtant qu'en 1827 que M. Raymond fils a conduit sa découverte au point de perfection où elle est aujourd'hui.

Une difficulté à surmonter pour teindre la laine en bleu était de trouver le moyen de la charger d'une assez grande quantité de peroxide de fer pour qu'elle put se teindre ensuite en bleu foncé, au moyen de l'acide hydrocyano-ferrique. L'auteur, après de nombreuses tentatives, a fait une dissolution ferrugineuse qui remplit bien cet objet; il lui donne le nom de *tartro - sulfate de peroxide de fer.* Il la prépare en mélant d'abord de l'eau, de l'acide sulfurique, de l'acide nitrique et du sulfate de protoxide de fer, de manière à convertir celui-ci en sulfate de peroxide; puis il ajoute au mélange de l'acide sulfurique et du tartrate de potasse ce qui équivaut, suivant lui, à de l'acide tartrique et à du sulfate de potasse. Cette liqueur doit marquer 36 degrés à l'aréomètre de Baumé.

M. Raymond traite d'abord de la teinture des draps, et ensuite de celle de la laine en toison.

Les opérations qui composent le procédé pour teindre le drap sont au nombre de quatre, savoir: 1° Le bain de rouille; 2° le bain de bleu; 3° le foulage; 4° l'avivage.

1° *Bain de rouille.* —Le bain de rouille doit avoir $\frac{1}{2}$ degré à l'aréomètre. Il doit être chauffé à la vapeur; et lorsqu'il est à la température de 30 à 40 degrés, on y plonge le drap qui est placé sur un tour. On continue à faire arriver de la vapeur jusqu'à ce que le bain soit près de bouillir.

Comme le pied de rouille doit être proportionné à la hauteur du bleu qu'on veut obtenir, il faut que le teinturier ait sous les yeux deux séries d'échantillons. L'une renferme des échantillons de draps imprégnés de diverses quantités de peroxide de fer, et l'autre des échantillons de bleu correspondans à ceux de la première série. Par ce moyen, on juge si le drap doit être retiré du bain ou y rester davantage. Le drap retiré de la cuve ne doit pas être égoutté trop long-temps; il faut le laver à la rivière avec le plus grand soin. — Les draps destinés à être teints en bleu très-clair doivent être plongés à froid dans le bain de rouille; ils nécessitent l'addition dans le bain d'acide sulfurique et de crème de tartre. Lorsqu'un bain a servi à une opération, il est susceptible de servir encore à une seconde et même à une troisième; il suffit d'y ajouter chaque fois du tartro-sulfate de peroxide de fer, de manière qu'il marque $\frac{1}{2}$, $\frac{3}{4}$, et même 1 degré. Mais il arrive une limite où il doit être jeté, parce qu'il a trop de matières grasses et d'acide.

2° *Bain de bleu.* — L'auteur prépare un bain qui contient 0,085 d'hydrocyano-ferrate de potasse, du poids du drap; il plonge celui-ci pendant un quart d'heure et le relève. Il pèse ensuite une quantité d'acide sulfurique égale à celle d'hydrocyano-ferrate; il l'étend dans environ 5,5 de son poids d'eau, et partage la liqueur en trois portions égales A, B, C. Il ajoute au bain la portion A, et y passe le drap pendant un quart d'heure et il le relève. Il ajoute au bain la portion B et y passe le drap pendant demi-heure sans le remuer; il le replace sur le tour, réchauffe le bain, et après quelques bouillons, il relève le drap et le passe à l'eau courante.

3° *Foulage.* — Le foulage s'opère à froid dans une solution de demi kilogramme de savon dissous dans dix kilogrammes d'eau pour 10 kilogrammes de drap.

' *Avivage.* — L'avivage du bleu foncé se fait en tenant plongé 25 ou 30 minutes le drap dans l'eau froide qui contient 1/300 de son volume d'ammoniaque liquide.

M. Raymond ayant remarqné que cet avivage grise trop les bleus clairs, emploie pour les aviver, non plus une eau ammoniacale, mais une eau acide, qu'il prépare en ajoutant pour chaque kilog. d'eau une solution de 5 grammes de crême de tartre dissous dans dix grammes d'eau. On chauffe le bain à la vapeur, ou y tourne le drap pendant 12 à 15 minutes, on le relève et on le lave dans une eau courante.

S'il s'agissait de faire une dégradation suivie de bleu de Prusse sur laine, il y aurait certainement des expériences à faire pour rendre insensibles la différence de couleurs qu'on remarque entre le drap avivé par un liquide alcalin et celui qui l'a été par un liquide acide.

Le procédé pour teindre la laine en toison est le même que le précédent, à de légères modifications près.

D'après les calculs qui terminent le mémoire de M. Raymond fils et qui sont aussi détaillés que possible, un kilogramme de drap bleu teint avec le bleu de Prusse, revient à 1 fr. 50 c., tandis que teint à l'indigo il coûte plus du double.

Il est difficile de décider d'une manière absolue si la solidité du bleu teint au bleu de Prusse, est égale à celle de l'indigo ; chacune de ces teintures est susceptible d'être altérée par des agens auxquels l'autre résiste ; tout ce qu'on peut assurer, c'est que le bleu de Prusse appliqué sur la laine, résistant à l'eau froide, à l'action de l'air et du soleil, au frottement, paraît présenter les caractères d'une couleur solide ; d'ailleurs sa couleur a plus d'éclat que celle de l'indigo. Les commissaires tout en déclarant qu'ils ont répété avec succès la plus grande partie des opérations indiquées par M. Raymond fils, ajoutent qu'ils manquent de renseignemens suffisans pour affirmer que tous les obstacles qui peuvent se présenter dans la teinture du drap en bleu de Prusse, ont été surmontés par l'auteur. Ils ne se croiraient fondés à se prononcer sur cette question qu'autant qu'ils auraient suivi eux-mêmes toutes les opérations du procédé exécutées en grand dans un atelier ; or malheureusement c'est ce qu'ils n'ont pu faire. Ils croient devoir rappeler que *M. Souchon* a exposé en 1827 plusieurs pièces de drap teintes également en bleu de Prusse; mais comme il n'a rien publié sur son procédé ils ne peuvent le comparer à celui de M. Raymond fils.

Conclusions textuelles : « Nous pensons que le mémoire de M. Raymond fils ne peut être que très utile aux teinturiers. Il est écrit avec clarté et méthode; les opérations y sont décrites avec soin, et certainement il a conduit son travail assez loin pour qu'une industrie éclairée se livre avec sécurité à des essais en grand, dans la vue de déterminer si le bleu de Prusse peut remplacer l'indigo avec avantage dans la teinture du drap de laine. M. Raymond fils, en publiant ses recherches, a bien mérité de la science et des arts. En conséquence, nous avons l'honneur de proposer à l'Académie d'en témoigner sa satisfaction à l'auteur, et de vouloir bien accorder à son travail une place dans le recueil des *Mémoires des savans étrangers.* (*Le Globe;* 6 septembre 1828, p. 674.)

197. Une expérience nautique, d'un grand intérêt, annoncée par M. Baudoin des Andelys, a été faite à l'école de natation du port St.-Nicolas, à Paris, en présence du Ministre de la marine, de plusieurs membres du Conseil d'amirauté, de savans et même d'un assez grand nombre de dames. Après l'essai des barriques de sauvetage, qui pourront produire d'heureux résultats quand on sera plus familiarisé avec leur emploi, on s'est occupé du casque à plonger. Ce casque, au moment où le plongeur descend dans la rivière, est rempli d'air, ce qui empêche l'eau de s'y introduire : il se prolonge en forme de cuirasse devant et derrière. L'homme qui le portait a parcouru la longueur de l'école, en suivant le cours de la Seine. L'expérience n'a pas entièrement répondu à l'attente générale. L'appareil est trop lourd, il gêne trop les mouvemens de l'homme; les ouvertures destinées aux yeux sont mal placées; ensuite le plongeur n'a pu demeurer sous l'eau à deux reprises, que sept minutes, au lieu de vingt-une annoncées par l'inventeur. Cette machine a besoin d'être perfectionnée : elle pourra être d'une grande utilité alors pour découvrir à l'extérieur, et boucher à l'instant, en pleine mer, les voies d'eau qui mettraient un vaisseau en danger.

L'invention de la navigation sous-marine se perd dans la nuit des âges, et pourtant le petit modèle de bateau de Baudoin excitait hier à un haut degré l'intérêt des spectateurs. Il a à peu près la forme d'un navire sans quille. La cale est mise en communication avec la mer, au moyen de deux portes battantes. L'air extérieur n'y peut pénétrer; l'eau elle-même n'y entre qu'au point nécessaire pour faire équilibre. Le bateau reçoit le jour par deux chassis placés à sa partie supérieure; des boites remplies d'air permettent de le renouveler à mesure qu'il se vicie. L'inventeur croit pouvoir diriger son navire au moyen d'un gouvernail; il le ferait avancer en s'aidant d'ancres, que des hommes munis de casque a plonger iraient fixer au but qu'il voudrait atteindre.

Au point où est arrivé M. Baudoin, il lui reste sans doute encore beaucoup à faire; mais il a aperçu les résultats qu'on peut obtenir d'un principe utile, et soutenu par la persévérence et par l'intérêt de tant de personnes recommandables; il est à espérer que les prochaines expériences auront un succès plus complet. (*Nouv. Journ. de Paris;* 7 sept. 1828, p. 2.)

198. SOCIÉTÉ ROYALE D'ARRAS POUR L'ENCOURAGEMENT DES SCIENCES, DES LETTRES ET DES ARTS.

Cette Société promet des encouragemens à celui qui lui communiquera des renseignemens détaillés sur la fabrique de porcelaine qui existait à Arras (1), sur les procédés qu'on y employait, sur les lieux d'où se tirait la matière première, etc.

On devra adresser ces renseignemens au secrétaire perpétuel de la Société avant le 1er août 1829, pour avoir droit au concours de cette année.

199. EXPOSITION DES PRODUITS D'ART ET D'INDUSTRIE DANS LE PRINTEMPS DE 1827, à Stuttgard. (*Correspondenzblatt des Wurtemb. Landwirth. Vereins;* octobre et novembre 1827, p. 193.)

Cet article présente dans un ordre méthodique une revue de tous les produits, et, par la seule nomenclature des objets exposés, on pourrait déjà prendre une haute opinion de l'industrie du royaume de Wurtemberg; les développemens prouvent que cette industrie suit bien le mouvement général imprimé aux arts qui ont pour objet d'améliorer la condition humaine par l'accroissement et la variété du travail et de la production.

D. B. F.

(1) Le programme de la Société ne dit pas à quelle époque.

200. Brevets d'invention délivrés en Angleterre dans le courant du mois de novembre 1827. (*Gill's technol. Reposit.;* déc. 1827 et janv. 1828, p. 61.)

A *J. Smethurst*, pour perfectionnemens introduits dans la fabrication des quinquets.

A *Fred. Foveaux Weiss*, pour perfectionnement des éperons

A *J. White*, pour un appareil à filtrer, qu'il appelle source artificielle.

A *J. Platt*, perfectionnemens dans le mode de carder la laine et autres matières filamenteuses.

A *Will. Collar*, pour importation de perfectionnemens dans le mécanisme du métier à tisser à la vapeur.

A *J. Walker*, pour invention d'un castor perfectionné.

A *H. Pinkus*, pour l'invention d'un mode perfectionné de purifier le gaz hydrogène carboné, pour l'éclairage.

A *Sam. Sevill*, pour perfectionnemens dans l'art de faire lever le poil du drap et de préparer les étoffes de laine et autres.

A *Robert Wheeler*, pour un perfectionnement introduit dans le modèle des réfrigérans à l'usage des fluides.

A *William John Dowding*, pour certain perfectionnement de la machine à enrouler la laine sortant de la machine à carder.

A *John Roberts* et à *Georges Upton*, pour perfectionnemens des lampes d'Argand et autres.

A *John Alex. Fulton*, pour un procédé propre à préparer et à blanchir le poivre.

A *Joseph Apsey*, pour un perfectionnement introduit dans le mécanisme de la manivelle de force.

A *Joshua Jenour*, pour une méthode perfectionnée de former les boites à mitraille, à l'usage des armes à feu de toute espèce de calibre.

A *Thomas Bonner*, pour certain perfectionnement des lampes de sûreté.

A *Will. Fawcet* et *Matthew Clark*, pour un appareil perfectionné à l'usage des manufactures du sucre de cannes.

A *Rob. Walter Winfield*, pour perfectionnement du mode de construction des tubes ou verges à l'usage des bois de lits et autres objets d'art.

A *John Meaden*, pour un perfectionnement introduit dans la forme des roues de voitures.

A *Samuel Wilkinson*, pour perfectionnement des calandres.

A *Maurice de Jongh*, pour perfectionnemens introduits dans la construction des machines servant à filer, à doubler, à tordre et à préparer le coton et autres substances filamenteuses.

A *Thomas Tyndall*; pour un perfectionnement, communiqué par un étranger, de la fabrication des boutons et des machines servant à cet usage.

A *Daniel Ledsum* et *William Jones* de Birmingham, pour perfectionnement des machines à tailler les pointes, les clous sans tête et les clous ordinaires.

A *Jos. Robinson*, pour un perfectionnement de la fabrication d'une certaine espèce de brosses, et des matériaux servant à cette fabrication.

A *Paul Steenstrup*, pour certains perfectionnemens introduits dans le mode de fabrication des machines à vapeur servant à faire marcher les vaisseaux par ce moyen.

A *John Harvey Sadler*, pour perfectionnement des métiers à tisser à vapeur, *power looms*, à l'usage du tissage de la soie, du coton, de la laine, du lin et du chanvre, et de tous les mélanges de ces matières.

A *Ralph Bewcastle*, pour un nouveau mode perfectionné de lester les vaisseaux.

A *Rob. Stein*, pour un perfectionnement du mode d'appliquer la chaleur à la distillation.

A *Fred. Benj. Geithner*, pour perfectionnement des chapeaux de castor.

A *Henry Peto*, pour un appareil destiné à produire de la vapeur.

A *Jos. Ant. Bezzolas*, pour un mode de monter une montre ou une pendule sans clé, ainsi que pour un certain perfectionnement applicable au réveil-matin détaché, de sa récente invention.

A *Andrew Motz Skene*, pour perfectionnement du mode de faire mouvoir les vaisseaux, et de manœuvrer des moulins à eau mus par dessous.

A *John Lee Stevens*, pour un nouveau mode de faire mouvoir les vaisseaux à l'aide de la vapeur ou de tout autre moyen.

A *Thomas Tyndall*, pour un perfectionnement de la machine à faire les cloux, les pointes et les vis, communiqué par un étranger.

. A *John George*, pour l'invention d'un moyen de garantir les vaisseaux pontés de la pourriture sèche, et les marchandises mises à bord de ces bâtimens, des effets de la chaleur.

A *Thomas Stanhope Holland*, pour combinaison de mécanisme propre à engendrer et à communiquer la force et le mouvement à des corps flottant sur l'eau, aux voitures et autres machines locomotives.

A *William Harland*, pour perfectionnement de l'appareil servant à faire mouvoir les voitures locomotives.

A *Charles Aug. Ferguson*, pour perfectionnement du mode de construire les mâts composés de plusieurs pièces.

A *William Hale*, pour perfectionnement des machines servant à faire mouvoir les vaisseaux.

201. LISTE DES PATENTES D'INVENTION délivrées en Angleterre depuis le 2 janvier jusqu'au 5 février 1828, inclusivement. (*Gill's Technol. Reposit.* ; fév. et mars 1828, p. 126 et 192.)

A *William Gossage*, de Leamington Priors, pour perfectionnemens introduits dans la construction des robinets.

A *Thomas Botfield*, pour perfectionnement du mode de fondre et de faire le fer.

A *James Hall jeune*, pour perfectionnement du procédé consistant à teindre des étoffes en pièces à l'aide de machines construites à cet effet.

A *Joseph Clisild Daniel*, pour perfectionnement du mode d'apprêter les draps, et du mécanisme applicable à cet objet.

A *William Maley*, de Nottingham, pour perfectionnemens de la machine à fabriquer la dentelle ou le réseau communément appelé dentelle faite au fuseau.

A *James Andrew Hunt Grubbe*, pour l'invention d'un mur conducteur de la chaleur à l'usage de la maturation du fruit.

A *James Gilbertson*, de Hertford, pour perfectionnement de la construction des fourneaux, perfectionnement au moyen duquel ces fourneaux consument leur propre fumée.

A *Charles Hooper*, pour une nouvelle et utile machine perfectionnée à l'usage de la tonte des draps et autres étoffes de la même espèce.

A *John Evans*, jeune, pour certain perfectionnement des machines à vapeur.

A *Joseph Blades*, pour un perfectionnement de la fabrication des chapeaux imperméables, communiqué par un étranger.

A *William Newton*, pour un fauteuil chirurgical perfectionné, avec divers accessoires.

A *George-Daniel Harris*, pour perfectionnement du mode d'apprêter et de préparer la laine filée, et de nettoyer, d'apprêter et de finir les draps de laine et autres étoffes de la même espèce, et de l'appareil servant à cet usage.

A *Thomas James Falconer Atlec*, pour perfectionnement des bandes ou cercles servant à raffermir les mâts de plusieurs pièces, les beauprés et les vergues; procédé qui s'applique aussi à d'autres usages.

A *William Erskine Cochrane*, pour perfectionnement des réfrigérans.

A *Joshua Taylor Beale*, et à *George Richardson Porter*, pour un nouveau mode de communiquer la chaleur servant à divers usages.

A *William Percivall*, pour un perfectionnement introduit dans la construction et la pose des fers à cheval sans clous.

A *George Jackson*, pour perfectionnement des machines servant à faire mouvoir les bateaux et autres espèces d'embarcations, perfectionnement également applicable aux roues à augets et à d'autres usages.

A. *John Weiss*, pour perfectionnement des instrumens servant à saigner les chevaux et autres espèces d'animaux.

A *Aug. Applegarth*, pour perfectionnement de l'encrier d'imprimerie.

A *Donald Curie*, pour un moyen, communiqué par un étranger, de conserver les grains et autres espèces de végétaux, ainsi que les substances végétales et les liquides.

A *William Nairn*, pour un nouveau mode perfectionné de faire mouvoir les vaisseaux à l'aide de la vapeur ou de toute autre force mécanique.

ERRATA. (Cahier de *juillet* 1828.)

Page 77, lig. 6 rayon.	Lisez :	flèche.
« « 8 mars.	«	voûtes.
« « 10 épaulemens.	«	culées.
« « 15 percepteurs.	«	couloirs.
Page 78, « 13 voûte totale.	«	vide total.
« « 22 hauteur ordinaire.	«	hauteur ordinaire des crûes.
« « 25 maximum.	«	maximum des crûes.

Page 98, lig. 15 dioschovoni.   lisez: dioschovoui.

»   « 21 postroïkon.   «   postroïkou.

Pag. 106, » 17 stipan.   «   Stépan (Étienne).

TABLE
DES ARTICLES DE CE CÁHIER.
Arts chimiques. ·

Mélanges.

BULLETIN
DES SCIENCES TECHNOLOGIQUES.

~~~~~~

ARTS CHIMIQUES.

202. Essai pratique sur l'art du briquetier au charbon de terre, d'après les procédés en usage dans le département du Nord et dans la Belgique. Ouvrage utile aux ingénieurs, architectes, entrepreneurs, fabricans, propriétaires, etc. etc., avec 4 pl. gravées; par M. J. P. Clère, ingénieur en chef au Corps roy. des Mines, etc. In-8° de 188 p.; prix, 4 fr. 50 c. Paris, 1828; Carilian-Gœury.

Nous nous bornerons aujourd'hui à cette simple annonce d'un excellent ouvrage sur un art important; nous reviendrons prochainement sur son sujet, et nous en donnerons une analyse détaillée.   D. B. F.

203. Mémoire sur la matière grasse de la laine, par M. Chevreul; lu à l'Académie des sciences; séance du 8 sept. 1828.

Les faits exposés dans ce mémoire sont détachés d'un grand travail qui a pour objet d'examiner les principales variétés des laines sous le rapport de leur composition immédiate, afin d'apprécier l'influence des diverses matières qu'elles peuvent contenir, et qui sont étrangères à leur tissu. L'auteur a retiré de la laine de mérinos, préalablement désuintée à l'eau pure, 18/100 au moins de matière grasse. C'est principalement sur cette matière qu'il a appelé l'attention de l'Académie dans la communication qu'il lui a faite. Cette matière est formée au moins de deux principes immédiats, qui diffèrent l'un de l'autre par leur degré de liquéfaction. L'un, à la température ordinaire, est comme de la cire; tandis que l'autre, dans les mêmes circonstances, est comme de la térébenthine cuite. Tous deux sont susceptibles de faire des émulsions avec l'eau, et, sous ce rapport, ils diffèrent de la stéarine et de l'oléine, et se rapprochent de la matière grasse du cerveau. En les tenant sur le feu avec de l'eau de potasse, dans des circonstances où l'oléine et la

stéarine seraient saponifiées, les principes immédiats de la matière grasse de la laine ne se saponifient pas. Ces principes n'ont
pas paru azotés, comme l'est la matière grasse du cerveau. Il
est remarquable que le tissu de la laine qui a été dépouillé de
18/100 de matière grasse ne se montre pas beaucoup plus apte
à se teindre qu'il ne l'était auparavant, comme on aurait pu le
croire d'après ce que l'on admet sur la nécessité de dégraisser
la laine avant de la teindre. La laine qui a perdu sa matière
grasse contient le soufre qu'on remarque dans celle qui ne
l'a pas perdue; et comme cette dernière, traitée par l'alun
et le tartre, donne lieu à un dégagement d'acide hydro-
sulfurique. C'est à ce soufre contenu dans la laine qu'il faut
attribuer les phénomènes de coloration qu'elle présente quand
on la chauffe dans une solution d'acétate de plomb, d'acétate
d'alumine retenant de l'acétate de plomb, de proto - chlorure
d'étain, etc. (*Le Globe*; 13 sept. 1828, p. 689-90.)

204. MOYEN DE RECONNAÎTRE PROMPTEMENT ET AVEC CERTITUDE
LA PRÉSENCE DE L'ALCOOL DANS LES HUILES VOLATILES; par M.
BÉRAL. (*Journ. de chim. médec.*; août 1827, p. 381.)

M. Béral propose, pour reconnaître la pureté des huiles volatiles, l'emploi du potassium, s'appuyant sur ce que ce métal
n'exerce aucune action sur ces corps lorsqu'ils sont purs, tandis
que, plongé dans une huile volatile contenant un quart d'alcool
à 35 ou 40 degrés, ce métal prend de suite la forme ronde et
l'aspect brillant d'un globule de mercure, s'agite; l'oxide disparaît promptement; un petit bruit accompagne cette action.
   Ces phénomènes diminuent de force à mesure que l'huile est
plus pure. Cependant on peut, à l'aide de ce moyen, reconnaître avec certitude la présence d'un douzième d'alcool dans
toutes les huiles volatiles; dans quelques-unes, et c'est le plus
grand nombre, on peut prouver l'existence même d'un quaran-
tième. Il en est quelques-unes qui, dans leur état de pureté,
exercent sur le potassium une action semblable à celle qu'exercent les huiles volatiles qui contiennent un douzième d'alcool,
on remarque surtout cet effet sur celle de gérofle anciennement
préparé.
   L'huile de térébentine agit seule et par exception sur le potassium comme les huiles qui contiennent de l'alcool, ce qui met à

même de reconnaître celles des huiles volatiles qui la renferment dans la proportion d'un tiers ou d'un quart.

L'huile médiate de succin et le copahu n'ont pas plus d'action sur le potassium que les huiles volatiles pures; il en est de
même de celles qui contiennent du camphre en solution.

Enfin, toute huile volatile, dans douze gouttes de laquelle un
morceau de potassium de la grosseur d'une semence de psyl-
lium peut rester dix ou quinze minutes sans s'oxider et disparaître entièrement, est exempte d'alcool, ou n'en contient qu'un
vingt-cinquième.

Toute huile, dans laquelle le potassium disparaît en entier en
moins de cinq minutes, doit contenir plus d'un vingt-cinquième
d'alcool.

Le même métal doit disparaître en moins d'une minute dans
toute huile contenant un quart d'alcool.

ARTS ÉCONOMIQUES.

205. ART DE L'ORNEMANISTE, DU STUCATEUR, DU CARRELEUR EN
PAVÉS DE MOSAÏQUE ET DU DÉCORATEUR EN DIVERS GENRES; par
M. ***. (Faisant partie de *l'Encyclopédie populaire.*) In-18,
avec une pl.; prix, 1 fr. Paris, 1828; Audot.

On trouve dans ce petit volume 4 chapitres relatifs. 1° Au
moulage d'ornemens de toute espèce, stuc ligneux, bois coulé,
carton-pierre, etc.; 2° ornemens d'architecture en mosaïque;
3° divers procédés de décorations pour meubles; 4° nétoyage
et entretien des meubles et objets de décoration.

206. ART DU VITRIER; par M. DOUBLETTE-DESBOIS. (*Encyclopédie populaire.*) In-18, avec 1 pl.; prix, 1 fr. Paris, 1828;
Audot.

Ce travail, d'un homme de l'art, a été rédigé par un ano-
nyme. Il donne des notions sur les verres de diverses origines, sur
leurs tarifs, etc. Le chap. 1er traite des travaux du vitrier, de
ses outils et des divers matériaux qu'il met en œuvre. Le chap.
2e traite de quelques spécialités de la vitrerie, comme cloches
de jardins, etc. Le 3e chap. s'occupe de l'encadrement des estampes, du nétoyage et racoutrage des vitres, des mastics et
du démastiquage.

207. ART DE LA PEINTURE ET DES DÉCORS EN BATIMENS, Y COM-
PRIS LE BADIGEON ET LA TENTURE DES PAPIERS; par M. Dou-
BLETTE-DESBOIS. (*Enc. pop.*) 2 parties in - 18 de viij-132
et 212 p., avec 2 pl.; prix, 2 fr. Paris, 1828; Audot.

Nous avons plusieurs ouvrages estimés sur ce sujet. On a dû
naturellement les exploiter pour la composition de ce nouveau
traité, on a dû aussi les morceler et y faire quelques additions
utiles. L'ouvrage, au reste, nous a paru se renfermer dans un
cadre d'applications immédiates et contenir beaucoup de choses
utiles. '

208. CHAUFFE-PIEDS ÉCONOMIQUES, ou chauffrettes de Hollande
pour les appartemens, bureaux, vaisseaux, voitures, etc.;
inventés par F. HEUSCH, à Henri-Capelle. (*Industriel belge* ;
nº 59, 1828, p. 1ʳᵉ.)

L'habitude qu'on a de se servir de chauffe-pieds en Hollande,
et les inconvéniens auxquels ils sont assujettis quand on se sert
de charbon de bois ou de tourbe, ont engagé l'auteur à les
remplacer.

En effet, les chauffrettes au charbon de bois, ou autre combustible, donnent beaucoup d'embarras pour les mettre en activité, ne se soutiennent pas dans le même degré de
chaleur, infectent, salissent les appartemens, et leur usage
n'est pas sans danger.

Description de l'appareil. (Voyez la Pl. IV, fig, 1ʳᵉ et 2.)

A. Espèce de boîte ovale en fer-blanc, percée d'ouvertures
pour donner un libre accès à l'air utile à la lampe; z anse à
charnière, pour pouvoir la porter; y, y, y, 3 petits piliers,
deux devant, et un derrière, percés d'un trou pour y passer
des chevilles en fil-de-fer attachées à de petites chaînes, au
moyen desquelles on fait tenir la boîte; x, fond de la lampe
w à coulisse et à mèche nageante v, entourée d'un cercle u
pour recevoir ce qui pourrait se répandre dans des cas extraordinaires.

Cette lampe, garnie de deux oreilles et d'un couvercle, est
construite de manière à ne point gêner l'accès de l'air et à faire
rester toujours la mèche au milieu.

B. Diaphragme horizontal, servant de fond au petit bassin
qui est plein d'eau froide.

C. Tuyau de l'ouverture du petit bassin par lequel on l'alimente d'eau; il est percé en bas de petits trous : ce tuyau est pourvu d'un couvercle un peu plus large pour empêcher que le degré de chaleur ne s'élève au-dessus de 80° Réaumur, il est entouré d'un autre tuyau un peu plus élevé qui empêche que la moindre humidité ne puisse se déposer sur la partie où l'on place les pieds.

D. Fourreau en maroquin pour recevoir les pieds, il est doublé en plisse, attaché au bord de la partie où l'on place les pieds avec des pointes d'aiguilles, par les petits trous dont cette partie est percée.

E. Couvercle pour éteindre la lampe.

Avant de l'allumer, on remplit à peu près à moitié le petit bassin d'eau froide, et huit minutes après avoir allumée la lampe, le degré de chaleur commence à s'élever assez pour chauffer sensiblement; on pourrait même élever la température jusqu'à 80 Réaumur.

Pour varier le degré de chaleur, on n'a qu'à placer la lampe ou bougie à une hauteur plus ou moins grande.

Dans les voyages en vaisseaux ou en voitures, il vaut mieux se servir d'une grosse bougie.

Il faut avoir soin de renouveler l'eau de temps en temps à mesure qu'elle s'évapore. On n'ignore pas que la dépense de l'esprit de vin ne s'élève pas plus que celle du charbon de bois, ainsi que l'a prouvé M. Derosne aîné, dans ses essais de cuisine économique.

209. Boulangerie a pétrins mécaniques.

Cette boulangerie, située à Paris, faubourg St-Antoine, rue de Bercy n° 11, a été créée au moyen de 400 actions de 1000 francs qui ont été placées. Elle offrira des avantages notables, tant aux intéressés qu'aux consommateurs, par les économies qu'elle obtient dans la fabrication et par la supériorité de ses produits. Les farines y étant purifiées de tous corps étrangers avant le pétrissage, et une machine étant substituée aux bras de l'homme, il doit nécessairement en résulter une plus grande propreté, si souvent désirable, et un pain plus sain. Effectivement, l'insuffisance de la force de l'homme pour bien pétrir est la cause de l'usage abusif que les boulangers font de la levure de bière, tandis qu'une machine mue par la vapeur peut produire sans efforts le travail nécessaire pour faire, par les moyens naturels, un pain digestif et nourrissant. (*Nouv. journ. de Paris;* 21 sept. 1828.) (1)

210. FOURNEAU-CUISINE DE M. BERNARD DEROSNE. — Rapport de M. POUILLET. (*Bullet. de la Soc. d'encourag.;* fév. 1828, p. 56.)

Le fourneau-cuisine de M. Derosne n'est pas seulement une heureuse modification des fourneaux à marmite, c'est une véritable invention pour épargner le combustible et surtout pour l'utiliser. Nous pouvons dire de cet appareil qu'il soutient de tout point l'examen sévère de la théorie. Et comme en ces sortes de choses la théorie pourrait se tromper, empressons-nous d'ajouter qu'il soutient également bien l'épreuve plus sévère encore de la pratique. Depuis un an, M. Derosne a livré au commerce un grand nombre de ses fourneaux, et l'usage a confirmé tout ce qu'on pouvait en attendre.

On peut, au moyen de cet appareil, préparer facilement un repas complet pour 12 ou 15 personnes. Le poids total du fer ou de la fonte qui le composent est de 200 kilogr., savoir : 75 kilogr. pour le foyer proprement dit, et 125 kilogr. pour les marmites et autres ustensiles mobiles; son prix est de 125 fr., tout emballé et rendu à Besançon.

Sans rien déranger à l'heureuse économie du fourneau-cuisine, on pourrait peut-être y ajouter une ou deux bouches de chaleur tirant l'air froid du dehors pour le verser chaud dans l'appartement; cette disposition favoriserait le tirage, et rendrait l'air plus salubre en le renouvelant plus souvent.

Le Comité des arts mécaniques a examiné le fourneau-cuisine de M. Derosne avec beaucoup d'intérêt; le combustible es maintenant si cher, que sous ce rapport il n'y a point de petites économies, même pour les familles qui habitent les forêts de a Suisse et de la Franche-Comté. Les bois ont plus que décuplé de valeur depuis vingt ans, c'est une véritable augmentation de richesse que nous devons aux progrès de l'industrie; mais s'il importe que la richesse nationale augmente, il importe aussi

(1) Cette boulangerie a déjà livré 16,800 livres de pain, de belle qualité, distribuées par le bureau de charité du 8ᵉ arrondissement, à l'occasion de la fête de S. M.

que ce ne soit pas au détriment d'une classe particulière de la
société : il est bon sans doute que les forges fabriquent du fer
et de la fonte, mais il est bon aussi que les familles des montagnes ne soient pas condamnées à passer l'hiver sans feu; et ,
puisque l'industrie enlève au peuple le combustible qui est un
élément de première nécessité, il faut, comme première condition de prospérité publique, qu'elle lui apporte en échange,
non des objets de luxe ou d'agrément, mais avant toutes choses
de l'argent ou des produits transformables, ou enfin des appareils économiques, avec lesquels il puisse se chauffer mieux et
à meilleur marché.

211. Détails et dimensions d'un appareil culinaire, qui doit
être placé dans les cuisines du château du comte Manners,
situé à Thoresby, dans le Nottinghamshire.

A en juger par le plan, il semblerait que la science de la gas-
tronomie sera exercée et cultivée sur une grande échelle dans
le noble manoir. — L'appareil dont il s'agit est entièrement en
métal, et se compose dans son ensemble des ustensiles suivans :
1° Un rôtissoire patenté, à encadrement à coulisses et double
porte, de 26 pouces en carré sur le devant, sur 34 pouces de
profondeur : cet ustensile contiendra 6 grands quartiers de
viande de boucherie, et sera chauffé par un petit feu placé en
dessous; 2° un fourneau de cuisine, à foyer de 3 pieds 6 pouces
de largeur, et doubles hâtiers; 3° deux chaudières, chacune de
la coutenance de 75 *gallons*, destinées, l'une à fournir de l'eau
chaude à la distance d'environ 30 verges, l'autre pour cuire à
la vapeur; toutes deux de 20 pouces de largeur, avec des tuyaux
de vapeur et des soupapes de sûreté, des robinets pour la vapeur et l'eau, des coulisses de fer de fonte et une plaque arquée
destinée à doubler tout l'intérieur de ces chaudières, et enfin
une table de 4 pieds de large sur 6 de long, pour le service de
la vapeur; 4° 8 grands ustensiles pour la cuisson à la vapeur,
dont 4 doubles et 4 simples; un grand ustensile pour cuire à la
vapeur le poisson, et un autre de la même espèce, spécialement
destiné à la cuisson du turbot; une table de métal de 31 pouces
de haut et 36 de large sur 15 pieds de long, sur laquelle repo-
seront ces ustensiles; 5° 12 fourneaux de métal à charbon de
bois, de 3 pieds 6 pouces de large sur 10 pieds 6 pouces de

long, avec des réduits pour y établir une réserve de combustible; 6° une table chaude de 3 pieds de large sur 5 de long,
servant à bouillir et à frire les alimens; 7° un beau tourne-
broche noir, tournant à la vapeur et pourvu de deux mouvemens, l'un horizontal, l'autre perpendiculaire. L'appareil ainsi
composé pèsera près de 6 tonneaux, et occupera un espace de
75 pieds de long sur 6 de haut. On prétend que cette vaste machine est combinée de manière à pouvoir servir à apprêter un
dîner chaud de plus de mille couverts. (*Sheffield Iris. — Galign. messeng.*; Paris, 25 juill. 1828.)

212. Sur les Boutons en cuir de MM. Jamin, Cordier, et
Tronchon. —Rapport de M. Goualier. (*Bull. de la Soc. d'encouragement;* déc. 1827, p. 452.)

Ces boutons sont de deux sortes, en cuir découpé et en déchets de cuir fondu.

Les premiers sont découpés dans des lanières de vache franche que l'on colore, soumis ensuite à diverses opérations un
peu multipliées, il est vrai, mais susceptibles d'être réduites;
ils présentent l'avantage d'une très-grande solidité; ainsi ils ne
peuvent être cassans ni se détériorer par l'eau. La teinte qu'on
leur donne pénètre dans toutes leurs parties; la queue est tellement insérée, qu'on ne peut l'en détacher qu'en enlevant une
portion du cuir même; les empreintes sont très-belles, et surtout elles peuvent résister plus long-temps au frottement.

Les boutons en cuir fondu sont préparés avec des déchets
enfermés dans des moules de fer, réduits, au moyen de la chaleur et de la pression, en une pâte ou en galettes qui sont ra-
pées et réduites en poudre. Cette poudre est mise ensuite dans
une matrice qui contient les queues; cette matrice double est
ensuite pressée entre deux plaques de fer échauffées, et le bouton est terminé à l'aide d'opérations semblables à celles qu'on
met en usage pour les premiers.

Ils offrent moins d'avantage; ils sont plus épais, et partant
moins agréables à l'œil. Les teintes ne sont pas uniformes, parce
qu'elles sont dues à des bois de teinture que l'on ajoute à la
poudre; la matière est cassante, et la queue beaucoup moins
solide.

Le prix des boutons en cuir est un peu plus élevé que celui

·des autres boutons en soie, en écaille ou en corne; mais ils sont plus solides, avons-nous dit. M. Gourlier, dans son rapport, fait des vœux pour que les inventeurs, en simplifiant leurs procédés, en diminuent le prix; il le termine en adressant des félicitations à ces fabricans et en demandant une mention honorable pour encourager leurs efforts.

213. Procédé pour la préparation de l'huile d'olives a l'usage de l'horlogerie; par M. Laresche. (*Ibid.;* fév. 1828, p. 60.)

Ce procédé, qui exige beaucoup de soins, consiste à choisir parmi les plus beaux oliviers celui qui peut fournir l'huile la plus grasse. On cueille les olives bien mûres; on les étend sur une toile, dans un lieu frais, pendant 4 à 5 jours; on les pèle ensuite avec beaucoup d'attention, en choisissant les plus saines, rejetant celles qui sont gâtées, et surtout en séparant bien l'épiderme; on enlève alors les noyaux. La chair est battue et réduite en pâte dans un mortier, puis pressée fortement dans une toile. L'huile qui a découlé est filtrée d'abord dans un tamis de crin, puis dans un filtre de papier gris, garni intérieurement d'une couche de coton. Cette filtration se fait à l'abri du contact de l'air, et dans un endroit frais. On enferme alors l'huile dans des bouteilles parfaitement bouchées.

Un mois après, cette huile est filtrée de nouveau dans des gobelets coniques faits en tilleul très-vieux et très-sec. Chacun de ces gobelets, épais d'un millimètre, peut contenir un demi-kilogramme d'huile, et est placé sous une cloche. Il faut 3 jours pour que cette quantité d'huile soit filtrée; elle acquiert alors une grande fluidité et toutes les propriétés nécessaires à l'horlogerie.

Ce procédé est très-coûteux; car chacun des gobelets ne peut servir qu'une fois; et il est difficile de faire sécher le tilleul assez bien sans qu'il se fende; néanmoins, la Société d'émulation de Rouen a jugé ce moyen digne du prix qu'elle avait proposé pour ce sujet, et l'a décerné à M. *Laresche.*

214. Porcelaine dure, etc. de M. Langlois. — Rapport de M. Merimée. (*Ibid.;* janv. 1828, p. 23.)

On connaissait, depuis quelques années, la carrière de kaolin, qui existe auprès de Cherbourg; mais on ne pensait pas à

tirer parti de cette richesse, lorsqu'en 1801 M. *Langlois* entre-
prit de la méttre à profit en établissant à Valognes une manufacture de porcelaine.

La porcelaine faite avec le kaolin de Cherbourg n'est pas
aussi blanche que celle de Limoges; mais ce défaut de blancheur est bien compensé par un avantage de la plus haute importance; elle résiste au feu, comme la meilleure faïence, sans
se gercer. Depuis plus d'un mois, nous avons mis en expérience
des vases de différentes formes, plats, casseroles, bouilloires,
capsules; et, bien que la forme de plusieurs de ces vases nous
fît craindre qu'ils ne pussent supporter un feu vif, tous ont parfaitement soutenu l'épreuve.

Une des qualités de l'argile de Cherbourg est d'être très-ré-
fractaire. M. *Langlois* a profité de cet avantage, et a fait des
creusets qui ont résisté à l'action d'un feu très-violent. On dé-
sirerait peut-être un peu plus de consistance dans la pâte de ces
creusets; on désire également dans leur forme un changement
qui ne présente aucune difficulté.

Ce n'est pas seulement à la fabrication de vases de ménage
que M. *Langlois* a employé le kaolin de Cherbourg; il en a fait
des rouets de poulies, des roulettes de lit, des barils à acides,
des clés de canelle, des plaques pour inscription et pour numé-
rotage des rues, etc. La fabrication des rouets de poulies offre
un avantage notable pour la marine. Notre opinion sur ce point
est fondée sur l'expérience qui en a été faite par plusieurs armateurs, et, entr'autres, par M. *Fréderic Cavelier*, qui, en 1815,
imagina de gréer en rouets de porcelaine la goëlette LA JEUNE
LAURE. Ce bâtiment, après une navigation de 10 années, tant
au petit cabotage qu'en voyages de long cours, fut désarmé
dans le port de Caen, où il avait été gréé, en présence des capi-
taines et officiers-maîtres du port.

Ainsi la France est redevable à M. *Langlois* d'avoir utilisé une
carrière de kaolin, et d'avoir établi une manufacture de porcelaine dans un pays où l'on ne fabriquait qu'une poterie gros-
sière connue sous le nom de GRÈS DE TALVENDE. Cette fabrication, tout entière de main-d'œuvre, a fourni du travail à un
nombre infini d'ouvriers, a donné de la valeur à des terrains
stériles, a procuré une poterie bien supérieure aux plus belles
faïences, et qui, par la modicité de ses prix, se trouve à la portée de la classe moyenne des consommateurs.

215. Tissus en baleine pour meubles d'été; par M. de Bernardière. (*Ibid.;* janv. 1828, p. 19.)

Pour faire ces tissus, M. de Bernardière prend les fanons de baleine tels qu'ils nous sont apportés par le commerce dans leur état naturel, sans avoir encore éprouvé aucune préparation, et seulement séparés les uns des autres. On les divise à la scie dans les dimensions demandées par celles des meubles; on les fait ensuite bouillir pendant 2 ou 3 heures pour les amollir, afin de pouvoir les couper plus facilement. Leur division en petits brins ou rubans se fait avec un couteau à régulateur, dans le sens de leurs fils ou de leur longueur. Ainsi séparés, les brins sont raclés pour leur enlever les ébarbures qu'ils peuvent avoir conservées; enfin, on les trie suivant leur couleur et leur longueur.

Les baleines blanches ou blondes sont les seules qui soient destinées à recevoir les impressions de couleurs; elles éprouvent, à cet effet, diverses préparations selon les couleurs roses, rouges, jaunes, vertes, bleues ou violettes qu'elles doivent recevoir. Outre ces couleurs, on imprime encore sur la surface des baleines différens dessins, soit au timbre sec, soit au cylindre.

Comparée à la canne de rotang, employée pour les meubles d'été, la baleine a sur elle l'avantage d'être plus souple, plus élastique, et par conséquent moins cassante. Les tissus de baleine pour meubles à jour ne présentent aucune difficulté dans leur travail; ils se font avec la même facilité que ceux des meubles de canne. Les ouvrières les font indistinctement, et peuvent exécuter des combinaisons variées à l'infini pour les dessins de diverses couleurs. Ces tissus se font dans les maisons de détention de Saint-Lazare et de Saint-Denis, où les femmes exécutent également en baleine des raquettes, des buscs, des stores ou grillages, etc.

M. de Bernardière vient donc de rendre à la trop malheureuse population des prisons un nouveau service, en lui ouvrant, par sa fabrication des tissus de baleine pour les meubles d'été, une nouvelle branche d'industrie, qui paraît mériter beaucoup d'attention. Les modèles qu'il a présentés sont parfaitement exécutés, et nul doute que ces tissus, pour lesquels il vient d'obtenir un brevet d'invention et de perfectionnement, ne soient très-recherchés.

216. Séchoir a vapeur pour les papeteries.

On vient d'inventer dans l'art de faire le papier un grand perfectionnement qui sera incessamment adopté dans la plupart des grandes manufactures de l'Angleterre. Le nouveau procédé consiste dans l'application et le jeu d'une puissante machine, appelée séchoir à vapeur, qui contient 4 grands cylindres entre lesquels une toile est engagée, passe d'un bout à l'autre, et obtient par la pression une surface unie dans toutes ses parties; après quoi on la coupe en feuilles du format réquis. (*Sun.* — *Galignani's messenger;* 31 juill. 1828.)

217. Perfectionnemens dans les garde-robes. Patente à M. Downe. (*Repert. of patent invent.;* mars 1828, p. 180.)

La garde-robe dont il est ici question est du genre de celles qui agissent seules. A l'aide d'un mécanisme très-compliqué, de l'eau se trouve introduite dans le bassin situé au-dessous de la lunette, et intercepte toute communication des gaz intérieurs avec l'air. Nous ne donnerons pas à nos lecteurs des détails sur le mécanisme qu'emploie le patenté. Nous ne serions pas entendus sans une figure; et nous croyons qu'il est possible de simplifier beaucoup cet appareil, qui d'ailleurs remplit parfaitement le but qu'on se propose, celui d'assainir des lieux infects.   D—s.

ARTS MÉCANIQUES.

218. Traité de mécanique pratique traduit de l'anglais; par M. N. Boquillon (*Encyclopédie populaire*). 7 vol. in-18 dont 2 vol. de pl.; prix, 7 fr. Paris, 1828; Audot.

Les Anglais n'excellent pas dans les livres élémentaires, et la méthode qu'ils suivent dans leur enseignement populaire n'est pas toujours propre à être transportée dans les livres. Les livres classiques anglais manquent en général d'ordre et de méthode, et la confusion qui règne dans les matières qui y sont traitées n'est rien moins que propre à faciliter l'étude et à seconder l'intelligence des élèves. Ce que nous disons ici des livres, nous pourrions le dire aussi des cours, si les professeurs ne s'attachaient à suppléer, pour ainsi-dire victorieusement, à ces lacunes, par des modèles, des tableaux, des diagrammes, qui parlent autant aux yeux des élèves qu'à leur intelligence, et qui donnent, sous ce rapport, de grands avantages à leur enseignement. Il est à désirer que cette méthode, propagée dans les 3 royaumes par le Dr Birkbeck pour les institutions de mécanique, s'introduise en France. Ce serait une acquisition plus précieuse pour notre enseignement que la traduction des livres anglais. Nous avons, en effet, en France, de bons ouvrages élémentaires sur tous les sujets, et je crois qu'on ferait une chose plus utile de copier et de perfectionner ces livres que d'en chercher chez nos voisins d'outre-mer. La mécanique que nous annonçons ne nous paraît pas pouvoir fournir une exception à cette règle, quoiqu'on n'y trouve que des principes et des notions irréprochables. D. B. F.

219. NOTIONS ÉLÉMENTAIRES DE PERSPECTIVE LINÉAIRE ET THÉORIE DES OMBRES; par M. G. T. RICHARD (*Encycl. popul.*). In-18 de VIII-80 p., avec 2 pl.; prix, 1 fr. Paris, 1828; Audot.

Ce travail ne renferme que des notions très-élémentaires sur la perspective, ainsi que son titre l'indique; mais ces notions sont convenablement élaborées et présentées. C'est de la science rendue populaire, et qui convient très-bien par là même au cadre qui la renferme.

220. GÉOMÉTRIE DES OUVRIERS ET APPLICATION DE LA RÈGLE, DE L'ÉQUERRE ET DU COMPAS, A LA SOLUTION DES PROBLÈMES DE LA GÉOMÉTRIE; par M. E. MARTIN (*Encycl. popul.*). In-18 de VII-117 p., avec 2 pl.; prix, 1 fr. Paris, 1828; Audot.

L'auteur s'est attaché ici à donner des résultats plus que des démonstrations, et, sous ce rapport, il pourra être utile aux ouvriers. Ceux-ci ne devront cependant pas espérer de connaître la géométrie, après avoir étudié ce petit traité.

221. ÉTUDES SUR LES MACHINES; par M. L. P. COSTE. — Réclamation de l'auteur au sujet de l'article inséré dans le *Bulletin* du mois d'août dernier, n° 126.

«Nous prions l'éditeur d'insérer notre réponse à un article concernant nos études sur les machines, d'après l'expérience et le raisonnement; article qui se réduit à ceci: Croyez-nous sur parole, l'ouvrage ne vaut rien. Le critique se croyait sans doute en ces temps d'ignorance où il suffisait de dire : *C'est le maître qui l'a dit.* En reconnaissant *l'imperfection du langage de la mécanique*, le critique, qui n'a pas signé, a été en contradiction avec lui-même, et n'a que trop justifié l'utilité des discussions sur les dénominations et les principes adoptés jusqu'ici dans la mécanique.

Pour combattre notre principe, que: dans l'évaluation de la force consommée par les machines, on doit multiplier le coefficient du frottement par le carré de la vitesse, et non par la simple vitesse, le critique se rejette sur une fin de non-recevoir, fondée sur le principe de la quantité d'action, où l'on confond un espace parcouru d'un mouvement uniforme avec un espace d'un mouvement varié; se baser, pour nous critiquer, sur un principe que nous attaquons, et que, par conséquent, nous n'ignorons pas, comme il semble l'insinuer, est-ce bien raisonner? En disant : « il pourra vérifier par lui-même l'exactitude des conséquences que Coulomb a déduites de ses expériences dans les divers cas où elles indiquent que la résistance du frottement dépend ou non de la vitesse; conséquences qui ont été généralement admises; » et en n'ajoutant pas que: quoique Coulomb ait reconnu que les coefficiens du frottement variaient un peu avec les vitesses, il n'a jamais trouvé pourtant que cette variation se fît dans le même rapport que les vitesses; le critique pourrait faire croire que nous avons tort, et que Coulomb reconnaît des cas où le frottement croît comme les vitesses, et des cas où le frottement croît comme les carrés des vitesses ; et qu'en employant la méthode de la quantité d'action, on n'a pas besoin de faire la distinction des deux cas, comme cela arrive en effet pour les corps matériels.

Outre les raisonnemens de notre ouvrage, nous prions le critique et les lecteurs de méditer les raisonnemens suivans.

Considérons un poids moteur p, qui, suspendu au moyen d'une corde qui s'enroule autour d'un treuil, met ce treuil en mouvement; supposons que le mouvement soit devenu uniforme, et que ce poids moteur ait acquis une vitesse v, la force de ce poids sera pv; d'après la théorie reçue, fv désignera la résistance provenant du frottement, f exprimant la tension qui fait équilibre au frottement, ou le coefficient du frottement, multiplié par la pression. D'après les expériences de Coulomb, f étant indépendant de la vitesse, fv sera donc une force proportionnelle à la simple vitesse; et, pour que la puissance motrice pv reste dans un rapport constant avec fv, il faut que p soit aussi constant; mais alors le même poids, agissant sur le même treuil, pourrait conserver différentes vitesses uniformes; ce qui lui est aussi impossible que d'engendrer différentes vitesses uniformes, puisque les vitesses uniformes, acquises au bout d'un certain temps, dépendent des vitesses acquises dans les premiers instants de la course des poids moteurs, abstraction faite de la cohésion. Ainsi, ce raisonnement nous fait conclure, que les forces consommées par les frottemens croissent dans un plus grand rapport que les simples vitesses. Quoique malheureusement, Coulomb, dans ses expériences sur les frottemens, se soit borné à observer les premiers instants de la course des poids moteurs, on remarque pourtant que, dans les premiers instants, pour avoir des vitesses plus grandes, il a toujours été forcé d'employer des poids plus considérables. Si, dans ses expériences sur les frottemens des axes de fer dans des boîtes de cuivre, on regarde les vitesses acquises dans les premiers instants comme représentant les vitesses uniformes que la machine aurait acquises au bout d'un certain temps; et que l'on multiplie les coefficiens du frottement, supposés constans, d'abord par les simples vitesses, et ensuite par les vitesses élevées au carré; on trouve que les premiers produits donnent des rapports presqu'autant supérieurs aux rapports des forces motrices développées dans chaque cas, que les rapports des seconds produits sont inférieurs à ces mêmes rapports des forces motrices, comme on le voit par le tableau que nous donnerons ci-après.

Si l'on fait attention que, dans les premiers instants, les espaces parcourus croissent comme les carrés des vitesses, et que, quand le mouvement s'approche de devenir uniforme, ces espaces parcourus ne croissent plus que comme les simples vitesses, on reconnaîtra que les vitesses, déduites au moyen des espaces parcourus pendant les premiers instants, augmentent dans un plus grand rapport que les poids moteurs, et qu'il n'est pas étonnant que le tableau que nous avons dressé soit autant en faveur de la simple vitesse que du carré de la vitesse. Mais si, au lieu d'employer les vitesses déduites des espaces parcourus dans les premiers instants, on avait employé les vitesses uniformes que la machine aurait acquises au bout d'un certain temps, il est indubitable que le nouveau tableau ferait connaître que les forces consommées par les frottemens croissent comme les carrés des vitesses, et non comme les simples vitesses.

TABLEAU contenant les expériences faites avec des axes de fer dans des boîtes de cuivre, et servant à comparer la loi du frottement comme la simple vitesse, avec celle comme le carré de la vitesse.

NUMÉROS des Essais.	POIDS moteurs.	SECONDES écoulées.	RAPPORTS de la pression au frottement.	FORCES motrices.	VITESSES simples.	COMPARAISONS avec les forces motrices.	RAPPORTS des erreurs en moins.	VITESSES élevées au carré.	COMPARAISONS avec les forces motrices.	RAPPORTS des erreurs en plus.
3e EXPÉRIENCE, sans enduit : suivant Coulomb, influence insensible des vitesses sur les coefficients du frottement.										
2e	28	8,0	5,9	21,0	0,75	21,00	....	0,56	21,0	
3e	39	4,5	6,1	52,0	1,33	37,2	0,28	1,78	87,	0,29
6e EXPÉRIENCE, enduit de suif, idem, le coefficient du frottement diminue un peu avec les vitesses.										
2e	18	7,5	12,7	14,4	0,80	14,4	....	0,64	14,4	
3e	24	5,0	14,8	28,8	1,20	21,6	0,25	1,44	32,4	0,13
11e EXPÉRIENCE, enduit du vieux oing, idem, influence nulle des vitesses sur le coefficent du frottement.										
2e	14	6,0	7,4	14,0	1,00	14,0	....	1,00	14,0	
3e	20	3,5	9,0	34,3	1,71	23,9	0,30	2,04	41,2	0,20
12e EXPÉRIENCE, enduit du vieux oing.										
2e	22	9,0	7,9	14,7	0,67	14,7	....	0,44	14,7	
3e	28	5,5	8,4	30,5	1,09	23,9	0,22	1,19	30,7	0,30

La 3ᵉ colonne indique les secondes écoulées pendant que le poids parcourait les 6 premiers pieds. Les premiers essais n'ayant eu lieu qu'avec un mouvement trop lent et trop incertain, n'ont pas pu être compris dans ce tableau. Comme, pour la même vitesse, le coefficient du frottement est constant, nous l'avons représenté par l'unité, ce qui a facilité le calcul de la 6ᵉ colonne et de la 9ᵉ. Pour comparer les forces consommées avec les forces motrices, dans la 3ᵉ expérience par exemple, nous avons établi la proportion $0,75 : 21 :: 1,37 : x$; proportion qui a donné x égale à 37, 2; mais, comme au lieu d'obtenir pour x la valeur 52, l'on n'a trouvé que la valeur 37, 2, il y a une erreur de 14, 8; et cette erreur, divisée par 52, donne le rapport 0, 28 porté dans la huitième colonne.

A cause de la nature de ce journal, nous ne nous étendrons pas davantage maintenant, et nous attendrons que le critique veuille entrer avec nous dans une discussion franche, loyale et sans passion, pour défendre, au moyen de nos principes, la théorie des roues à aubes de Borda contre les attaques de M. Navier. Il a eu tort aussi de dire que nous aurions dû nous contenter de présenter les expériences suivant les notions généralement admises; car il aurait dû faire attention que c'était à cause de l'insuffisance de ces notions que nous avons cherché de nouveaux principes pour rendre raison des expériences; d'ailleurs nos lecteurs trouveront tous les élémens nécessaires pour faire ce travail, s'ils le désirent. Il doit avouer aussi que nous sommes les premiers qui, en étudiant une machine, avons observé séparément la force consommée par le travail et la force consommée par le frottement, et qu'avant nous on se contentait d'observer la force dépensée par le moteur, et la force utilisée par le travail, sans faire attention aux frottemens. Nous finirons par dire que le critique aurait dû être plus circonspect en parlant des principes qui ont l'appui des diverses expériences que nous avons pu consulter, et que nous ne demandons pas mieux que de discuter avec lui, parce que, comme on l'a dit souvent, c'est du choc des opinions que jaillit la lumière. Metz, le 6 octobre 1828. P. Coste.

222. Art du Menuisier en batimens et en meubles, suivi de l'Art de l'Ébéniste. Ouvrage contenant des élémens de géométrie descriptive, appliquée au trait du menuisier. 3ᵉ édit.

entièrement refondue, et considérablement augmentée; par M. A. PAULIN DESORMEAUX. 6 vol. in-8°, plus 7 cah. de pl. gravées in-4°. Paris, 1828; Audot.

Cet ouvrage est l'un des mieux traités et des plus complets de la collection de M. Audot. Il se recommande d'ailleurs par les travaux utiles et bien connus de son auteur, à qui nous devons un excellent traité sur l'art du tourneur. Nous nous bornerons donc à faire connaître ici le plan de l'ouvrage.

Il est divisé en 3 parties. La 1re contient 5 chapitres, qui traitent successivement, 1° des différens bois; 2° de la coloration des bois, du poli, de l'herborisation artificielle, etc.; 3° des vernis sur bois, sur cuivre, etc.; 4° de l'atelier, des outils et de leur affutage; 5° de l'emploi des outils, des assemblages divers. La 2e partie contient des élémens de géométrie, de l'architecture et du trait. Enfin, la 3e partie contient, en 4 chapitres, des notions sur la menuiserie dormante, sur les escaliers, les chaires à prêcher, et la menuiserie mobile.   D. B. F.

223. DU FREIN DE M. DE PRONY, ET DE SON USAGE; par M. L. M. P. COSTE. (*Industriel;* août 1828, p. 225.)

Pendant long-temps le seul moyen qu'on connût pour mesurer la force des machines ou des moteurs, consistait à suspendre un poids à une corde qui s'enroulait sur l'arbre de réception. M. Hachette paraît avoir été le premier qui ait imaginé un autre moyen plus aisé. M. de Prony, en s'emparant de cette idée, a construit un instrument très-simple, très-commode, et très-peu dispendieux.

Le frein se compose de deux poutrelles que l'on place, pour s'en servir, l'une au-dessus et l'autre au-dessous de l'arbre de la roue, et dont l'une, plus longue que l'autre, fait fonction de levier. Ces deux poutrelles sont évidées d'une manière symétrique, et suivant un arc de cercle, de manière à augmenter leur frottement contre l'arbre, sans nuire pourtant à leur solidité. Cet évidement est revêtu d'une feuille de tôle ou de cuivre, pour éviter le frottement de bois contre bois. A l'extrémité de la poutrelle-levier, se trouve une frette avec un crochet servant à suspendre les poids nécessaires. Pour maintenir le levier dans la position horizontale, à égale distance du centre de l'évidement, on perce 2 trous sur chaque poutrelle pour le passage de 2 forts boulons, taraudés sur une très-grande longueur ; ces boulons forcent, au moyen des écrous, les deux poutrelles à se rapprocher et à se serrer contre l'arbre, de manière à obtenir le frottement désiré.

Quand on veut se servir de cet instrument, il faut d'abord chercher quel est le poids qui, placé au petit bout de la grande poutrelle servant de levier, fait équilibre au poids de l'autre extrémité de la même poutrelle ; ce à quoi l'on parviendra facilement en plaçant le centre de l'évidement du levier sur l'arête d'un couteau ou d'une barre de fer assujettie horizontalement ; on divisera ensuite la distance de ce poids au centre de l'évidement par la distance de ce même centre au milieu du crochet servant à suspendre les poids, et le quotient sera la quantité dont il faudra augmenter le poids accroché, pour avoir le poids total faisant équilibre à la quantité de mouvement consommée par le frottement du frein. La petite poutrelle devant être construite d'une manière symétrique par rapport au cercle de l'évidement, n'exigera pas une opération semblable. On embrassera ensuite l'arbre avec les 2 mâchoires du frein, de manière que la partie évidée appuie contre l'arbre, et que la grande poutrelle soit en dessus. Il est évident que si les écrous ne sont pas assez serrés, l'arbre pourra tourner sans entraîner le frein, et que s'ils sont très-serrés, l'arbre l'entraînera, et qu'il faudra une très-grande force pour l'empêcher de tourner et le maintenir horizontal. Dans ce dernier cas, l'arbre restera immobile, ou du moins n'aura qu'une très-petite vitesse, tandis que dans le premier cas, la vitesse de l'arbre ne sera nullement affectée. On conçoit donc la possibilité de serrer les écrous de façon à réduire la vitesse de l'arbre à telle vitesse voulue.

Si ensuite on place un poids à l'extrémité du levier, de manière à le maintenir horizontal, ce poids devra être considéré comme s'enroulant sur un treuil du même rayon que le bras du levier du crochet, par rapport au centre de l'évidement ; et par conséquent on aura la quantité d'action, en multipliant ce poids par le bras du levier du frein, en divisant le produit par le rayon de l'arbre de la roue, et en multipliant enfin ce dernier quotient par la vitesse angulaire de la roue : cette quantité d'action, augmentée de celle consommée par le poids et par le frot-

18.

tement de la roue, donnera la quantité d'action totale, utilisée par la roue soumise à l'expérience.

Les aspérités de l'arbre, les défauts de centricité, rendent le frottement du frein très irrégulier, et le levier oscille continuellement en dessus et en dessous de l'horizontale; il faut une certaine habitude pour pouvoir et savoir bien s'en servir, et pour déterminer exactement le poids qui fait équilibre au frottement; c'est pourquoi il est toujours nécessaire d'avoir des hommes qui, avec des cordes attachées à l'extrémité du bras du levier, maintiennent non-seulement le frein pendant que l'on tâtonne pour serrer les écrous à volonté, mais encore pour l'empêcher d'être entraîné quand le poids n'est pas suffisant et qu'il survient quelques à-coups. Dans le cas même où la force des hommes ne serait pas suffisante, il est nécessaire d'avoir un obstacle invincible qui, au moyen d'une corde ou autrement, retienne le frein. Ces cas arrivent encore assez fréquemment.

Il est bien difficile d'apercevoir et de bien déterminer quel est le poids exact qui maintient le levier dans la position horizontale, à cause des oscillations continuelles de ce levier, et à cause qu'une petite addition dans le poids ne semble faire varier que très-peu le centre ou le point milieu de ces oscillations. Aussi, toutes les fois que l'on pourra se procurer un dynamomètre, on fera bien de le substituer aux poids; on en évitera de cette manière le tâtonnement, on abrégera la durée de l'expérience, on aura une exactitude beaucoup plus grande, et l'on trouvera en outre l'avantage précieux de supprimer les hommes nécessaires pour maintenir le frein dans la position horizontale. Quand on se sert d'un poids pour mesurer la force du moteur, l'expérience ne peut s'exécuter que sur des arbres ayant une situation horizontale; mais en employant le dynamomètre, on peut faire les expériences sur des arbres placés dans une position quelconque.

Dans le dynamomètre qu'il convient d'employer aux expériences faites sur le frein, il faut que l'aiguille soit la continuation du petit bras du levier moteur, et fasse corps avec lui; de cette manière, l'aiguille indiquera à chaque instant l'effort que supporte le ressort pendant une même expérience; elle oscillera continuellement, et indiquera différens efforts; mais l'observateur devra saisir avec attention le point central autour duquel les oscillations paraissent s'effectuer. La pression déterminée par ce point central donnera la mesure de l'effet exercé par le moteur.

Si un seul dynamomètre n'était pas suffisant pour mesurer la force de la pression, on pourrait en employer deux, en prolongeant la mâchoire inférieure du frein, et en lui donnant un bras de levier égal au premier. On pourrait même en employer un plus grand nombre en faisant un frein polygonal, construit d'une manière convenable; on ferait alors une machine analogue à celle de M. Hachette.

Pour éviter l'échauffement et l'embrâsement de l'arbre, il faut charger un homme de jeter constamment de l'eau sur la partie de l'arbre qui éprouve le frottement du frein. De plus, pour que les centres des deux mâchoires restent en ligne droite avec le centre de l'arbre, il faut serrer également les écrous.

Pour avoir la vitesse angulaire de l'arbre, on observera le nombre de tours que la roue fait pendant un certain nombre de minutes; ou mieux, si l'on a une montre à secondes, ou un chronomètre, ou tout autre instrument du même genre, on observera le nombre de secondes écoulées pendant que la roue fait un certain nombre de tours. En divisant ce nombre de tours par celui de secondes écoulées, on aura la vitesse angulaire de la roue pendant une seconde. On aura bien soin de ne commencer cette dernière observation qu'après que la roue aura fait au moins une douzaine de tours, c. à d. qu'après que son mouvement sera devenu régulier.

Il faut bien faire attention, dans l'évaluation de la résistance opposée par le frein au mouvement de la roue, que l'on multiplie le poids qui maintient le levier horizontal par l'espace que parcourt le crochet du levier; non parce que c'est la hauteur à laquelle ce poids est élevé, mais bien parce que ce poids exprime déjà une quantité de mouvement divisée par le double du coefficient de la gravité, et qu'en la multipliant par la vitesse, on a une quantité d'action qui peut être comparée avec la quantité dépensée. Ainsi, quand on veut tenir compte de la quantité d'action dépensée par le frottement provenant du poids de la roue et de la direction de la force motrice, on ne peut pas se contenter de la faire seulement proportionnelle à la vitesse de la roue, mais il faut encore la faire proportionnelle au carré de cette vitesse. Les expériences sur la roue se mouvant seule donneront dans chaque cas le coefficient constant ou le coefficient d'homogénéité qui affecte cette quantité d'action. **Arm.**

224. Traité historique, pratique et descriptif de la machine a vapeur; par Farey. (*Repert. of patent invent.*; mars 1828, p. 189.)

N'ayant pas sous les yeux l'ouvrage de M. Farey, nous ne pouvons que rapporter ici le jugement du journaliste anglais, qui regarde ce traité comme le plus complet et le plus clair qui ait paru sur ce sujet. Il ne blâme en lui que le trop de faits qu'il a entassés dans son ouvrage, tandis qu'il aurait dû choisir les exemples les plus saillans, en déduire les conséquences, et dresser un monument à la science, sans entasser matériaux sur matériaux. Mais, malgré ces imperfections, il ne laisse pas d'en recommander la lecture à ceux qui se livrent à la fabrication des machines à vapeur. Nous ferons sans doute plaisir à nos lecteurs de citer quelques-unes des remarques de M. Farey et des règles qu'il donne.

Page 343, il cite la règle du doct. Robison pour calculer l'effet d'une machine à vapeur, dans laquelle la vapeur agit par expansion : Il faut multiplier le nombre de livres auquel répond la pression de la vapeur sur la surface du piston, par le logarithme hyperbolique du nombre qui marque combien de fois l'espace primitif de la vapeur est contenu dans le jeu du piston; si la vapeur n'occupe que le $\frac{1}{4}$ du cylindre, il faudra multiplier par 1,386 log. hyperb. de 4. Donc, si 1 désigne l'effet primitif de la vapeur sur le piston, la somme des forces décroissantes exercées pendant son expansion, dans un espace quadruple, sera 1,386 et la force totale 2,386. La règle de Watt donnait 2,314. Résultat peu différent.

La Table suivante pourra éviter quelques calculs.

Espace occupé pour la vapeur comprimée.	*Nombre par lequel il faut multiplier la pression primitive pour avoir l'effet total.*
La moitié du cylindre.......	1,69
Le tiers.................	2,10
Le quart.................	2,39

Le cinquième.............. 2,61

Le sixième................ 2,79

Le septième.............. 2,95

Le neuvième 3,08

L'auteur prétend que l'on s'est trompé en regardant la quantité de chaleur nécessaire pour faire marcher une machine à haute pression, comme proportionnelle à la température de la vapeur. Elle est sensiblement en raison directe de la tension.

Il propose aussi de compter l'effet sur le piston, non pas en pouces carrés, mais en pouces circulaires, en prenant pour unité de surface un cercle de 1 pouce de diamètre; par là les pressions seraient égales aux carrés des diamètres des pistons multipliés par l'élasticité de la vapeur.   D...s.

225. Expérience faite sur la force des machines a vapeur roulantes.

On vient de faire une grande expérience sur la force des machines à vapeur roulantes, à la mine de houille de Kellingworth, près de Newcastle-sur-Tyne, en présence de membres des comités des Compagnies qui ont entrepris les routes à ornières de fer (*Rail roads*), entre les villes de Birmingham, Manchester et Liverpool; le résultat a eu lieu comme il suit.

La machine mobile était de la force de huit chevaux; elle pesait, avec son char additionnel renfermant la provision d'eau et de houille, $5\frac{1}{2}$ tonnes (110 quintaux). On l'établit sur une portion de route à ornières, dont l'inclinaison avait été réglée par le propriétaire (M. Wood), à raison de $\frac{1}{792}$; on disposa à la suite les uns des autres sur cette route 12 chars, dont chacun contenait de 53 à 54 quintaux de houille, faisant ensemble un total de 648 quintaux de marchandises pures. On fit traîner par la machine les 12 chars attelés ensemble dans l'espace d'un mille et un quart, alternativement dans les deux sens, de montée et de descente, pour qu'il y eut compensation. L'espace ainsi parcouru fut de 2 milles et demi en 40 minutes, ce qui aurait donné trois milles 3 quarts, c'est-à-dire plus d'une lieue à l'heure; la consommation fut de 6 pecks $\frac{1}{2}$ de houille; le peck est un volume de 544 demi-pouces anglais qui sont au pouce cube français comme 100 à 121. (*Nouv. Journ. de Paris;* 1er août 1828.)

226. **Description d'une nouvelle machine a vapeur, a mouvement de rotation direct**; par M. Pecqueur. (*Bulletin de la Soc. d'encourag.*; janv. 1828, p. 3.)

Dans les machines à vapeur généralement employées, une partie de la force communiquée au piston sert à vaincre la résistance qu'opposent le balancier, les manivelles et les bielles. En effet, chaque levée du piston fait passer ces pièces de l'état de mouvement à celui de repos, *et vice versâ* : le volant régularise à la vérité ce mouvement, mais les frottemens absorbent toujours une grande portion de la force transmise, ce qui n'aurait pas lieu si elle était appliquée directement à l'arbre tournant.

Cette considération n'a pas échappé au célèbre *Watt* et à plusieurs autres habiles mécaniciens, qui ont cherché à faire produire à la vapeur elle-même le mouvement de rotation sans l'intermédiaire des balanciers et des bielles ; mais, malgré tout l'avantage que présentait cette idée en théorie, son application à la pratique a éprouvé de nombreux obstacles. Les principaux inconvéniens qu'on reproche aux machines de rotation, et qui ont empêché jusqu'ici leur adoption, de préférence à celle d'un mouvement alternatif, sont 1° la difficulté et la cherté de leur construction, provenant de la nécessité de donner à toutes les parties une précision mathématique et de les maintenir à l'épreuve de la vapeur; 2° le frottement excessif des pistons ou soupapes contre les parois de la machine; 3° le peu de force qu'elles développent relativement à la quantité de combustible consommée; 4° enfin les fréquentes réparations qu'elles exigent. Ce qui prouve combien ces inconvéniens sont réels, c'est le grand nombre de patentes obtenues en Angleterre pour des machines de rotation, dont la plupart sont restées sans exécution. Depuis Watt jusqu'à nos jours, 25 patentes ont été délivrées dans ce pays pour des machines de ce genre, et aucune, à ce que nous sachions, n'a pu soutenir la concurrence avec les machines à mouvement alternif. Cependant on ne peut se dissimuler qu'elles offriraient des avantages certains, principalement sur les bateaux à vapeur, par la simplicité de leur construction et par le peu d'espace qu'elles y occuperaient.

Après tant d'essais et de tentatives infructueuses, M. *Pecqueur* se présente aujourd'hui avec une machine de rotation qui paraît remplir les conditions voulues; elle est installée sur le bateau remorqueur *la Dauphine.*

Les avantages qu'il attribue à la nouvelle machine, sont 1°
d'être d'une construction simple, solide et économique; 2° d'occuper peu de volume et d'être légère, ce qui est surtout important sur des bateaux à vapeur et lors des basses eaux; 3° de
produire des effets prompts et bien ordonnés; 4° de donner
lieu à peu de frottement, les parties étant soumises à une pression égale sur tous les points; 5° d'être parfaitement à l'épreuve
de la vapeur, au moyen des garnitures de filasse et des cônes;
6° d'offrir sur l'arbre principal des points d'appui assez solides
pour permettre d'y adapter un volant et une roue, l'un pour régulariser le mouvement qui serait inégal quand on emploie la
machine avec détente, l'autre pour communiquer le mouvement
de rotation de cet arbre à un ou plusieurs autres arbres, au
moyen d'engrénages; 7° de monter cette roue et ce volant à
frottement, afin d'éviter toute rupture de la machine, si quelque
pièce venait à se démonter ou à s'accrocher avec une des pièces
de l'arbre principal, auquel cas cet arbre s'arrêterait contre l'obstacle et le volant épuiserait sa force d'inertie en glissant sur
l'arbre; 8° de faire marcher les machines en employant à volonté la vapeur avec ou sans détente, sans avoir besoin d'arrêter
le mouvement pour passer d'un mode à l'autre; 9° de chauffer
l'eau alimentaire de la chaudière par la vapeur sortie de la machine après y avoir produit son effet dynamique; 10° enfin d'ê-
tre susceptible d'un grand nombre d'applications utiles.

Nous ajouterons que la nouvelle machine à vapeur a besoin
d'une extrême précision dans son exécution, et que ce n'est
qu'après de nombreux essais, que M. Pecqueur est parvenu à
la rendre propre à produire les avantages qu'il s'en était promis.
Le principal obstacle qu'il a eu à vaincre était la construction
des coquilles, dont l'assemblage devait former un anneau cylindrique d'un diamètre intérieur parfaitement semblable sur
tous les points, afin d'éviter le frottement inégal du piston. Pour
réussir dans cette difficile opération, l'auteur a imaginé un tour
très-ingénieux, qui exécute, avec une grande exactitude, cette
pièce importante et plusieurs autres.

M. *Pecqueur* vient d'appliquer sa machine à faire mouvoir un
chariot qu'il a mis en expérience. Quoique les premiers essais
aient manqué par suite de quelques défauts dans la chaudière,
il va en entreprendre de nouveaux, et il ne doute pas qu'ils
n'aient tout le succès désirable.

227. DESCRIPTION D'UNE MACHINE A VAPEUR PERFECTIONNÉE ; par M. SAULNIER. (*Bullet. de la Société d'encourag. de Paris ;* déc. 1827, p. 423.)

Cette machine est aussi remarquable par sa simplicité que par la soigneuse exécution de toutes ses parties. L'auteur a eu pour but, dans sa composition, d'en rassembler toutes les parties, de manière qu'elles occupassent le plus petit espace possible, et de supprimer les pièces qui ne sont pas indispensables pour produire l'effet voulu.

La machine fonctionne sous une moyenne pression, et avec détente de vapeur et condensation. L'auteur entend par moyenne pression, celle d'une atmosphère et demie à deux atmosphères, laquelle n'exige sur la soupape de sûreté qu'un poids de 5 à 10 hectogrammes par centimètre carré de surface.

Le cylindre est renfermé dans une enveloppe, et l'espace annulaire intermédiaire sert de passage, non à la vapeur venant immédiatement de la chaudière, mais à celle qui, ayant déjà servi à pousser le piston, se rend du cylindre au conducteur. Toutefois, M. Saulnier n'attache pas une grande importance à cette dernière disposition, attendu que les résultats n'en sont pas encore constatés par des expériences comparatives.

En attendant que ces expériences soient faites, ou que les physiciens aient résolu cette question d'une manière positive, voici sous quel point de vue l'auteur l'envisage.

Il examine d'abord ce qui se passe lorsque l'enveloppe est entretenue de vapeur venant directement de la chaudière; dans ce cas, on dépense pour chaque coup de piston, 1° une quantité bien connue de vapeur pour emplir le cylindre; 2° une quantité moins facile à apprécier, qui se condense sur les parois de l'enveloppe, et notamment sur la paroi extérieure. Revenant ensuite au cas de l'enveloppe servant seulement de passage au conducteur, on aura pour dépense : 1° une quantité de vapeur égale, comme dans le premier cas, à la capacité du cylindre; 2° une autre quantité nécessaire pour suppléer à la température du cylindre qui est égale seulement à celle de la vapeur qui se rend au condenseur. Le problème consiste donc à chercher quelle est la différence entre les quantités de vapeur qu'il faut, dans chaque cas, dépenser en sus de celle qui occupe la capacité du cylindre.

228. Sur les explosions des machines a vapeur, et sur les précautions à prendre pour les prévenir ; par M. Marestier. (Extrait des *Annales Maritimes et Coloniales ; 1828*.)

C'est à l'auteur de cette notice que l'on est redevable de l'excellent ouvrage intitulé, *Mémoire sur les bateaux à vapeur des États-Unis d'Amérique*, etc., et ce titre seul suffirait pour faire accorder aux observations de M. Marestier toute la confiance qu'elles méritent. Nous allons donner un extrait de celles qu'il vient de publier. Comme sa brochure est extrêmement courte et de la plus grande importance par son objet, le meilleur moyen de la faire connaître est de multiplier les citations.

L'auteur commence par exposer les circonstances de l'explosion des chaudières de machines à vapeur, et les explications qu'on en a données. On a été conduit « à distinguer deux genres d'explosion : les unes, provenant d'un accroissement graduel de la force de la vapeur, que les soupapes de sûreté et les moyens analogues peuvent prévenir : les autres, produites par une augmentation subite de la tension, que ni les soupapes de sûreté, ni les parties faibles, ni les rondelles fusibles, telles qu'elles sont exécutées, ne sauraient empêcher.

« Les premières ne se manifestent quelquefois que par le déchirement des parties les moins solides des chaudières, ou par la rupture de quelques rivets ; elles ont rarement des suites fâcheuses, même dans les machines à haute pression, et souvent on n'en parle pas. Elles sont généralement précédées par une augmentation lente de la colonne de mercure, qui indique la force de la vapeur, par un renflement sensible des faces des chaudières, et par quelques fuites d'eau ou de vapeur, symptômes qui ont quelquefois fait prendre l'heureuse détermination de modérer le feu.

« Les autres ne sont ordinairement annoncées par aucun de ces caractères ; au contraire, il arrive quelquefois que le mercure de l'indicateur tend à baisser, que la machine marche lentement, et que, pour entretenir le mouvement, on est obligé de forcer le feu. Si l'on entend un bouillonnement extraordinaire dans la chaudière, le danger est imminent ; la plus désastreuse explosion peut le suivre immédiatement ; il paraît que *l'ouverture de la soupape de sûreté, loin de prévenir ce malheureux événement, le détermine*. Plusieurs fois, les chaudières ont éclaté quelques instans après la suspension du mouvement de la machine, au moment où, selon toute apparence, on venait d'ouvrir la soupape de sûreté pour laisser la vapeur s'échapper.

...... « Pour assigner un remède à ces terribles effets, on a cherché à en connaître la cause..... On a supposé que l'eau se décomposait en ses deux élémens, l'hydrogène et l'oxigène, quoiqu'il soit comme démontré aujourd'hui que le volume du gaz hydrogène est précisément le même que celui de la vapeur d'eau; enfin, on a eu recours à l'introduction instantanée d'une grande quantité de calorique dans l'eau de la chaudière, et c'est cette dernière explication que nous allons développer.

« La remarque la plus importante à laquelle donne lieu l'examen des circonstances qui ont accompagné les explosions funestes dont nous nous occupons, c'est que, presque toujours, il y a des indices que l'eau manquait en partie dans la chaudière.

« Si nous admettons que l'eau, par défaut d'une alimentation suffisante des chaudières, ait laissé à découvert une partie des parois exposées au feu, cette partie ne servant plus à la formation de la vapeur, on verra bientôt la colonne de mercure s'abaisser, et l'on sera obligé de pousser le feu avec plus de vigueur, afin de tirer du reste de la chaudière toute la vapeur dont on a besoin. La surface découverte acquerra une haute température et pourra même devenir rouge; elle transmettra une partie de son calorique aux parois extérieures, ainsi qu'à la vapeur, et peut-être décomposera une portion de la vapeur en contact, en absorbant l'oxygène qu'elle contient, comme cela arrive quand on extrait l'hydrogène de l'eau dans un canon chauffé au rouge. Si ce dernier effet a lieu, on trouvera sur le métal ces traces d'oxidation qui ont quelquefois été remarquées à la suite des explosions.

« La température du métal, tant qu'il est couvert d'eau, dépasse peu celle de l'eau, à moins que le métal ne soit très-épais. Aussitôt qu'il reçoit du calorique, il le communique à l'eau, et si déjà l'eau est chaude, il se forme des bulles de vapeur, qui enlèvent l'excès du calorique; en sorte que, si le feu n'en fournissait pas de nouveau, en un instant le métal serait ramené à la température de l'eau.

« Lorsque l'eau ne recouvre pas entièrement les fourneaux et

les conduits de flamme, le calorique s'accumule dans la portion
du métal qui n'est en contact qu'avec la vapeur; et si, par une
cause quelconque, telle serait, par exemple, l'inclinaison du
bateau à vapeur, l'eau s'étend tout à coup sur les parties chauffées au rouge; elle s'empare du calorique surabondant, et la production instantanée d'une certaine quantité de vapeur en est le
résultat.

..... « Supposons, pour fixer les idées, que la chaudière con-
tienne 28,000 kilog. d'eau, ce qui est la capacité des chaudières
d'une certaine forme, pour un appareil de la force de 100 chevaux; ces 28,000 kilog. d'eau, en passant de la température de
105 degrés à celle de 100, perdront chacun 5 degrés, et par
conséquent ensemble autant de calorique qu'il en faudrait pour
élever d'un degré la température de 140,000 kilog. d'eau; mais
il ne faut, pour faire passer à l'état de vapeur un kilog. d'eau,
que la quantité de calorique qui élèverait d'un degré 560 kilog.
d'eau; celle qui élèverait d'un degré 140,000 kilog. d'eau fera
donc passer à l'état de vapeur 250 kilog. d'eau; et comme chaque kilogramme d'eau fournit 1,700 litres de vapeur, nous pouvons conclure que l'eau des chaudières ne sera réduite à 100 degrés qu'après qu'il se sera dégagé une quantité de vapeur équivalente à 425,000 litres ou à 425 mètres cubes de vapeur au
degré de tension de l'atmosphère.

« Cette remarque fait voir pourquoi la vapeur met beaucoup
de temps à se dégager, lorsque l'on ouvre la soupape de sûreté.
Aussitôt que le dégagement commence, la pression de la vapeur sur la surface de l'eau diminuant, ce n'est plus seulement
des parois exposées au feu que partent les bulles; le calorique
répandu dans la masse tend à produire de la vapeur successivement à 104 degrés, 103 degrés, etc., dont auparavant la
pression empêchait le développement : partout il se forme des
bulles qui augmentent le volume de l'eau et élèvent son niveau (1). A cette cause s'en joint une autre, dont l'effet est particulièrement sensible dans les chaudières à faces planes : ces

(1) L'eau est alors dans le cas d'un liquide contenant un gaz en dissolution, tel que la bière ou le vin mousseux : dès qu'on ôte le bouchon du
vase qui le renferme, une infinité de bulles se montrent dans le liquide,
et l'enflent souvent au point d'en faire jaillir une grande partie hors du
vase.

diminution trop rapide de sa force; que par conséquent il faut cesser d'alimenter le feu, diminuer son action en ouvrant les portes des fourneaux, et en recouvrant peu à peu de cendres les charbons embrasés, ou en les retirant par petites portions.

« Qu'en même temps il convient de laisser s'écouler une certaine quantité d'eau des chaudières, afin, d'une part, que si le volume de l'eau augmentait, le niveau restât au-dessous des parties des chaudières qui ont acquis une haute température ou qui sont devenues rouges; et, d'autre part, de pouvoir introduire de l'eau froide qui détruise la tendance qu'a l'eau chaude à monter au-dessus de son niveau. »

« Selon M. Perkins, il faut arrêter la machine; selon nous, il vaut mieux la laisser marcher jusqu'à ce que l'indicateur soit arrivé à zéro, afin d'éviter que la tension augmente et de parvenir plus promptement à la réduire à la pression atmosphérique; mais il faut diminuer successivement l'ouverture du registre d'introduction de la vapeur, de manière que l'indicateur ne descende pas très-rapidement, et ne le fermer tout-à-fait que si la tension diminuait d'elle-même très-vîte. »   Ferry fils.

229. Perfectionnement dans la construction des pistons. — Patente à J. White (*Repert of patent invent.;* mars 1828, p. 176).

Voulant obvier à l'inconvénient des soupapes trop étroites dans les pompes, M. White emploie des corps de pompe prismatiques à quatre pans, dans lesquels se meut un piston carré dont les bords sont relevés et dans lesquels se meuvent deux clapets inclinés B, B, pl. IV, fig. 3 qui occupent l'intervalle compris entre la tige du piston et le corps de pompe. Il est clair que l'eau peut entrer ici par une très-grande ouverture; mais ce système a le grave inconvénient de nécessiter une force beaucoup plus grande, car les frottemens sont en raison des surfaces, qui sont beaucoup plus grandes pour la forme quadrangulaire que pour la forme ronde (1). L'auteur place 2 vis C, C qui lui servent à ouvrir plus ou moins les clapets; mais il n'indique point le mécanisme qui les fait agir, aussi l'on peut douter de son assertion. Il n'a donc réussi qu'à ouvrir un plus large passage à l'eau; mais il perd de la force: la compensation est-elle établie?

D...s.

(1) Ce raisonnement n'est pas exact, car le frottement est indépendant de l'étendue des surfaces frottantes.

230. RAPPORT DE M. MALLET SUR LES EXPÉRIENCES FAITES SUR LA ROUE HYDRAULIQUE DE M. DE THIVILLE (*Ibid.*; déc. 1827, page 426).

Les expériences ont été faites avec le frein, et voici les conclusions qu'on en a tirées.

La roue de *M. de Thiville* emploierait les 66 centièmes de l'action qui lui est confiée, mais les commissaires n'ayant pas été maîtres de régler la vitesse de l'eau affluente dans un rapport convenable avec celle de la roue, il en est résulté qu'une petite portion de cette eau sortait des godets avant d'être arrivée au bas de la chute; que, d'un autre côté, les indications du peson, soit qu'il fût appliqué au dynanomètre de White, ou au frein, ont dû être diminuées par les frottemens des engrénages chargés de lui transmettre l'action, d'où ils ne balancent pas à porter à 70 p ÷ le produit de force de cette roue, ce qui confirme l'idée avantageuse que le Comité des arts mécaniques de la Société d'encouragement en avait déjà conçue lorsqu'il l'a examinée théoriquement.

231. NOUVELLE MACHINE A PERCER; par DIXON VALLANCE (*Mechanic's Magazine*; juin 1828, p. 353).

L'auteur propose une machine à percer dont le vent doit être le principal moteur. On comprendra facilement le mécanisme de cette machine à l'aide de la figure 4, pl. 4, qui représente l'appareil auquel on a adapté les ailes avec lesquelles le vent doit le faire mouvoir. AA, bâti de la machine; BB, roue horizontale d'environ 3 pieds 6 pouces de diamètre avec 10 à 14 rayons à main. Son axe où moyeu lié avec un cercle de fer à chaque extrémité a environ un pied, tant en longueur qu'en diamètre. Une pièce en fonte G passant à travers l'axe de la roue, sert à faire tourner et à faire monter ou descendre la tige employée à percer; celle-ci est d'une forme oblongue carrée, de 5 à 6 pieds de long, de 2 pouces d'épaisseur et de 3 pouces de large à l'endroit où elle se meut dans la pièce en fonte G. A mesure que la roue tourne, les rayons à main saisissent la manivelle D qui fait mouvoir la tige. On peut enlever ces rayons lorsque l'on doit percer des corps mous, ou que l'on nettoie le trou. EE, corde ou chaîne de 4 ou 5 pieds, pour laisser descendre la tige à mesure qu'elle opère; on visse alors une nouvelle longueur de tige sur la 1re, et ainsi de suite, jusqu'à ce que le trou soit assez profond. La corde ou chaîne E est fixée à la manivelle DD et passe sur la poulie F, elle est attachée à la tige par un anneau en G, pour empêcher la chaîne de se tordre. H, poids fixe sur la tige. I, grue pour élever les tiges. Le bras de la manivelle contre la roue est vertical, et le bras auquel la chaîne est fixée est horizontal.   CHEV...T.

232. APPAREIL POUR DONNER UN NOUVEAU MOUVEMENT AUX MULL-JENNYS; par W. HURST et J. CARTER (*Lond. journ. of arts;* juin 1827, page 200).

Cet appareil est destiné à être appliqué aux *mull-jennys* pour filer la laine lorsqu'on les fait mouvoir par l'action de la vapeur ou de l'eau. Les patentés disent que leur invention consiste à faire arrêter les chariots des mull-jennys lorsque l'on a pris la longueur des fils de laine, et à les tenir stationnaires quelque temps jusqu'à ce que l'on ait complété la torsion de cette laine; après quoi l'on fait aller de nouveau la machine, afin de tirer et de tordre les filamens de laine.

Nota. Les rédacteurs du *London journal* conviennent que la description donnée par les patentés est presqu'inintelligible, et qu'on est forcé de deviner ce qu'ils ont voulu dire.   CHEV...T.

233. DIFFÉRENTES MACHINES A BATTRE ET A ARRACHER LES PIEUX; par M. REVILLON. — Rapport de M. Mallet (*Bulletin de la Soc. d'encouragement;* fév. 1828, p. 36).

M. Revillon, en présentant deux machines à battre les pieux et une à les arracher, s'est proposé d'éviter dans les deux premières les inconvéniens reprochés à justes titres aux sonnettes à *tiraude* et à *déclic* ordinaires; ces inconvéniens sont, comme on le sait, d'employer beaucoup d'hommes et de fatiguer considérablement les cordes. Il les évite au moyen d'un échappement par excentrique qu'il annonce avoir inventé.

Ainsi, dans son appareil propre à remplacer la sonnette à tiraude et dans celui qui peut être substitué à la sonnette à déclic, un homme placé à une manivelle fait mouvoir une série d'engrénages dont l'effet est de faire monter le mouton ou le poids au moyen d'une corde qui s'enroule sur un tambour; quand une révolution est faite, l'excentrique agit, la corde se déroule sur une poulie emportée par le poids, et vient frapper sur le pieu, elle remonte ensuite pour retomber de nouveau; à l'aide de quelques combinaisons, il peut augmenter la longueur de la corde à mesure que le pieu s'enfonce. L'échappement dans la sonnette propre à remplacer celle à déclic est fixé à une roue intermédiaire, parce qu'il est nécessaire que la corde fasse plus d'un tour autour de la poulie à cause de la hauteur à laquelle on doit élever le mouton.

Dans sa machine à arracher les pieux, M. Revillon emploie un *balancier à percussion* qu'il a déjà appliqué à des presses; il a eu, dans cette invention du balancier à percussion, l'idée d'ajouter successivement les uns aux autres un nombre d'effets qui n'eut de limite que la résistance de la matière.

Il a donné à son balancier la forme d'un volant, et au lieu de le rendre solidaire avec la tête de la vis, il l'a laissé libre et l'a muni de deux taquets qui viennent s'arrêter contre deux autres, implantés dans la tête de la vis. Si maintenant deux crochets sont fixés avec des cordes au pieu que l'on veut arracher, que ces deux crochets terminés à leur sommet commun par un écrou, soient soumis à l'action de la vis qui reçoit la force du voulant balancier, la tension des cordes doit présenter une résistance nécessaire pour arracher le pieu et remplir le but que s'est proposé le mécanicien.

234. Perfectionnement pour carder la laine ; par W. Hurst et H. Hurst (*Ibid.*; juin 1827, p. 202).

Ce perfectionnement consiste d'abord à combiner dans une machine ce qu'on appelle *tenter hook willy* avec le cylindre ordinaire à carder, afin de battre et de diviser la laine dans son premier état, et ensuite de la conduire immédiatement à la machine à carder, sans employer le travail de la main, pour être divisée de nouveau par les cardes à rotation. La 2ᵉ partie du perfectionnement consiste à enlever sous forme de lames la laine après l'avoir cardée et à la placer sur le drap sans fin d'une autre machine avec l'attention de relever les extrémités de ses fibres et de leur donner une direction contraire à celle dans laquelle elles ont d'abord été cardées. Pour remplir ce dernier but, on coupe la laine dans la direction de l'axe du cylindre, on l'enlève de là en grands feuillets que l'on place dans le sens de leur largeur sur le drap sans fin de la machine suivante, en ayant soin que la position des fibres laineuses se trouve renversée; on obtient par ce moyen l'avantage qu'on s'était proposé. 　　　　　　　　　　　　　　　　　CHEV...T.

235. INVENTION POUR ÉTIRER, TORDRE, FILER, etc., LE COTON, LA LAINE et autres matières fibreuses; par J. Fréd. SMITH (*Ibid.*; p. 195).

Les objets décrits dans cette patente sont : un vase cylindrique avec 2 extrémités mobiles et une bobine composée de plusieurs pièces séparées; le vase cylindrique est en fer-blanc, semblable à ceux qu'on emploie pour recevoir les boudins de coton, etc., au sortir des machines. Ce qui caractérise le nouvel appareil, c'est qu'au lieu d'une extrémité mobile, comme à l'ordinaire, les extrémités du vase sont susceptibles d'être déplacées à l'aide de pièces que le patenté appelle faux boutons. Ces pièces sont garnies de rebords qui s'ajustent dans le vase comme le couvercle d'une soupière; on construit les bobines en faisant glisser l'un dans l'autre des tubes métalliques semblables à ceux d'un télescope; le tube extérieur forme le corps de la bobine. 　　　　　　　　　　　　　　　　　CHEV...T.

236. PÉDOMÈTRE PERFECTIONNÉ PAR M. HARRIS, opticien à Londres.

L'appareil, fig. 5, pl. 4, est disposé de manière à constater par l'indication du nombre des pas, celle de la distance parcourue. La boîte qui contient le rouage de la machine est de la grandeur d'une boîte de montre et se porte dans le gousset. Au moyen d'un levier de cuivre attaché à la cuisse, qui, à chaque pas, et jusqu'à concurrence de 30,000 pas, agit sur le rouage intérieur du pédomètre, on peut compter exactement le nombre des pas réguliers faits entre deux points donnés. Pour constater la distance parcourue, il est nécessaire de préciser auparavant le terme moyen de la longueur du pas; et alors cette longueur moyenne, multipliée par le nombre de pas indiqué sur le cadran, donnera la distance réquise.

A l'aide d'un semblable appareil appelé indicateur des routes (*way-wiser*), attaché à une des roues d'une voiture, on peut de même calculer exactement la distance parcourue. L'un et l'autre appareils se construisent chez MM. Harris, à Londres (*Athenœum ;* 11 juin 1828).

237. Robinet a filtration ; par M. Louvrier-Gaspard. (*Industriel*; août 1828, p. 212.)

Depuis quelques années, on a remplacé la simple douille qui garnissait les filtres des raffineries, par un robinet à deux émissions. Cette amélioration présente encore des inconvéniens dans certaines localités; M. Louvrier-Gaspard y a remédié par un nouveau robinet ayant un seul bec. L'écoulement du liquide s'opère alternativement par la douille d'émission, et par la base du boisseau; ce qui donne la facilité d'arranger les gouttières du trouble et du clair sur une même ligne. On peut se procurer ce robinet chez l'auteur, rue de la verrerie, à Paris.   Arm.

238. Robinet de sureté. (*Ibid.*; août 1828, p. 213.)

Le boisseau de ce robinet porte, à la partie supérieure, un canon creux et incliné, dans lequel se loge une tige formant bouchon d'un bout et qui est taraudée à l'autre bout. Cette tige est enveloppée par un ressort à boudin sur lequel appuie le bout d'un écrou vissé sur le pas de vis de la tige et ayant extérieurement la forme d'un anneau de clé pour permettre de visser et de dévisser l'écrou à volonté. L'extrémité de la tige opposée à celle qui est taraudée, et formant un bouchon qui ferme hermétiquement le fond de l'ouverture du canon, s'engage dans une entaille en forme de gorge dans laquelle est ménagé un arrêt, qui, venant butter contre le bouchon, empêche de tourner le robinet pour l'ouvrier. D'un autre côté, la clé du robinet se trouve retenue par un ergot qui butte contre une encoche pratiquée dans le boisseau, et qui permet à la clé de faire juste un quart de révolution. Lorsqu'on veut ouvrir le robinet, il suffit de détourner l'écrou de la tige, on rappelle, par ce moyen, le bouchon dans le canon jusqu'à ce qu'il soit sorti de l'entaille ou gorge pratiquée dans la clé pour le recevoir, alors toute résistance cesse et la clé peut tourner.   Arm.

239. Appareil ventilateur pour la séparation des minérais de leur gangue ; par M. Grand-Besançon. — Rapport de M. Héricart de Thury. (*Bull. de la Soc. d'encouragement;* févr. 1828, p. 46.)

La construction de l'appareil de M. Grand-Besançon est fondée sur ces 5 propositions, savoir:

doute pas de la réussite de cet appareil et en rappelant qu'il a
valu à son auteur une distinction très-honorable, qui lui fut accordée par le jury central de l'exposition des produits de l'industrie de l'année dernière.

241. Globes. propres a servir de cadrans solaires; par M.
Avit. — Rapport de M. Francœur. (*Ibid.*; janv. 1828, p. 21.)

L'appareil dont il s'agit est un globe de verre soutenu et fixé
par une monture et orienté de manière qu'un rayon solaire,
pénétrant par un trou de la surface, se projette alors dans l'intérieur en divers points, qui dépendent de l'heure et du jour
où l'on fait l'observation; des lignes gravées à la surface et portant des chiffres permettent de lire l'heure et la date. C'est un
cadran solaire sphérique.

Nous pensons que le globe de M. Avit n'est pas propre, comme
il le supposait, à donner la latitude du lieu, parce que la pénombre causée par le disque solaire s'oppose à la précision que
ce genre de détermination exige; mais il a toute l'exactitude
qu'on peut attendre des cadrans solaires et présente sur ces appareils des avantages réels (1).

242. Application. du nouveau réflecteur de M. Burel au
tir du fusil et du pistolet. (*Ibid.*; fév. 1828, p. 43).

M. Burel a fait adapter à des armes à feu, mais principalement aux pistolets de guerre, un miroir de 12 millimètres de
côté, et qui est fixé près de la bouche du canon. L'œil du tireur
s'y voit lui-même, et peut ainsi acquérir une grande justesse
dans l'effet. Les expériences de M. Burel semblent annoncer
des résultats avantageux; des officiers et des amateurs de chasse
qu'il a consultés, pensent que ce moyen peut être employé avec
beaucoup de succès.

243. Nouvelles Voitures patentées en Angleterre; par
M. Burgess.

M. Burgess fait voir dans les rues de Londres un nouveau
modèle de voitures à 4 roues, construit d'après des principes
absurdes. Nous n'emploierons pas notre temps à la description
analytique de cet appareil, nous dirons simplement que ses

(1) On voit un de ces nouveaux cadrans solaires dans le jardin du Palais-Royal, à Paris.

roues sont disposées en forme de diamant, ce qui expose probablement la voiture à verser plus que suivant l'arrangement
ordinaire, et que la boîte des roues étant de forme hexagone,
est beaucoup plus susceptible de s'user par le frottement que
des boîtes décrivant un cercle entier autour de l'essieu. (*Lond.
and Paris Observ.; 7 sept. 1828*).

244. BATEAU A VAPEUR *the Mercury.*

Un journal a annoncé, par méprise, que le bateau à vapeur
qui est sorti dernièrement de la Tamise pour se rendre en Grèce,
et qui a relâché au Hâvre, appartenait à lord Cochrane. C'est,
au contraire, l'un des 5 bâtimens qui ont été construits pour le
compte des Grecs, et dont la confection avait été primitivement confiée à M. Galloway. On sait que la qualité vicieuse des
machines des 2 premiers bâtimens a excité les plus justes plaintes. Celle du 3e (*the Mercury*) a été confectionnée dans les
ateliers de M. Seaward et Cie, ingénieurs et mécaniciens à Londres. Elle ne laisse rien à désirer sous le rapport de la puissance
et de la célérité. Le *Mercury* ne lance point de la térébenthine,
ainsi qu'on l'a dit, mais bien de l'eau bouillante à plus de 60
pieds de son bord; indépendamment de ce moyen de défense,
des pompes faisant partie du système, le préservent de tout
danger d'incendie; enfin, elles servent à nettoyer avec la plus
grande facilité le pont du navire. C'est le premier bateau à vapeur, en Europe, qui réunisse autant d'avantages. (*Courrier
français; 6 août 1828*).

245. NOTE SUR UNE SOURCE JAILLISSANTE OBTENUE PAR UN SON-
DAGE, dans le départ. des Ardennes; par M. BAILLET. (*Bull.
de la Soc. d'encouragement; févr. 1828, p. 44*).

Ce sondage a été entrepris dans le but de trouver de la
houille, quoiqu'il y eût peu de chances en faveur de cette recherche, mais par la considération qu'il n'était pas impossible
de rencontrer le terrain houiller au-dessous des terrains calcaires, et surtout parce que la découverte de la houille serait
d'un prix inestimable pour un pays où ce combustible est devenu un besoin indispensable à l'industrie.

Le percement du trou de sonde a été confié aux soins et à la
direction de M. Parrot, ingénieur des mines, de qui je tiens les
renseignemens.

Le 21 janvier 1827, à la profondeur de 143 m., 5 mill., immédiatement au-dessous d'une couche argileuse, épaisse de 14 décimètres, la sonde s'est enfoncée brusquement de 16 centimètres dans une couche mince de gravier, sans qu'on ait remarqué aucune variation dans les eaux qui remplissaient ce trou; mais le lendemain matin, après qu'on eût complétement curé le trou de la sonde avec la cuiller, l'eau a jailli à la hauteur de 5 décimètres au-dessus du sol, c'est-à-dire, de 4 mètres au-dessus du niveau ordinaire des eaux de la Meuse.

L'eau de cette source est salée, et contient $2\frac{1}{4}$ p. $^{0}/_{0}$ de sel. Son affluence est de 3 mètres cubes par heure, le trou de sonde a été creusé de 2 mètres au-delà dans une couche marneuse coquillière. Il n'a pas été poursuivi à une plus grande profondeur en 1827, on se propose de le continuer cette année.

Les détails que je viens d'exposer offrent un nouvel exemple d'une source jaillissante sortant d'un terrain autre que la craie ou la marne crayeuse, d'où l'on sait que surgissent le plus ordinairement ces sortes de sources. Je vous rappellerai, à ce sujet, que j'eus l'honneur de vous faire connaître, il y a quelques années, une source jaillissante obtenue par un sondage dans un terrain de grès rouge, dans le département de la Moselle.

CONSTRUCTIONS.

246. Theoretisch en practisch bouwkundig handboek.— Manuel d'architecture théorique et pratique, à l'usage des ingénieurs, architectes, charpentiers et maçons; par W. C. Brade. Part. II, contenant la 2e section. In-4°. La Haye, 1828; Van-Weelden.

247. Le Toisé des batimens, ou l'Art de se rendre compte et de mettre a prix toute espèce de travaux (*Encycl. pop.*); par M. L. T. Pernot. 1re, 2e 3e et 4e part. 2 vol. in-18; prix, 2 fr. Paris, 1828; Audot.

Les 2 premiers volumes de cet ouvrage, traitent, l'un de la maçonnerie, et l'autre de la charpente. Les deux derniers volumes s'occupent de la serrurerie, de la couverture et du carrelage. . .

248. Plan nouveau et amélioré pour construire des Chemins de fer et des voitures par le moyen desquels toutes sortes de marchandises et matériaux, ainsi que les malles et les voyageurs peuvent être transportés avec plus de facilité, de vitesse et de commodité, et à moins de frais qu'il n'a été possible de le faire jusqu'ici, en employant ou la force motrice des chevaux ou celle de la vapeur; par M. de Baader.

L'état imparfait des chemins de fer est sans doute la cause et explique en même temps, pourquoi ces routes artificielles, quoique connues et partiellement adoptées depuis un siècle, n'ont pas été appliquées jusqu'à ce jour à un usage plus général, sur des lignes d'une très-grande étendue et pour toute sorte de transports; pourquoi la plus grande partie de ces Sociétés qui s'étaient formées en Angleterre, il y a quelques années, pour des pareilles entreprises, ont été dissoutes, et que de tous ces magnifiques projets annoncés par les journaux anglais de 1824 et 1825, d'après lesquels la Grande-Bretagne devait être couverte d'un filet de chemins de fer dans toutes les directions d'un bout du royaume à l'autre, deux ou trois seulement ont été mis à exécution.

Il paraît donc qu'avant de pouvoir s'embarquer dans des entreprises importantes de ce genre avec une certaine apparence de succès, on doit commencer par donner aux chemins de fer, à leurs voitures et à tous leurs appareils mécaniques une construction plus parfaite et plus avantageuse, en faisant disparaître tous les défauts, inconvéniens et difficultés auxquels ils sont encore sujets dans leur état actuel.

D'abord le frottement latéral entre les bandes ou rebords des ornières plates (*Plate-Rails*) et les roues, ou entre les roues et les ornières saillantes (*Edge-Rails*) produit une résistance considérable par laquelle une grande partie de la force motrice est absorbée en pure perte et qui contribue aussi beaucoup à déranger les ornières et leurs fondemens. Les chevaux qui marchent dans le milieu ébranlent par le battement de leurs pieds les blocs de pierre sur lesquels les ornières sont fixées; celles-ci se détachent de leurs joints, leurs bouts s'élèvent et leur parallélisme est détruit; de là une résistance augmentée, des chocs violens, des fréquentes cassures des roues et des ornières, des réparations et interruptions continuelles, enfin la destruction prématurée de l'établissement entier.

2). Partout où les chevaux sont employés pour tirer les voitures, les ornières saillantes comme les ornières plates, mais particulièrement les dernières, se remplissent sans cesse de boue, de sable et de gravier jetés par les pieds de ces animaux, de sorte que les roues n'y peuvent passer qu'avec difficulté et souvent avec de fortes secousses.

3). Quant aux voitures ou chariots employés sur l'une ou l'autre espèce de ces chemins de fer, leur construction présente est si lourde et si imparfaite sous tous les rapports qu'elles ne méritent guère le nom de *Machines*. Comme les deux essieux sont fixés immobilement au corps de la voiture, celle-ci ne peut aller qu'en ligne droite, et la moindre déviation de cette ligne produit une résistance extraordinaire et un frottement très-considérable, également destructif pour les roues et pour les ornières (1).

4). Comme ces voitures ne peuvent rouler sur des routes ordinaires, chaussées ou pavées, elles ne peuvent non plus quitter les chemins de fer là où les ornières sont terminées ou doivent être interrompues, ce qui est inévitable sur des lignes très étendues passant par des villes ou bourgs, sur des ponts étroits et longs. On est donc obligé de décharger ces voitures dans tous ces endroits, et de mettre leurs charges sur des voitures ordinaires pour les transporter à travers ces intervalles ou jusqu'à la place de leur destination finale. Mais il est évident que ces déchargemens et rechargemens répétés entraînent beaucoup de délais, des dépenses extraordinaires et des risques d'endommagement des marchandises.

(1) Pour diminuer cet inconvénient, on se voit forcé de donner aux chariots une très-petite longueur en rapprochant les deux essieux autant qu'il est possible sans que les roues de devant et de derrière se touchent. Malgré cet arrangement, qui rend les voitures informes et très-incommodes pour le transport d'un grand nombre d'objets, elles ne peuvent être traînées sans la plus grande difficulté sur une courbure d'un rayon moindre de 150 mètres. Or, comme sur une ligne d'une longueur considérable on rencontre ordinairement des hauteurs, des enfoncemens, des villages ou des bâtimens isolés, des jardins ou autres établissemens, qu'on serait obligé d'applanir ou de percer, de combler, d'abattre ou d'acquérir avec d'énormes dépenses, on n'a d'autre moyen pour éviter tous ces obstacles que de tracer la ligne du chemin de fer par de très-grands détours, et d'augmenter ainsi sa longueur et les frais de sa construction.

5). Un des plus grands défauts de la construction usitée des chemins de fer consiste dans l'impossibilité de faire sortir les chariots de leurs ornières dans lesquelles ils sont retenus en coulisse, et que par conséquent ils ne peuvent ni éviter d'autres voitures qui viennent à leur rencontre, ni laisser passer celles qui viennent après et marchent plus vite. Les moyens employés jusqu'ici pour subvenir à ce grave inconvénient par des plateformes tournantes (*turning-plates*) ou par des portions de chemins de fer latéraux (*turn-outs and siding or passing-places*) ne sont qu'un remède très-imparfait. Ces appareils ne peuvent être placés qu'à des points assez éloignés les uns des autres, et ils ne sont d'aucun usage pour les voitures qui se rencontrent ou qui s'atteignent entre ces points, surtout par un brouillard ou pendant la nuit. Le maniement de ces appareils est difficile et exige beaucoup de temps, et quoique, faute d'un meilleur expédient, ils puissent en quelque sorte remplir leur but pour les transports les plus lents, ils sont absolument inutiles pour un charriage accéléré, à cause de l'extrème lenteur de leur opération et du danger auquel les voitures seraient exposées en se heurtant, puisqu'elles ne peuvent pas être arrêtées dans leur course aussi vite et aussi facilement sur un chemin de fer que les voitures ordinaires sur une chaussée. Et quand même on construirait un chemin de fer double, ou deux traces séparées, l'une pour les voitures qui vont et l'autre pour celles qui viennent, le même inconvénient resterait toujours pour les trains de chariots qui courent sur la même ligne avec des vitesses différentes, et, dans le cas d'un accident qui arriverait à une de ces voitures, le passage serait fermé pour toutes les autres qui viendraient après.

6). Un des avantages les plus précieux des chemins de fer, avantage qui constitue principalement leur supériorité sur les canaux navigables, consiste dans la plus grande vitesse du transport et dans la possibilité d'employer à la place des chevaux un moteur plus puissant et moins coûteux: la vapeur élastique de l'eau, pour faire aller les voitures chargées par le moyen des machines locomotives et fixes qu'on a établies en Angleterre pour cet usage. Mais, de tous les essais faits avec ces machines jusqu'ici, aucun n'a réussi au point de justifier les

espérances exaltées de leurs constructeurs.(1) La plus grande
vitesse qui, par l'une ou l'autre espèce de ces machines à vapeur,
peut être donnée à un train de voitures lourdement chargées,
sans le danger le plus imminent de mettre tout, ornières et
chariots, en pièces, ne dépasse pas cinq à six milles anglais par
heure. Et, comme la plus grande partie de la force motrice des
machines locomotives est absorbée en pure perte par leur propre poids et celle des machines fixes par le poids et le frottement des cables ou chaînes, la dépense du combustible est
très-considérable, dépassant celle des chevaux partout où la
tonne de houille coûte plus de huit shellings ou dix francs.

Un séjour de 9 ans en Angleterre m'ayant mis à même de
connaître toutes les inventions qu'on y a faites dans cette partie, et étant vivement frappé de la haute importance de cet objet, je me suis occupé depuis vingt ans à tâcher d'améliorer les
chemins de fer et leurs voitures, et, par l'application la plus as-
sidue et par un grand nombre d'expériences assez coûteuses,
'j'ai enfin réussi dans l'invention d'un Plan tout à fait nouveau
et original, par l'exécution duquel toutes les difficultés, tous
les inconvéniens énumérés ci-dessus sont complétement éloignés, et le charriage sur des chemins en fer est porté à un dé-
gré de perfection auquel jusqu'ici il ne paraissait guère possible
d'atteindre.

Voici les principaux avantages de ce nouveau Plan :

1). Les ornières sont tellement construites, fixées et jointes
ensemble que les voitures roulent dessus avec la plus grande
facilité et sans aucun frottement latéral sensible. Par ce moyen
et par une construction de voitures plus avantageuse, quoique
simple, la résistance est diminuée au point que, sur un plan
parfaitement horizontal, la force d'un bon cheval suffit pour
traîner au grand pas et pendant plusieurs heures une charge
de 12 à 14 tonneaux distribuée sur plusieurs chariots attachés
les uns aux autres.

2). Les fondemens sont placés d'une manière plus solide, et
les chevaux ne peuvent jeter de la boue ou de gravier sur les
ornières qui, par conséquent, ne sont jamais obstruées.

---

(1) Il est question ici des machines à vapeur *fixes* établies d'espace en
espace sur des chemins de fer *horizontaux*, et non pas de celles qui font
monter les chariots chargés sur des pentes courtes et roides, ou des plans
inclinés, et qui remplissent très-bien leur but.

3). Par le moyen d'un mécanisme particulier, les voitures (auxquelles on peut donner la longueur ordinaire et la forme la plus convenable pour les matériaux à transporter), suivent chaque direction du chemin de fer, et elles peuvent être tournées sur des lignes courbées du plus court rayon, par exemple, de huit à dix mètres. On peut donc tracer la ligne d'un tel chemin de fer en suivant toutes les sinuosités d'un terrain avantageux, sans avoir besoin de percer des montagnes ou de combler des vallées pour conserver une direction rectiligne, et en évitant ainsi tous les obstacles qui, d'après la méthode ordinaire, ne pourraient être vaincus que par une dépense énorme ou écartés par de très-grands détours.

4). Les chariots peuvent quitter les chemins de fer au bout de leurs ornières et passer sur des routes ordinaires comme toute autre voiture. Ils peuvent donc continuer leur course à travers des villes, des villages, sur des ponts, etc., restant toujours chargés jusqu'au dernier point de leur destination (1).

5). Ces chariots peuvent aussi être dégagés de leurs ornières avec promptitude à chaque point où cela peut devenir nécessaire, soit pour éviter des voitures qui viennent à leur rencontre, soit pour faire place à d'autres qui les atteignent et voudraient les devancer sur la même ligne, après quoi elles peuvent regagner leurs ornières aussi promptement et facilement, sans avoir besoin d'aucun de ces appareils particuliers et très-coûteux dont on se sert en Angleterre pour effectuer la même chose d'une manière très-imparfaite et difficile. Par cette amélioration on obtient l'avantage que, pour un commerce très-animé où, d'après le système usité, il faudrait construire deux chemins de fer l'un à côté de l'autre, on n'a besoin que d'une seule trace d'ornières, et qu'une double trace suffira pour le trafic le plus actif pour lequel, avec la méthode ordinaire, on serait obligé de construire quatre ou plusieurs traces séparées. Un chemin de fer double, établi d'après ce principe, peut servir en même temps aux diligences, aux malles et aux voyageurs qui seraient transportés à côté des voitures lourdes avec la vi-

(1) Bien entendu toujours que, dans de pareils intervalles, l'avantage des chemins de fer ou la facilité du tirage doit cesser, et que les voitures y exigeront le même nombre de chevaux que d'autres du même poids sur la même route.

tesse des postes ordinaires; mais avec bien plus d'agrément et
de sûreté, puisqu'il n'y aurait aucun danger ni même aucune
possibilité de verser.

On conçoit facilement qu'un chemin de fer, d'après ce plan,
pourra être établi dans toutes les situations avec moins que la
moitié des frais qu'exigerait la construction ordinaire.

6). Pour employer sur les chemins de fer la vapeur d'eau
comme moteur, avec le plus grand avantage et avec la moindre
dépense possible, j'ai découvert un principe nouveau d'après
lequel des machines fixes, établies à des distances ou intervalles
considérables, à côté d'un chemin de fer, et travaillant sans interruption, peuvent transmettre leur force et leur mouvement
à un nombre quelconque de voitures chargées, en les faisant
aller d'une machine à l'autre avec une vitesse convenable, sans
qu'elles soient tirées par des cables ou chaînes, et sans aucun
autre mécanisme ou appareil intermédiaire.

Un chemin de fer exécuté sur ce nouveau Plan et avec toutes
ces inventions et améliorations (dont la réalité est en partie
constatée par des expériences réitérées sur une assez grande
échelle (1), en partie fondée sur des principes infaillibles, et
pour le succès desquelles j'offre de me rendre responsable en
toute manière), ne pourra manquer de soutenir la supériorité
la plus décidée sur tous les canaux navigables, ainsi que sur les
chemins de fer d'après la construction ordinaire.

Il me paraît que, par l'adoption de ce Plan, au lieu de plusieurs
canaux navigables projetés en France pour faciliter les commu-

(1) Deux commissions, l'une de l'Acad. royale des Sciences, l'autre
des Comités directeurs des Sociétés polytechnique et d'agriculture à Munich, qui ont examiné le chemin de fer que j'ai construit aux jardins de
Nymphenbourg, et qui ont assisté à toutes les expériences faites dans
l'année 1826, ont donné et publié des rapports très-favorables. *Voy. Bul-*
letin des Sciences technol. Nov. 1827, p. 315-323.

Je dois cependant faire observer ici que la construction de ce chemin d'é-
preuve n'offrait point encore tous les avantages énoncés ci-dessus, et que
depuis ce temps là j'ai beaucoup simplifié et amélioré mon Plan en y ajoutant les nouvelles inventions 4, 5 et 6, lesquelles ne sont pas encore
connues, de sorte que la construction que je propose actuellement peut
être considérée comme tout à fait nouvelle et différente essentiellement
de celle de Nymphenbourg, ainsi que de toutes les autres décrites anté-
rieurement dans mon grand ouvrage publié dans l'année 1822.   B.

nications intérieures, plus que la moitié des millions que coûteront ces canaux pourrait être épargnée, et qu'en même temps le but proposé serait atteint d'une manière beaucoup plus parfaite et plus prompte.

Mais surtout un chemin de fer établi sur ce Plan entre Paris et le Hâvre devrait produire des avantages immenses et inappréciables pour le commerce ainsi que pour les entrepreneurs, parce que les frais de construction seraient d'un tiers moindres qu'avec un chemin de fer double d'après le Plan qu'on exécute dans ce moment avec une dépense exorbitante entre Liverpool et Manchester, et entre Saint-Étienne et Lyon. Les droits de péage pourraient donc être considérablement réduits, tandis que les revenus des actionnaires seraient doublés par la perception accessoire sur les diligences et messageries, sur les malles et sur les voyageurs; et la route ordinaire, beaucoup moins fatiguée, pourrait être entretenue dans le meilleur état, avec un quart de la dépense actuelle.

Les Sociétés, entrepreneurs, ingénieurs ou autres personnes qui voudraient se servir de ces inventions, sont invités à s'adresser directement au soussigné qui s'engage à leur fournir, sous les conditions les plus équitables, des dessins ou modèles exacts, avec les instructions nécessaires, d'après lesquels ils pourront exécuter de pareils chemins de fer dans toutes les situations convenables.

Munich, le 15 août 1828. Le Ch^r Jos. de BAADER.

249. PAVAGE BREVETÉ; par MACNAMARA (*New Lond. Mecan. Regist.;* n° 6, p. 88).

Voici la substance de la patente de M. Macnamara. Pl. 4, fig. 5e, plan de la surface supérieure de 9 pierres telles qu'elles paraissent lorsqu'elles sont mises en contact l'une avec l'autre; figure 6e, plan du côté inférieur des mêmes pierres; figure 7e, coupe verticale des 3 pierres de la figure 5e, numérotées 7, 8 et 9; figure 8, semblable coupe des 3 pierres marquées 1, 4, 7; figure 9, plan du côté supérieur d'une simple pierre; des lignes ponctuées indiquent une élévation du côté *m b*, jointe au côté contigu *a b*; l'élévation du côté *e f* est montrée en communication par de semblables lignes. En examinant avec soin cette figure, on verra que les arêtes fournies par les côtés *c* et *d* font un angle obtus avec l'arête *a b* de la surface supérieure; il paraîtra donc évident que les 2 plans formant les côtés de la pierre en *c* et en *d* font des angles obtus avec le plan *a b*, constituant la surface supérieure. Si l'on examine l'élévation du côté *e f*, on verra qu'elle est complétement l'inverse du côté déjà décrit; car les arêtes *g* et *h* forment des angles aigus avec le plan de la surface : cet arrangement particulier des pavés permet à l'auteur de les combiner dans un ordre tel que ces pavés se supportent mutuellement l'un l'autre (Voy. fig. 10). Afin de mieux faire comprendre cela, l'auteur, dans la figure 1re qui représente 9 pavés combinés, a marqué sur chaque côté de chaque pavé l'espèce d'angle qui est formé par la surface latérale et par la surface supérieure, en sorte qu'on verra tout d'un coup que, là où il y a un pavé formé avec un angle obtus, là aussi, sur l'autre côté du pavé adjacent, il y a un angle aigu pour servir d'appui, arrangement qui se suit alternativement partout. Après un examen attentif, on trouve que ce principe s'applique partout, chaque pavé étant soutenu par 2 pavés adjacens et à son tour supportant d'autres pavés qui s'appuient sur lui. On peut leur donner la dimension que l'on desire. Le principal objet auquel il faut avoir attention, c'est que les arêtes se coupent à angles droits, et que les faces des côtés inclinés soient maintenues aussi unies que la nature de la pierre le permettra. L'auteur croit devoir faire observer que si l'on emploie des pavés de grande dimension, il sera nécessaire de les creuser à des distances convenables, afin que les chevaux puissent mieux prendre pied. Ajoutons que ce système est approuvé par des personnes éclairées qui n'hésitent point à croire qu'il remédiera au défaut dont on se plaint depuis si long-temps et si fréquemment; c'est un fait constaté par l'échantillon qu'on voit dans *Guildford-Street* et *Brunswick-Square* où il a été 4 ans en usage sans aucune réparation. CHEV....T.

250. CHEMIN DE FER D'ANDRÉSIEUX, A ROANNE. (*Nouveau journal de Paris;* 2 juillet. — *Journal des Débats;* 20 août 1828.)

L'entreprise de ce chemin a été adjugée le 2 juillet, à MM. Mellet et Henry, anciens élèves de l'École polytechnique, moyennant un rabais de 5 millimes sur le montant des prix qui avaient été établis à 15 c. par mille kilogrammes et par mille mètres à la descente, et à 18 centimes pour la montée.

Pour compléter la vaste communication ouverte entre le midi et le nord de la France, pour achever d'unir Marseille, Lyon et Paris par un lien commun de débouchés prompts, faciles et économiques, il restait à établir, entre Andrésieux et Roanne, ville où la Loire devient navigable à la descente comme à la remonte, un chemin de fer qui fût, pour ainsi dire, le dernier complément de la canalisation, et des chemins déjà établis dans cette partie de la France. C'est cette entreprise utile et féconde en conséquences commerciales du plus haut intérêt, qui vient de se former sous le patronage éclairé d'hommes que leur position sociale et leur capacité désignaient plus particulièrement à diriger vers un but éminemment avantageux, de si louables efforts en faveur du développement de l'industrie. Des capitaux considérables forment déjà le fonds commun destiné à cette exploitation, et ne peuvent manquer d'en appeler d'autres à un emploi dont les bénéfices certains promettent de justifier la confiance qui leur aura donné cette direction.

Les statuts de la nouvelle Société sont identiquement les mêmes que ceux de la *Société Séguin* du chemin de fer de St-Étienne à Lyon, et le siége en est rue St-Dominique n° 19, à Paris. — Nous reviendrons sur ce sujet.

251. Mémoire sur l'emploi du fer dans les Ponts suspendus; par le lieutenant-colonel Henry. (*Journ. des voies de communication*, de St-Pétersbourg; 1826, n° V, p. 19.)

L'auteur, après avoir rappelé les observations déjà faites sur les différences que présentent les diverses espèces de fers forgés, sur l'effet du martelage, etc., rapporte les résultats des expériences sur la traction du fer par divers observateurs, parmi lesquels sont les colonels Lainé, Clapeyron et Henry, élèves de l'École polytechnique, employés au service de Russie.

Toutes ces expériences s'accordent pour conclure que, généralement, les gros fers ne se rompent que sous environ 36 kilog. par millim. car., commencent à s'allonger sensiblement sous moitié de ce poids, mais de manière à reprendre leur longueur primitive, la charge étant ôtée, et s'allongent enfin sous les $\frac{2}{3}$ du poids qui les fait rompre, sans pouvoir alors reprendre la longueur qu'ils avaient auparavant.

Le but de l'auteur paraît être d'attirer l'attention sur les anomalies que présente le fer sous le rapport de la résistance à la traction, et surtout sous celui de l'élasticité. Il cite, sous le 1er rapport, 1° une pièce de 3 pouces $\frac{1}{8}$ d'équarrissage ($0^{m}079$), qui ayant résisté une première fois sous une traction de 18 kil. 60 par millim. car. s'est rompue le lendemain sous la même charge, toutes les circonstances étant les mêmes; 2° un grand nombre de boulons qui ont présenté le même phénomène; 3° une barre de 2 pouces $\frac{1}{2}$ en carré ($0^{m}0635$), qui à une première épreuve, subit sur 19 pieds ($5^{m}791$), un allongement de $0^{m},0116$ sous une traction de 18 kil. 60 par millim. car.; puis sous la même charge, ne s'allongea plus que de $0^{m}0032$, mais en revenant alors sur elle-même; puis, sous les $\frac{2}{3}$ seulement de cette charge, présenta encore le même phénomène qu'avait produit la charge entière.

Cette dernière épreuve confirme une observation faite par plusieurs auteurs et par le colonel Henry, c'est que dans certains cas le rapprochement des particules du fer opéré par la traction, a des effets analogues à ceux que produit le martelage. L'auteur lui-même ne regarde pas les expériences précédentes comme concluantes; elles doivent seulement, d'après lui, élever des doutes et inspirer une certaine circonspection dans l'emploi du fer à de hautes tractions.

C'est surtout sous le rapport de l'élasticité que l'auteur a cherché à mettre sur la voie de la différence qu'offrent les diverses espèces de fer. Il présente un tableau des fers classés sous ce rapport, mais sans donner les expériences sur lesquelles il s'appuie. Il regarde les règles qu'il conclut de ce tableau comme peu importantes pour la pratique, en ce qu'elles ne concernent que des classes de fer peu nombreuses, et les indique seulement comme pouvant servir de base à des recherches ultérieures.

Quelques remarques de l'auteur méritent d'être relevées. Il a trouvé, dit-il, pour l'allongement du fer par millim. carré, plus que M. Duleau ne l'indique dans ses expériences. La raison en est toute simple: ces dernières expériences étaient propres à donner l'allongement tout-à-fait à son origine, tandis que celles de M Henry ne pouvaient l'indiquer qu'à un degré d'avancement assez grand; or on sait que l'allongement n'est proportionnel aux charges que dans des limites fort resserrées, et qu'au delà il s'accroît beaucoup plus rapidement.

Il avance aussi, plus loin, que les effets de la traction ou de la pression sur une barre de fer ne lui semblent pas pouvoir être confondus; et que les deux élasticités, dans ces deux cas, sont essentiellement différentes. L'analogie indiquait que ces deux dérangemens, l'un dans un sens, l'autre dans un autre, de l'état d'équilibre des particules du fer ont *à leur origine* la même mesure. Cette présomption, ainsi que le principe de Coulomb qui s'appuie sur elle ont été complétement prouvés par les expériences de M. Duleau sur un prisme triangulaire placé, une arête en bas ou en haut, et *présentant dans les deux sens la même résistance.* Le même phénomène a lieu pour la fonte, mais seulement *à l'origine de la flexion ;* si on charge des prismes en fonte horizontalement jusqu'à les rompre, le phénomène est essentiellement différent, et la résistance qu'ils offrent lorsque l'arête est inférieure est de beaucoup moins que dans l'autre sens, parce qu'à cette limite extrême, la résistance à la traction est considérablement plus petite que celle contre la pression; le contraire a lieu dans le bois. Il existe des expériences pour ces deux matières.

On a cru utile de dissiper ces doutes élevés contre des principes bien reconnus, en ce que, pour des recherches ultérieures, ces doutes pourraient éloigner du but au lieu d'y mener.

Du.

252. Pont en fil de fer de Serrières.

Le pont en fil de fer, construit sur le Rhône, à Serrières, d'après les plans et dessins de M. Jules Séguin, vient de subir l'épreuve déterminée par l'acte de concession : 4,000 quintaux de graviers ont été distribués uniformément sur les deux travées qui le composent, et qui ont chacune 300 pieds d'ouverture, sans qu'il en soit résulté la moindre altération dans les diverses parties de cette construction. Le nouveau système d'amarrage dans les culées, imaginé par M. Séguin, a pour effet de désobstruer complétement la vue aux abords du pont; aussi celui de Serrières se recommande-t-il autant par l'élégance de ses formes que par la solidité et l'exécution soignée de tous ses détails. (*Nouv. journ. de Paris;* 30 juill. 1828).

253. Saggio di osservazioni, etc. — Essai sur les moyens propres à perfectionner la construction et l'éclairage des phares,

dont la partie inférieure est doublée de lames de cuivre et de
liége jusqu'aux $\frac{3}{5}$ de sa hauteur, de sorte que l'appareil peut
flotter sur l'eau, avec le grand axe, dans une position verticale. Une cloche, autour de laquelle sont suspendues 12 boules
de fer, est attachée au haut du gravitello, pour être frappée
de ces boules mises en mouvement par les oscillations que la
mer communique à l'appareil. Le métal du *tamtam*, alliage de
4 parties de cuivre et d'une d'étain, trempé pour être rendu
malléable et sonore, comme M. Darcet l'a découvert, est recommandé pour l'exécution des signaux acoustiques pendant
les temps brumeux.

Une partie de l'ouvrage est consacrée à la description du
Phare di Salvore, élevé sur la pointe *delle Mosche*, à 20 milles
it. de Trieste et à 5 de Pirano, par les 45° 29′ 45″ de latitude et
31° 13′ 10″ de longitude. Ce phare, bâti en pierres de taille,
sur les plans de M. Nobili, a la forme d'une colonne reposant
sur un piédestal quadrangulaire et surmontée d'un chapiteau; sa
construction a été exécutée depuis le mois de mars 1817 jusqu'au
17 avril 1818, et a offert le premier exemple d'un phare éclairé
par le gaz. La colonne a 5 m. 05 de diamètre, la base du chapiteau a 6 m. 30. Dans l'intérieur est un escalier tournant, con-
duisant à l'étage où est placée la lanterne, de forme octogone,
de 3 m. 77 de diamètre et de 4 m. 40 de hauteur, et dont les
parois sont formées de vitraux. Au milieu est un candélabre de
laiton, ayant 42 becs, disposés en gradins sur trois cercles horizontaux, ce qui lui donne l'apparence d'un cône lumineux de
1 m. 89 de base et autant de hauteur, dont le centre se trouve à
33 m. 40 au-dessus du niveau de la mer, et peut être ainsi
aperçu à la distance de 42230 mètres. Le piédestal contenait,
outre les habitations des gardiens, les appareils nécessaires à la
fabrication du gaz, que l'on retire du charbon de terre d'Istrie;
mais on a depuis placé ces appareils dans un bâtiment construit
au voisinage. Les cornues sont en fer coulé; une seule peut alimenter le phare. Les tuyaux de conduite du gaz au condensateur sont aussi de fer coulé; ils ont 0 m. 55 de diamètre et environ 11 m. de long; le condensateur, de même métal, pèse à
peu près 155 kilog.; sa capacité est de 100 litres environ; le gaz,
après y avoir déposé le bitume, passe dans le dépurateur par
la chaux, pour se rendre ensuite dans le gazomètre en parcou-

rant un tuyau de plomb. Ce gazomètre est formé de feuilles de
cuivre d'environ 2 mill. 75 d'épaisseur, soudées entre elles à
l'étain; il peut contenir 25 mèt. cubes 60 de gaz, et pèse environ 830 kilog.; il est suspendu à une chaîne, du poids de 90
kilog., passant sur deux poulies de fer coulé, et aboutissant à un
contrepoids de 490 kilog. Le gaz est ainsi comprimé par un
poids de 230 kilog., en sorte que le niveau de l'eau sous la cloche est à 18 millim. au-dessous du niveau de l'eau extérieure.

Il paraît que l'éclairage des phares au gaz de houille offre
de l'économie. Voici les comptes présentés par M. Aldini, en
partant des données suivantes : le *Phare di Salvore* consomme
par heure 55,556 pieds cubes viennois de gaz, et, par an,
197986,111 pieds cubes; 150 livres viennoises de houille, dis-
tillées dans des cornues de fer, produisent 500 pieds cubes de
gaz, 100 livres de coke et 7,5 de goudron. Pour distiller 150
livres de houille, il faut consommer dans le fourneau 75 livres
de houille, plus 50 livres de coke, qui équivalent à 100 livres
de houille.

DÉPENSE ANNUELLE DE L'ÉCLAIRAGE DU PHARE DI SALVORE.

Par le gaz de houille :

	Flor.	
89100 livres houille, à 38 quart. le quintal...................	566	48 quart.
19,000 livres coke, à 1 fl. 19 q..	250	48
Bois pour allumer la houille....	20	
Chaux vive pour dépurer le gaz.	24	
Réparation des cornues et des fourneaux.................	455	50
Intérêt de 8,000 fl., prix de l'appareil et des bâtimens.......	400	
	Flor. 1,717	26 quart.

A déduire :

19,800 liv. coke... FL 250 48 q.	374	33
2,970 liv. goudron. 123 45		
Total des frais pour un an.... Flor. 1,332	53 quart.	

Par l'huile :

	Flor.	
6,320 liv. d'huile à 16 q........	1,685	20 quart.
Mèches......................	134	
Réparations des lampes........	42	
Total des frais pour un an.... Flor. 1,861	20 quart.	
Économie par an résultant de l'emploi du gaz de houille....	528	27

Le phare di Salvore n'est pas le seul où l'on emploie l'éclairage au gaz; le *fanal principal de Dantzig*, ainsi qu'un autre dans la rade, sont éclairés de cette manière, à l'exclusion de la cire employée auparavant. Le gazomètre peut contenir 400 pieds cubes. Un conduit de 40 pieds de longueur porte le gaz au sommet du phare, et un autre de 274 au signal. Ces deux conduits se divisent en trois branches, à l'extrémité de chacune desquelles est un bec de lampe d'Argand. Les cercles concentriques ont $1\frac{1}{2}$ pouce de diamètre, et sont percés de 40 trous très-petits. Chacun de ces becs consomme à peu près 4 pieds cubes de gaz, en sorte que le gazomètre peut les alimenter pendant 16 heures. Le miroir parabolique du fanal a 22 pouces de diamètre; l'autre n'en a que 17. On consomme de 310 à 320 livres de houille par jour. Quand on brûlait cette substance en nature, on en consommait trois fois plus; l'éclairage par la cire en 1817 en avait consommé 1,180 $\frac{1}{2}$ liv.

Le phare de *Flat-Holmes*, dans le canal de Bristol, construit par le Dr Wilkinson, est aussi éclairé au gaz; les becs dessinent une ancre illuminée.

M. Aldini examine dans son ouvrage quelle est la substance la plus avantageuse pour fabriquer le gaz, et il se prononce en faveur de l'huile. Suivant M. Taylor, une pinte anglaise d'huile de baleine commune produit 90 pieds cubes de gaz (selon d'autres, 105); et comme un bec d'Argand consomme par heure $1\frac{1}{2}$ pied cube de gaz, il en résulte qu'une pinte d'huile convertie en gaz alimentera ce bec pendant 60 heures. L'auteur a distillé l'huile dans une boule de fer coulé d'environ 4 pouces de diamètre, surmontée d'un tube de ce métal, allant aboutir verticalement sous le réservoir, auquel était adapté un robinet gradué et un flotteur indiquant la quantité d'huile soumise à la distillation. La boule était placé dans un fourneau, et le gaz était conduit par un tube particulier dans l'appareil de dépuration. Le *pétrole*, retiré des puits de Miano, dans les états de Parme et Plaisance, valant 4 sous de Milan la livre, a été essayé sans aucune difficulté dans cet appareil; il a fourni une grande quantité de gaz qui, lavé à l'eau pure, est très-propre à l'éclairage des phares.

L'auteur, qui s'est assuré que l'on peut produire des intermittences de lumière, en modérant seulement la quantité de gaz livrée à la combustion, s'est occupé des moyens de mettre les réservoirs à l'abri de l'explosion ; il conseille pour cela de placer des diaphragmes de gaze métallique dans les tuyaux de transport ; ce moyen est la conséquence d'expériences assez curieuses. Un cylindre de fer blanc, de 5o centimètres de hauteur et 4 de diamètre, fermé par le bas et bouché par un couvercle garni de deux tubes à robinet, dont l'un seulement descendait en dedans du cylindre jusqu'à 5 millimètres du fond, fut rempli de gaz et disposé verticalement. Les deux robinets ayant été ouverts, M. Aldini alluma le gaz que chassait hors du petit tube l'air atmosphérique qui descendait dans le cylindre par l'autre tube qui se prolongeait en dedans du cylindre. La flamme ne commença à languir qu'au bout de plus de sept heures. L'auteur, jugeant alors l'explosion imminente, se retira, et à peine huit heures s'étaient-elles écoulées, qu'elle eut lieu. La maison en fut ébranlée ; la base du cylindre fut déchirée, ses parois latérales endommagées, et l'un des tubes lancé au plafond de la chambre. L'expérience répétée, après avoir adapté au tube court un double réseau de toile métallique, porté par un petit cylindre de fer-blanc, offrit les mêmes circonstances, à cela près que l'explosion n'eut jamais lieu. .

B.

254. Nouvelle espèce de ciment. — Ce ciment a été employé avec succès pour garnir le fond des vaisseaux, et pourrait, à ce qu'on prétend, remplacer les dispendieux cimens romains et hollandais qui étaient et sont en usage dans la construction des ouvrages hydrauliques. En voici la composition : Prenez la meilleure espèce de chaux ; faites-la éteindre en l'humectant d'autant d'eau qu'il sera strictement nécessaire pour produire cet effet. Lorsqu'elle sera refroidie, passez-la à travers un crible de fer fin dans un baquet fait en forme de pétrin. Ajoutez-y ensuite de l'huile de poisson commune en quantité suffisante pour la réduire à la consistance d'un mastic mou au point de pouvoir s'étendre aisément sous la truelle. Il ne faut employer de l'eau que pour humecter la chaux dans le premier cas. Quand ce ciment est préparé, on le conserve dans des vaisseaux couverts pour le garantir de la pluie ou de la moisissure. (*Franklin journal.* — *Lond. and Paris Observ.;* 14 sept. 1828.)

MÉLANGES.

255. **Manuel de Calligraphie.** Méthode complète de Cars-
taīrs, dite *Méthode américaine* ; ou l'Art d'écrire en peu de-
leçons, par des moyens prompts et faciles. In-18 de 120 pag.,
avec un atlas oblong, composé de 28 planches ; prix, 3 fr..
Parīs, 1828 ; Roret.

Nous avons déjà annoncé (Tom. IX, n° 348) un cahier
oblong, publié par M. Chandelet, sous le titre de *Système d'é-
criture américaine dévoilée,* qui depuis a obtenu plusieurs éditions. Nous donnions, dans une note, le titre de la Méthode ori-
ginale de Carstairs, traduite en français et formant un volume
in-8°. Nous ne saurions juger ce que contient cet ouvrage, qui ne
nous est point parvenu ; mais nous serions portés à croire qu'il
renferme des choses étrangères à son objet, puisque celui que
nous annonçons, et dont le format est bien plus petit, nous a
paru contenir encore quelques répétitions.

Les journaux ont retenti des éloges donnés à la *Méthode de
Carstairs,* et le nombre considérable de maîtres qui enseignent
ce nouveau système est une garantie du succès qu'il a obtenu,
malgré les dénégations de quelques personnes, parmi lesquelles
M. Raynaud, grammairien et calligraphe, s'est fait surtout remarquer par l'esprit et la vivacité de ses attaques dans une
cause où il a cru que l'honneur français était intéressé. Nous
regretterons, avec l'auteur du *Manuel* que nous annonçons, que
ceux qui ont importé cette méthode en France n'aient pas imité
le noble désintéressement de son inventeur, et aient établi une
espèce de monopole sur leurs concitoyens.

M. Trémery avait déjà publié en 1825 un précis de cette Méthode, avec un recueil de modèles gravés ; mais, reconnaissant
lui-même que ce premier ouvrage était incomplet, il a voulu
faire jouir ses compatriotes de tout ce que renferme de bon et
de réellement utile la dernière édition de l'ouvrage anglais publiée à Londres, et c'est ce travail qu'il nous offre aujour-
d'hui.

M. Carstairs, persuadé, 1° que l'écriture produite par le
simple mouvement de l'articulation des doigts ne peut jamais conduire à l'expédiée ; 2° que celle qui résulte du simple

mouvement du bras ou du poignet ne fournit que des caractères angulaires, a reconnu la nécessité de combiner ensemble le triple mouvement du bras, du poignet et des doigts; c'est là ce qui a été la base de son système. Voici les conditions qu'il exige, et que sa méthode tend à développer dans ses élèves : 1° Il faut que l'élève puisse écrire dans tous les sens du papier avec facilité; 2° qu'il acquière et communique au bras et à la main un mouvement habituel et régulier, qui soit également applicable à toutes les lettres de l'alphabet, et donne, par son exécution, la même inclinaison à toutes les lettres, et qu'il observe la même distance entr'elles; 3° qu'il ne quitte pas la plume à chaque mot, mais qu'il lie, si cela lui est possible, les mots entr'eux; 4° que la touche de la plume soit légère et hardie, pour ajouter à l'uniformité du mouvement. Pour dispositions premières, il faut que le poignet de l'élève soit dirigé à plat sur la table, sans cependant y toucher; il doit être tenu en parallèle, à la hauteur d'un pouce, et il faut le faire mouvoir sur la surface des ongles des 3e et 4e doigts, lesquels doivent être rentrés sous la main.

L'ouvrage de M. Trémery reproduit avec soin toutes les indications nécessaires pour guider les lecteurs dans l'étude de cette Méthode, à laquelle nous avons vu plusieurs personnes devoir un changement fort avantageux et remarquable dans leur écriture. Il est à désirer que la connaissance s'en répande de plus en plus, et, pour ne citer qu'un exemple des grands inconvéniens que peut entraîner l'imperfection de l'écriture, nous signalerons avec l'auteur le cas, qui peut se représenter souvent, où une ordonnance, mal écrite par le médecin, serait mal lue par le pharmacien chargé d'en préparer le contenu, et dont l'erreur pourrait avoir alors un résultat si funeste pour les jours du malade.

Après les notions préliminaires, la 1re partie du Manuel de M. Trémery contient une histoire de l'écriture, puis l'indication de diverses préparations pour obtenir toutes les espèces d'encre, et pour enlever l'écriture et la faire disparaître du papier ou du parchemin. La 2e partie contient les indications matérielles nécessaires pour le développement de la Méthode de Carstairs, puis des leçons ou instructions sur chacune des planches qui composent l'atlas. Ces planches, au nombre de 28, comme nous l'avons dit dans le titre de cet article, sont fort bien exécutées et gravées par M. Dien. Enfin, cette édition, beaucoup moins chère que celle qu'a publiée le libraire Colas, et qui est du prix de 10 fr. (1), nous paraît offrir tout ce que peuvent désirer les personnes qui voudraient mettre en pratique une méthode à laquelle on ne peut refuser une supériorité marquée sur toutes celles qui avaient été en usage jusqu'ici. E. H.

256. SOCIÉTÉ D'ENCOURAGEMENT POUR L'INDUSTRIE NATIONALE
(Séance du 24 septembre 1828).

Dans le procès-verbal de la séance précédente nous remarquons la présentation d'un modèle de diligence faite par un habitant de Poitiers. Ce modèle, qui nous paraît exécuté d'après les véritables principes, et pour lequel il a été pris un brevet d'invention, a été renvoyé à l'examen du Comité des arts mécaniques. Il est temps que l'on en revienne enfin à un meilleur mode de construction, et qu'en donnant plus d'aplomb aux voitures on rende les accidens moins fréquens. Dans la partie de la correspondance figurent deux lettres écrites, l'une par MM. Morel et Garnier, qui, ayant déposé au Comité des arts économiques quelques-unes de leurs lampes hydrostatiques perfectionnées, déclarent qu'ils n'ont point voulu établir de lutte avec MM. Thilorier et Barachin, et demandent qu'il soit fait à leur égard un rapport partiel et isolé; l'autre lettre est de MM. Thilorier et Barachin, qui demandent au contraire que les expériences comparatives déjà commencées par le Comité, entre leurs lampes et celles de MM. Morel et Garnier soient continuées; qu'elles portent sur tout ce qui peut intéresser le consommateur dans leur usage, et servir enfin à déterminer en faveur des unes ou des autres une préférence fondée. Il est à désirer qu'il soit rendu compte à la Société du résultat de cet examen, puisque c'est le plus sûr moyen de parvenir à fixer l'opinion, en faisant connaître, dans une question où le public est partie intéressée, un jugement définitif prononcé par des juges compétens.

Dans l'un des rapports faits par M. Payen, on trouve la composition d'un enduit imaginé par M. Zénit, ingénieur de la marine à Brest, lequel a pour objet d'empêcher le fer de s'oxider à l'eau de la mer. Une expérience suivie pendant deux ans

(1) Une 2ᵉ édition de cet ouvrage, avec un atlas in-4° de 26 pl., a paru récemment, dit-on, et se vend chez le même libraire au prix de 5 fr.

dépose en sa faveur. Il est fait avec de la litharge et de la brique délayée dans l'essence de térébenthine. Nous ferons observer que la première de ces deux substances est celle dont l'application paraît avoir généralement eu le plus de succès en ce genre, et dont en conséquence doivent user principalement ceux qui s'occupent de semblables recherches.

L'attention a été captivée par un rapport de M. Francœur, relatif aux petits livres, soit traduits de l'anglais, soit rédigés par des Français, publiés successivement par Audot, libraire, sous le titre d'*Encyclopédie populaire.* Il a fait remarquer que l'entreprise anglaise, noblement conçue et exécutée principalement sous les auspices de la *Société des Connaissances usuelles,* était toute dans l'intérêt social : que les livres formés de 3a pages d'impression avec figures, ne coûtaient que 12 sous et que les auteurs n'en retiraient aucun honoraire. Après avoir fait généralement l'éloge des traductions de M. Bocquillon et de la traduction faite par M. Pelouse de l'ouvrage de M. Lardner sur les machines à vapeur, il a cité cet excellent ouvrage comme le plus propre à donner une juste idée de la composition et des effets de ces machines, même aux hommes les plus médiocrement instruits, et conséquemment à en étendre la connaissance et les applications. Il recommande aussi d'une manière particulière les traités de mécanique, d'hydrostatique et d'hydraulique ; mais en même temps il regrette que M. Audot ait parfois donné à son entreprise le caractère d'une spéculation de librairie, qu'il y ait laissé des disparités, des lacunes, tandis qu'en soignant également toutes les livraisons, il y aurait peut-être trouvé un plus grand bénéfice et serait parvenu sans doute à les multiplier comme l'ont fait les éditeurs anglais, qui tirent les leurs au nombre de 5o et de 60,000 exemplaires (*Courrier français*; 27 sept. 1828).

TABLE

DES ARTICLES DE CE CAHIER.

PARIS. — IMPRIMERIE DE FIRMIN DIDOT,
RUE JACOB, N° 24.

BULLETIN

DES SCIENCES TECHNOLOGIQUES.

ᛜ ARTS CHIMIQUES.

257. Manuel complet du verrier et du fabricant de glaces, cristaux, pierres précieuses factices, verres colorés, yeux artificiels, etc.; par M. Julia de Fontenelle. Un In-18 de 335 p., avec pl.; prix, 3 fr. Paris, 1828; Roret.

L'ouvrage est divisé en 5 parties.

La première embrasse l'étude et la préparation des oxides terreux (alumine, silice), métalliques et alcalins (potasse et soude), ainsi que celles des acides et des sels qui sont employés dans la fabrication des verres blancs et colorés.

La 2ᵉ partie comprend trois sections : la première est consacrée à la construction des fours divers de verrerie, d'après les principes modernes de la chimie; la 2ᵉ, à la fabrication des creusets ou pots; et la 3ᵉ, à la théorie de la combustion et à l'emploi des combustibles.

La 3ᵉ partie se divise en 2 sections : la première comprend la fabrication des verres divers, la connaissance de ses imperfections, les moyens d'y obvier, la manière de graver et d'incruster dans le verre, de faire les yeux artificiels, etc; la 2ᵉ traite des verres colorés. Cette partie a été portée dans le 16ᵉ siècle à un point de perfection que nous n'avons pu encore atteindre, comme l'attestent les vitraux de l'église de Saint-Ouen de Rouen, de Saint-Just et Saint-Paul à Narbonne, de Notre-Dame, et de tant d'autres églises d'une architecture gothique.

La 4ᵉ partie se rattache à la fabrication des glaces, à leur dégrossi et douci, à leur polissage et à leur mise au tain.

La 5ᵉ partie renferme l'imitation du diamant et pierres précieuses, au moyen du strass coloré par des oxides ou des sels métalliques; enfin, sous le titre d'appendice, l'auteur a tracé un tableau complet des fabricans de verre, glaces, cristaux, émaux, etc., qui ont exposé et obtenu des récompenses depuis la première exposition de 1798 jusqu'à celle de 1827.

258. FER A L'ABRI DE LA ROUILLE DE MM. MERTIAN frères. — Rapport de M. Gaulthier de Claubry. (*Bullet. de la Soc. d'encourag.*; févr. 1828, p. 5o).

On trouve depuis quelque temps dans le commerce, du fer à l'abri de la rouille, dont beaucoup d'architectes se sont servis avec avantage, et le fabricant qui le prépare, M. Morel, l'y verse en assez grande quantité, mais à un prix qui ne permet pas de l'employer aussi fréquemment qu'il serait désirable. La raison principale du prix élevé de ce produit, paraît être que M. Morel le prépare sur une petite échelle.

Le fer à l'abri de la rouille de MM. Mertian de Montataire, se distingue de celui de M. Morel par la nature de l'étamage employé pour le préparer; ce dernier est un véritable étamage; le premier pourrait être appelé un *plombage*, parceque la dose d'étain est beaucoup moins considérable que celle du plomb, et ce dernier métal n'ayant par lui-même qu'une très-faible affinité pour le fer, ne le pénètre pas entièrement, et s'applique seulement à la surface, sans s'introduire dans ses pores : il en résulte que, par des moyens mécaniques, on peut parvenir à séparer les feuilles de métal, qui sont appliquées à la surface de la tôle; mais l'adhérence est assez intime pour que cette séparation ne puisse probablement s'effectuer dans les circonstances où ce fer serait employé. L'alliage est bien répandu à la surface du fer, quoique dans quelques points on puisse apercevoir le fer à nu; et ce qui prouve ce fait, c'est l'action que divers acides ont exercée dans l'espace de plus d'un mois sur des capsules faites avec le fer de MM. Mertian, action qui ne s'est développée qu'à la surface de l'alliage, et ne s'est pas propagée jusqu'au fer, comme cela aurait eu lieu si ce métal eût été à découvert dans quelques points tant soit peu étendus.

De l'urine conservée pendant le même espace de temps dans une capsule semblable, n'a produit aucun effet sur le fer de ces fabricans.

Le fer de M. Morel a été fortement corrodé par les acides, parce qu'une fois que la couche d'étain se trouve légèrement attaquée, l'acide porte son action jusque dans l'intérieur de la tôle.

Si les deux espèces de fers étaient soumises à une friction

continuelle, et en même temps à l'influence de quelques agens qui tendraient à les corroder faiblement, celui de M. Morel résisterait probablement plus longtemps par la pénétration de l'étamage ; mais tant que la couche d'étamage du fer de M. Mertian ne serait pas enlevée de manière à découvrir une portion de la tôle, elle pourrait préserver ce métal de toute altération, et c'est ce qu'on peut supposer devoir arriver dans le cas où ce fer sera employé pour couvertures.

Le fer à l'abri de la rouille, de MM. Mertian, peut être employé avec avantage pour faire des cristallisoirs à sucre, des réservoirs pour les liquides qui ne sont ni alcalins, ni acides, des toitures de bâtimens et des gouttières, etc., etc... La facilité qu'ils ont de travailler aussi en grand qu'ils voudront, leur permettra de livrer ce produit à un prix peu élevé, et ils rendront par là un service en donnant les moyens de propager les toitures métalliques, qui peuvent présenter de très-grands avantages dans beaucoup de circonstances ; c'est un nouveau produit qu'ils ajoutent à ceux que leur mine verse en si grande quantité dans le commerce, et votre Comité pense qu'ils auront rendu un service en propageant l'emploi du fer à l'abri de la rouille. On doit cependant se souvenir qu'il n'en est préservé que dans certaines circonstances.

259. Essais sur la réduction des scories de forges et des minérais de Nassau et de Lebach, au moyen des fours à réverbère, exécutés par M. le comte DE VANDERBRUCK, du 1er au 12 mars 1825. Note rédigée par M. MARCERIN. (*Annales des mines* ; 2e série, T. III, p. 73).

Depuis longtemps on connaît le traitement des scories de forges au haut-fourneau, mais on n'avait pas encore, que nous sachions, essayé de les réduire au fourneau de réverbère sans mélange de minérai. Nous pensons donc qu'il peut être intéressant de parler de ces essais. Quant au traitement des minérais au moyen des fours à réverbère, les expériences faites ne sont pas encore assez concluantes, pour que l'art des forges puisse en profiter.

Le four à réverbère dont on s'est servi est construit en briques; la sole est un sable quartzeux, elle repose sur une contre-sole d'argile et de poussier de charbon battus ensemble, qui repose elle-même sur une autre sole en briques; elle est presque plane et horizontale, à cela près qu'elle se relève un peu près du rampant; sa longueur est 7 pieds 4 pouces (mesure du Rhin) (1); sa largeur à peu près constante est 4 pieds. La grille est à 14 pouces au-dessous du niveau de la sole; elle est carrée et a 2 pieds de côté; elle est formée de 14 à 15 barres de fer de 10 lignes d'équarrissage, espacées de 1 pouce. La hauteur au-dessus de la sole est 5 pouces. La voûte est presque plane, elle ne se courbe sensiblement que près de la chauffe et du rampant, vers lequel elle s'incline; sa hauteur au-dessus du pont est 14 pouces, et au-dessus de la sole au rampant, 7 pouces. Le trou de coulée est au-dessous de la porte de travail.

Avant de commencer les essais, on a chauffé le four jusqu'à la température d'environ 146° pyr. W., en ayant soin d'entretenir le combustible sur la grille à une hauteur de 14 pouces, afin d'avoir un courant réductif: cette disposition a été constamment observée pendant toute la durée des expériences.

Après plusieurs essais, on a reconnu que les proportions les plus avantageuses de la charge étaient celles-ci: 600 livres (2) de scories pulvérisées, 120 de chaux éteinte à l'air, et 4 pieds cubes ½ de poussier de charbon. Ces matières doivent être mélangées intimement. On a eu soin d'étendre d'abord sur la sole, 600 liv. de fonte demi-blanche en brocailles, afin de la préserver de l'imprégnation des scories, qui l'endommageaient considérablement, avant que cette précaution eût été prise. On sait que dans les fours où l'on fait le *fine metal*, la sole dure souvent plusieurs semaines sans être pénétrée ou dissoute par les scories, et on a pensé, avec raison, que cela tenait à l'interposition de la fonte.

L'auteur de cette notice divise la durée de l'opération en 3 époques; 1° *l'encroutement*, qui consiste à donner un violent coup de feu, pour fondre une couche mince à la surface du mélange, et empêcher le poussier de charbon de brûler pendant la suite de l'opération.

2° *La réduction.* On ramène la température à la couleur rose,

(1) Le pied du Rhin = 0 mètre 313.

2) 216 liv. 8 onces de Berlin = 100 kilog.

dans le but de prolonger le contact des matières, et d'opérer complètement la réduction.

3° *La fusion.* On élève de nouveau fortement la température, afin de séparer par la fusion les nouvelles scories du métal réduit.

La réduction du mélange que nous avons indiquée a duré 24 heures, et a consommé 28 quintaux de houille, indépendamment de celle que l'on a consommée pour l'échauffement du four. La sole était en bon état.

A la percée, les scories ont coulé chaudes et épaisses; il est resté sur la sole une masse métallique sous forme pâteuse, qui a paru intermédiaire entre le fer et le *fine metal* : cette masse a pesé 757 livres. Il s'est formé deux sortes de scories; l'une, lourde, riche, cristallisée; l'autre, légère, pâteuse, nageant à surface de la première pendant la fusion, et dont une partie est restée attachée aux parois du four. Pour calculer le résultat, on a considéré que 600 livres de brocailles, contenant 0,035 sable formant croûte à la surface, représentent 579 livres de fonte, qui, retranchées des 757 livres obtenues, donnent 178 livres pour le fer provenant des scories de forges, ou 0,296 du poids de ces scories. FERRY fils.

260. DU SALPÊTRE ET DES MOYENS DE SE LE PROCURER EN FRANCE, NATURELLEMENT OU PAR DES MOYENS CHIMIQUES; par M. ODOLANT-DESNOS. Broch. de 12 pag. Paris, 1828; Thuau.

Dans cet opuscule l'auteur décrit tous les moyens déjà connus pour l'extraction du nitre des terres qui le contiennent, ou pour la formation des nitrières artificielles, il cherche à rendre ces dernières plus abondantes en engageant les cultivateurs à les établir dans leur exploitation, afin d'augmenter les produits de leurs fermages. Il voudrait affranchir notre sol du tribut qu'il paie à l'étranger, pour la fabrication des poudres, puisque nous ne trouvons pas assez de salpêtre chez nous. Son mémoire sera consulté avec fruit par tous ceux qui voudront former des nitrières artificielles, ils y trouveront ce qu'il leur importe de connaître, pour les conditions à remplir dans leur établissement.

261. SUR LA FABRICATION DE L'ALUN, SA COMPOSITION, etc. (*Industriel*; septembre 1828, p. 270).

On signale ici l'influence de la chaleur sur la composition et en même temps sur la cristallisation de l'alun. Cette observation est due à M. Darcet; l'alun cubique, dissous et chauffé à une température supérieure à 43°, donne un précipité de sous-sulfate d'alumine, et ne peut plus cristalliser que dans le système octaédrique. De là le moyen de produire à volonté de l'alun octaédrique ou cubique. L'alun de Rome est cristallisé en cube, et cela tient à la construction des fourneaux des mines de la Tolfa, qui ne permettent pas de chauffer les solutions à plus de 40°.

262. SUR LE MEILLEUR PROCÉDÉ POUR PRÉPARER DES POMMES DE TERRE DESTINÉES A PRODUIRE L'EAU-DE-VIE; par M. HERMBS-TÆDT. (*Kunst und Gewerbe-Blatt*; n° 25, 1828, p. 363).

Le mémoire décrit une méthode de distillation de pommes de terre cuites et macérées avec le malt. Cette méthode n'est pas neuve, mais les détails et les proportions des agens indiqués par l'auteur peuvent être utiles aux distillateurs en ce qu'ils sont le résultat d'expériences faites.

263. MÉMOIRE SUR LES PROCÉDÉS DE FABRICATION DES BIÈRES DE BRUXELLES ET DE LOUVAIN, suivi d'une note sur les bières d'Amsterdam; par M. DUBRUNFAUT. (*Industriel*; oct. 1828, p. 293).

L'auteur a examiné avec soin et avec connaissance de cause, les procédés qu'il décrit, et il s'attache à faire connaître les nuances qui caractérisent les deux méthodes de brassage de Bruxelles et de Louvain, dont les bières ont une grande réputation.

La préparation du malt se fait à peu près de même dans ces deux villes, et l'on choisit toujours de l'orge d'hiver de première qualité; toutes deux aussi emploient le froment et en première sorte. L'auteur a remarqué qu'on faisait un peu plus tremper et germer le grain à Louvain qu'à Bruxelles. Dans cette dernière ville, on touraille le grain à une douce chaleur; dans l'autre on le sèche à l'air dans de vastes greniers.

Dans les deux villes, le froment et le malt sont mélangés par moitié et moulus grossièrement.

À Bruxelles, on met tout le grain dans la cuve matière, on

trempe à chaud et l'on fait 2 extractions à chaud. La 1ʳᵉ donne la *lambiqac*, la 2ᵉ la bière de table. Le mélange des deux extractions donne le faro. On met en fermentation sans levure; le mouvement se produit ainsi très-lentement et la fermentation est pénible. On ne recueille pas la levure.

À Louvain on ne met qu'une partie du froment dans la cuve matière avec tout le malt. On fait trois extractions à froid; ces extractions se partagent, et on les fait bouillir dans de grands chaudrons, avec du froment. Elles sont ensuite repassées sur le malt qu'on porte dans une seconde cuve matière. Ces 3 extraits réunis et mis en ébullition pendant 10 heures, puis mis à fermenter, donnent la *petermann*. Une ébullition de 3 heures donne la *louvain*.

La fermentation ici est activée par de la levure, et la bière en fournit beaucoup de bonne qualité qui sert aux besoins de la ville de Louvain, de Bruxelles et des environs.

Voilà le résumé sommaire de ce mémoire dans lequel l'auteur entre dans beaucoup de détails techniques et dans les questions de chiffres sur les proportions. Ainsi il décrit avec détail l'emploi des paniers pour les extractions; cet appareil et leur manœuvre n'avaient pas encore été décrits jusqu'à présent.

ARTS ÉCONOMIQUES.

264. Sur la fabrication des Chapeaux de paille d'Italie, en Franck; par J. Odolant Desnos, Broch. in-8° d'une feuille, avec une planche. Paris, 1828; Thuau.

Ce mémoire, écrit dans le but de prouver que l'on pourrait, avec succès, étendre chez nous une fabrication qui réussit déjà sur quelques points du royaume, contient toutes les données nécessaires aux capitalistes qui voudraient exploiter cette importante industrie, dont les produits égalent une somme de quatre millions pour la consommation de notre pays.

L'auteur, qui s'est livré à ce genre de travail et qui même avait fondé, il y a 4 ans à Alençon, une de ces fabriques que depuis il a cédé à M. Bouillon, insiste fortement sur les soins à apporter dans la récolte de la paille, pour que la couleur qu'elle devra acquérir ne laisse rien à désirer, et ne soit pas une cause

de perte pour le fabricant; aussi les détails minutieux qu'exige
cette fabrication sont-ils donnés dans son ouvrage avec la plus
grande clarté.

Enfin, l'attention des spéculateurs pourrait être utilement appelée sur une nouvelle branche d'industrie, par cette petite brochure qui renferme toutes les données capables de les éclairer.

L'auteur y a joint le dessin d'une machine employée dans la
fabrication des chapeaux de paille.

265. Fourneaux a fondre l'acier; par Oldham. (*London Journal of arts;* juin 1828, p. 129.)

Les observations de l'auteur ne sont pas absolument neuves,
et cependant elles ne laissent pas d'être d'un certain intérêt.
Dans la trempe ordinaire, l'acier se refoidit à la surface beaucoup trop vite, et se contracte beaucoup plus qu'à l'intérieur,
ce qui entraîne des déchirures. D'ailleurs l'eau est décomposée,
et son oxigène se combine avec la surface de l'acier et la dété-
riore. Aussi l'auteur conseille-t-il de plonger l'outil qu'on veut
tremper dans de l'huile d'olive, et mieux encore, dans de l'huile
de naphte chauffée un peu au-dessus de la température de l'eau
bouillante. Il attend ainsi que l'acier, chauffé préalablement au
rouge dans du charbon de rognures de cuir neuf, ne décom-
pose plus l'huile, puis il le plonge dans un vase représenté *n*
(fig. 3, pl. vi), et fait arriver dessus un courant d'eau qui s'é-
chappe par le tube *p*, et va se rendre dans le vase extérieur *r*,
d'où elle sort par le tube *t*. Pour décarboner l'acier, M. Oldham préfère, comme M. Perkins, les fils de fer à tous les autres matériaux, surtout le fer de Suède, exempt de matière
étrangère; à cet effet, il place ses outils dans une boîte de tôle,
les recouvre d'un pouce environ de ce fil, les place dans une
autre boîte de fonte dont la première est séparée par environ
un pouce de sable, et il place le tout dans une moufle, laquelle
est mise dans un fourneau dont la figure 1re et 2e représentent
l'élévation dans deux sens. *c c* est le fourneau en fonte, il est
entouré d'une enveloppe *d d*, afin de préserver de la chaleur,
l'intervalle compris entre le fourneau et l'enveloppe est rempli de matières peu conductrices de la chaleur. *i i i* est le fond
du fourneau formé de briques. *m* est le cendrier qu'on peut fermer et ouvrir à volonté, afin de donner plus ou moins de chaleur. *o o* sont des supports pour soutenir la moufle *f*, qui con

tient la boîte de tôle *g*. Le fourneau est surmonté d'un dôme.

On peut, avec ce fourneau, donner toute la chaleur dont il est susceptible, mais sans y ajouter le souffle d'une forge. Les outils doivent y être laissés de 6 à 12 heures, selon leur nombre et le degré d'adoucissement qu'on doit donner à la fonte d'acier. Il faut aussi avoir soin de n'ôter la moufle du feu que lorsqu'elle sera convenablement refroidie.   D......s.

266. CAFETIÈRE POUR PRÉPARER LE CAFÉ; par BARTHELEMY ZANON. (*Annal. univ. di Tecnol.* ; mars et avril 1828, p. 283.)

A, fig. 1re, pl. 5, représente la cafetière munie à l'extrémité supérieure d'un couvercle qui ferme hermétiquement. A la partie opposée au manche se trouve une ouverture qui se ferme et s'ouvre au moyen d'une espèce de cheville de bois; cette cheville et le couvercle sont liés par deux chaînes.

B, fig. 2, est le vase servant au bain, lequel est parfaitement recouvert par la pièce C, fig. 3. Cette 3e figure offre au milieu une ouverture ronde capable de contenir la fig. 1re qui, par cette disposition, rend l'appareil D, fig. 4, complet.

La cafetière A est faite avec du fer-blanc battu, ou mieux, avec une feuille d'argent, et le vase pour le bain est en cuivre.

Pour préparer le café avec cette cafetière, le procédé est très-simple; il suffit d'introduire le café torréfié et pulvérisé dans la cafetière, avec la quantité d'eau suffisante, de la placer ensuite dans le vase plein d'eau, et de mettre celui-ci sur des charbons allumés pour porter cette eau à l'ébullition; au bout de quelques minutes, on retire le vase du feu, on le laisse en repos, et dans un moment le café est préparé.

Cette infusion de café ainsi obtenue, est peu chargée de matière colorante, mais elle contient le principe aromatique et ce qu'on nomme vulgairement l'*essence du café.*

Le Dr Cattaneo, en publiant dans son journal la description de cette cafetière, ajoute celle de la suivante qui lui est propre.

« J'ai fait construire, dit-il, un petit appareil pour la préparation du café, qui se compose de deux vases, comme sont ceux pour la filtration; il a un petit canal circulaire autour de l'extrémité inférieure, et sous le fond est appliquée une espèce de soupape qui s'ouvre et se ferme à volonté. Lorsqu'on veut en faire usage, on met deux petites mesures, de trois gros cha-

et so
reil ;
alors

naire, quoique
ploie du sucre en pain.

issue à la fumée *p*.

d, du dit vase.

Fig. 7, les deux cylindres internes *a*, *c*, extérieur.

Le tout est en fer ouvré. Le cylindre *a* peut contenir environ douze boisseaux d'orge.

Fig. 9, réfrigérant *o* placé sur un petit baril de bière.

Fig. 10, réfrigérant *o* placé sur un tonneau à cloche.

Les rafraichissoirs ou réfrigérans sont en fer battu.

Fig. 11, tonneaux que l'auteur regarde comme les meilleurs pour conserver la bière, ils sont en bois comme les autres ; ils n'en diffèrent que par la forme qui lui paraît plus commode.

J. DE F.

268. PROCÉDÉ TRÈS-PERFECTIONNÉ POUR DESSÉCHER LE BOIS DANS

Des verreries. (*Jahrbüch. des polytechn. Instituts in Wien;*
11ᵉ vol., 1827, p. 88.)

Ce procédé consiste à disposer le bois dans des coffres en tôle
placés au-dessus du four de recuisson et communiquant avec
lui; l'excédant de la chaleur qui, d'ordinaire, se trouve perdue,
pénètre dans les coffres au sortir du four, et la dessiccation du
bois s'opère avec économie de temps et de combustible, et avec
moins de danger pour le feu que si on le séchait à la manière
ordinaire.

269. Description d'appareils distillatoires continus; par M.
Cellier Blumenthal. (*Industriel;* oct. 1828, p. 303 et 307.)

L'on décrit ici deux appareils nouveaux du célèbre inventeur de la distillation continue. L'un a été imaginé et exécuté
par l'auteur pour la distillation des matières pâteuses, et l'autre
sert à la rectification des flegmes. Ces deux appareils sont employés avec succès, en Belgique, par plusieurs distillateurs du
premier ordre.

270. Perfectionnement dans l'évaporation. — Patente à M.
Cléland. (*London Journ. of arts;* juin 1828, p. 162.)

Ce procédé est analogue à celui qu'on emploie dans les appareils à distillation continue. L'auteur propose de placer au-
dessus du bouilleur un vase percé de petits trous, dans le genre
des passoires, puis de faire arriver dans ce vase le liquide
échauffé, au moyen d'une pompe plongeant dans la chaudière.
Ce liquide retombera en pluie dans le bouilleur, mais il sera
traversé par un courant d'air qui enlèvera la vapeur et la conduira soit au dehors, soit dans d'autres vases que l'on veut
échauffer. Si le courant d'air naturel excité par la chaleur n'est
pas suffisant, on peut faire usage d'une machine soufflante.
D'ailleurs, l'air qu'on emploie peut déjà avoir traversé le fourneau, et s'y être échauffé; par là, il devient plus propre à favoriser l'évaporation.   D......s.

271. Perfectionnement dans la production de la vapeur. —
Patente à J. B. Wilks. (*Ibid.;* p. 161.)

Il ne s'agit ici que de placer un bouilleur au-dessus d'un four
à coke, et de faire passer la chaleur provenant du charbon

brûlé dans un tube à travers la chaudière; ce tube se divise à son extrémité en deux autres tubes qui reviennent sur les bords de la chaudière, et échauffent ainsi prodigieusement l'eau qu'elle renferme. Il paraît que le procédé n'est pas nouveau, mais qu'il avait déjà été employé en 1824, par M. de Jongh, qui utilisait ainsi la chaleur provenant de la formation du coke. D.....s.

272. DESCRIPTION D'UN CHAUFFOIR A VAPEUR POUR LES HUILERIES, construit par MM. CAZALIS ET CORDIER. (*Industriel*; août 1828, p. 210.)

Ce chauffoir, qui est supporté d'un côté par un dé en maçonnerie, et de l'autre par un châssis en fonte de fer, est formé d'une bassine circulaire en fonte placée au-dessus des supports, découverte par-dessus, et ayant une double enveloppe qui laisse entr'elle et la bassine un espace circulaire que parcourt la vapeur destinée à chauffer la graine que l'on met dans la bassine. La vapeur est introduite sous la bassine et dans son pourtour, par un tube à robinet qui part de la chaudière. A côté de ce tube en est un autre pour l'émission de la vapeur et de l'eau de condensation. L'agitateur de la graine, qui est de forme courbe, est mis en mouvement comme dans le chauffage à feu nu, seulement il n'est pas nécessaire de le soulever pour la décharge qui a lieu par une porte placée sur le côté au fond de la bassine, et à l'aide de la courbure de l'agitateur.   ARM.

273. SUR LES TRAVAUX DE M. BONNEMAIN. — Rapport de M. PAYEN. (*Bullet. de la Soc. d'encour.*; mai 1828, p. 181.)

M. Bonnemain, âgé de 55 ans, a consacré sa vie à des recherches très-curieuses sur la circulation de l'eau par une légère différence de température par un circuit complet, et il a fait des applications de ce principe avec beaucoup de succès à l'incubation artificielle; on lui doit même une foule d'observations importantes qui ont permis de pousser cet art à un très-grand degré de perfection, et une nouvelle application de l'incubation spontanée va avoir lieu par les soins de M. Darcet, à Vichy, à Chaudesaigues, dont les eaux thermales attirent un très-grand nombre de voyageurs.

M. Bonnemain a signalé aussi une foule d'applications susceptibles d'être encore étendues, et le rapport de M. Payen cite les succès obtenus dans le chauffage des appartemens, les serrès chaudes, les couches à primeurs, les étuves, etc. Déjà l'emploi de la circulation a perfectionné beaucoup d'opérations industrielles, le lessivage des toiles, du linge, des matières salines et la fabrication de la colle forte; on pourrait aussi essayer l'application de ce système à la cuisson de la bière, à la distillation des vins, à la concentration de quelques liquides, etc.

Le rapport se termine en proposant de décerner à M. Bonnemain, une médaille d'argent, que le chauffage des baignoires par son procédé, au moyen de ses appareils simples, commodes et économiques, suffirait pour lui faire obtenir.

274. Moyen de conserver le levain de bière. (*Journ. des connaiss. usuelles;* n° 43, 1828, p. 25.)

Ce moyen consiste à sécher le levain à l'état de mousse. Il est douteux que cette méthode soit bonne, car on sait que la levure sèche perd toutes ses propriétés. On recommande ensuite un autre moyen qui consiste à presser la levure liquide, et de la conserver à l'abri de l'air et dans un lieu sec. Cela est bien connu.

ARTS MÉCANIQUES.

275. Traité de serrurerie, contenant l'indication des moyens de reconnaître les qualités du fer, les procédés que l'on emploie pour le travailler au marteau, à la lime, à l'estampe et à la mécanique; la description des outils propres à l'exécution des ouvrages de serrurerie pour le bâtiment, celle d'un grand nombre de ces ouvrages destinés à la solidité, à la sûreté des constructions, à la clôture de leurs bois et à la commodité de leurs escaliers; par J. J. L. G. Monnin; avec 27 pl.; prix, 10 fr.; grand in-folio. Paris, 1828; Jean, marchand d'estampes.

L'auteur de ce traité n'est pas assez familier avec l'art d'écrire, et n'a pas senti, surtout, quelles obligations lui imposait le titre de son livre, qui promet du reste beaucoup plus qu'il ne tient. M. Monnin n'a suivi aucun ordre ni aucune méthode, et il énonce souvent des faits, de manière à faire croire qu'il ne les comprend pas. Ainsi, par exemple, en parlant de la ma-

nière de souder deux morceaux de fer, il dit : « On est parfois
obligé, pour souder quelques fers aigres, de saupoudrer de sable ou de silex en poudre, l'endroit où l'on veut que la réunion
ait lieu. » Ce n'est pas pour faire *souder* le fer, quelle que soit
sa nature, qu'on jette du sable dessus, quand on le fait chauffer : cela ne se pratique que pour les grosses pièces, non-seulement pour les souder, mais aussi pour les forger, afin de préserver leur surface de l'oxidation qui serait produite par leur
long séjour au feu.

L'auteur définit une chaîne *un composé de plusieurs barres
unies ensemble.* Ce n'est pas là une définition. Il suffira de dire
que le reste de l'ouvrage est écrit de la même manière, pour
être dispensé de pousser plus loin son examen.

Les planches ne sont pas plus satisfaisantes que le texte. Le
dessin n'est pas assez instructif, et il est quelquefois incorrect.
Les différens objets sont placés pêle-mêle, ce qui est incommode
pour les recherches : d'ailleurs ces planches sont gravées avec
soin. M. Monnin est le dernier qui ait traité de l'art de la serrurerie ; il devait faire mieux que ses devanciers, et cependant
il est resté beaucoup au-dessous d'eux.   FERRY fils.

276. Précis universel sur la statique des voûtes et sur leur
formation constituée en mêmes principes de statique et de formes que dans les élémens de l'architecture grecque, source et
fondement de la stabilité des édifices.

Dans cet ouvrage on démontre l'impuissance des sciences
fondées sur la statique des machines ou sur les lois de l'équilibre des forces pour l'architecture, par conséquent pour les voûtes, généralement pour tout ce qui regarde les constructions en
pierre, qui ont la stabilité et la proportion pour objet ; au moyen
de découvertes en architecture, des méthodes nouvelles en statique, et des applications suivantes : 1° La découverte des élémens d'ordres de l'architecture grecque, constituant les voûtes
en principes de stabilité, de forme et de proportion. 2° La définition de l'eurythmie des anciens, ou des principes du beau en
architecture, fondée sur les élémens des ordres. 3° La découverte de la statique présumée des anciens, dénommée statique
graphimétrique ; déterminant sans calculs ni formules les centres de gravité des surfaces et des corps solides. 4° La preuve

de nullité des expériences faites sur des voûtes mal formées, d'où sont tirées les diverses théories d'équilibre contraires à ces mêmes voûtes. 5° L'application de la statique graphimétrique aux élémens d'ordres et aux voûtes quelconques, justifiant leur stabilité, leurs formes et leurs proportions; de plus l'application des mêmes principes de statique aux voûtes mises en état d'équilibre, pour en connaître la poussée comparative. 6° L'application des principes de stabilité de l'architecture grecque à l'église de Ste. Geneviève, d'où résulte la preuve efficiente de l'écrasement des pierres des piliers du dôme; de plus, celle de sept millions et demi de bénéfice sur 15 millions de sa dépense, en même temps que 20 années de gagnées sur quarante de durée des travaux de ce monument. Par L. Lebrun, de Douai, architecte, ancien élève de l'École polytechnique, en 1795. In 4° de 4 feuilles ½; prix, 3 fr. Paris, 1828; Mansut fils.

Après ce titre, qui est une analyse de l'ouvrage, le lecteur sera convaincu que M. Lebrun ne sait pas exprimer clairement sa pensée, ou que ses idées sont très obscures. La lecture de l'ouvrage confirmera ce premier jugement. On ne peut tirer aucun parti des écrits dont chaque phrase exigerait un commentaire, chaque idée une explication, et chaque fait de pénibles et souvent inutiles vérifications. Ferry fils.

277. Machine pour régulariser la pression du gaz, de l'eau et d'autres fluides dans des tuyaux ou tubes, et Méthode perfectionnée pour mesurer ces fluides ou liquides. Patente à W. Pontifex.

Cette invention se divise en 3 parties distinctes qui sont : 1° un perfectionnement de la machine existante pour régulariser la pression des fluides, lequel s'adapte particulièrement à l'émission du gaz pour l'éclairage, et est destiné à régulariser la force avec laquelle le gaz est chassé à travers les becs 2° une autre modification des mêmes principes applicable à la régularisation de la décharge de l'eau à travers des tuyaux; et 3° construction de gazomètres pour mesurer et régulariser la quantité de gaz qui, dans un temps donné, passe à travers l'appareil.

La planche 6, fig. 1ʳᵉ, indique par une section de l'appareil qui doit être tout entier sous terre, le mode d'égaliser la décharge du gaz. *aa* est une partie d'un récipient, de gaz, dans lequel *b* est une ouverture du tuyau vertical; *cc*, un vaisseau renversé, semblable à un gazomètre, et dont la partie inférieure plonge dans l'eau et occupe l'aire de la boîte, *dd*, autour du tuyau *b*; la partie supérieure de la boîte reçoit de l'air par le tuyau latéral qui s'étend jusqu'à la surface du rez de chaussée. Le vaisseau *c* est supendu par une chaîne à un levier, *e*, et contrebalancé par un poids fixé à l'extrémité opposée de ce levier. A l'intérieur et au centre du vaisseau *c*, est attachée une verge *f*, qui descend perpendiculairement et passe à travers des trous pratiqués dans les barres de traverses, destinées à la guider en s'élevant et en s'abaissant. La partie inférieure de cette verge *f*, est recourbée, et à son extrémité est fixée une plaque, *g*, qui tombe, en dessous, dans un réduit et est destinée à fermer le passage du tuyau *a*, en tout ou partie, suivant les circonstances.

Le gazomètre *c*, étant ajusté pour subir une certaine pression au moyen des poids placés à son sommet, on laisse passer le gaz à travers le récipient *a*. Tant que cette pression n'excède pas celle qui est requise pour l'émission régulière du gaz, on ne fait point agir l'appareil; mais aussitôt que le gaz commence à exercer une force additionnelle, le vaisseau *c* s'élève, et avec lui, la verge *f* et la plaque *g*; au moyen de quoi le passage à travers le récipient se trouve fermé en partie; et le gaz ne pouvant plus remonter que par une ouverture ainsi resserrée, la pression se trouve ramenée à son point convenable pour l'émission régulière du gaz. Lorsque, par l'effet de la consommation du gaz, la pression se trouve réduite, le gazomètre *c* redescend, et la plaque *g* s'enfonce dans le réduit, et laisse l'aire parfaitement libre.

On voit dans la section de la figure 2, en quoi consiste la seconde modification de l'invention, laquelle a pour objet de régulariser la décharge de l'eau. *aa* est le tuyau ou récipient d'eau placé sous terre, dans lequel est une soupape *b*, en forme de disques que le mouvement alternatif du levier *c*, fait tourner sur pivots dans une direction verticale. Ce levier est mû par une verge *d*, fixée en dessous de la planchette *e*, qui monte et descend dans le tube *ff*. La pression de l'eau dans le tuyau *a*, lorsqu'elle est trop forte, fait lever la planchette *e*, laquelle, au moyen de la verge *d*, et du bras *c*, retourne la soupape *b*, et ferme en partie le conduit.

A la partie supérieure de la planchette et aux rebords du tube est attaché un sac de cuir souple pour empêcher l'eau qui pourrait s'insinuer au-delà de cette planchette, d'agir contre sa surface extérieure. Au sommet de la planchette est fixée une verge qui glisse à travers une ouverture dans le tube d'air ouvert *g*; et *hh* sont plusieurs poids suspendus par des cordes au chapeau du tube *f*, et destinés à presser sur la planchette, à mesure que l'augmentation de pression de l'eau la force à s'élever dans le tube; par ce moyen, la soupape *b* se trouve fermée en partie, et de manière à retarder le cours de l'eau à travers le tuyau *a*, proportionnellement à la pression qu'elle subit, ce qui l'empêche de s'échapper avec trop de force à sa sortie du robinet.

Le troisième procédé consiste en un instrument destiné à mesurer la quantité de gaz qui passe dans un tuyau dans un temps donné, et à indiquer cette quantité par un cadran et une machine à compter. On voit, fig. 3, cet appareil renfermé hermétiquement dans une boîte. *a* et *b* sont deux vaisseaux renversés, agissant dans des fontaines *c* et *d*, semblables à des gazomètres. Ces vaisseaux sont suspendus par des chaînes aux extrémités d'un arbre *ee*, qui se meut sur son support *f*. Un tuyau *g* conduit le gaz du récipient ordinaire. Ce tuyau a deux bras, *h* et *i*, qui passent à travers les réservoirs, et communiquent respectivement avec les vaisseaux renversés, *a* et *b*.

Maintenant on suppose que le gaz sort du tuyau *g*, s'élève par le bras *h*, et va se décharger au dessus du niveau de l'eau, dans le vaisseau *a*, qui, en conséquence, monte dans le réservoir *c*, tandis qu'en même temps, le vaisseau *b* descend par son propre poids dans le réservoir *d*. Lorsque le vaisseau *a* est plein et parvenu à son maximum de hauteur, il est nécessaire que l'ouverture du tuyau *h*, soit fermée; ceci a lieu au moyen d'un arrêt fixé sur la verge latérale *k*, en dedans du réservoir, et qui venant à rencontrer un bras qui part de l'extrémité d'un levier en contrepoids, *l*, le fait monter à une hauteur donnée. Ce levier, creux, contient une certaine quantité de mercure qui, lorsque l'une de ses extrémités est élevée, s'écoule vers l'autre, et la fait tomber avec force sur le bout du levier *m*, aux extrémités duquel sont suspendues les soupapes coniques. Par ce moyen, la soupape est amenée dans l'orifice du tuyau *h*, et elle s'y trouve retenue par le poids prépondérant de la boule de métal qui surmonte le levier *m*, et bouche complètement l'ouverture du tuyau. Par un mouvement inverse et simultané, la soupape fixée à l'autre extrémité du levier, venant à s'élever de l'orifice du tuyau *n*, le gaz renfermé dans le vaisseau *a*, s'échappe par cet orifice, et se décharge dans le vaisseau extérieur ou boîte carrée, d'où il gagne l'issue *o*.

De même, l'orifice du tuyau *i*, se trouvant ouvert, le gaz y passe, s'élève et va occuper le vaisseau *b*, qui, lorsqu'il est plein, se décharge par le tuyau *p*, dans le vaisseau extérieur. Ainsi le mouvement du gaz fait constamment mouvoir le levier *c*. Si, d'après cela, on connaît la contenance cubique des vaisseaux, il suffira d'indiquer par une machine à compter combien d'oscillations ont eu lieu, pour déterminer la quantité de gaz qui sera sorti de la machine. A cet effet, on peut, au moyen d'une branche fixée à l'une des extrémités du grand levier, en dehors de la boîte, le faire communiquer avec la machine à compter; ou bien on pourra observer le cadran à travers une ouverture vitrée. (*Lond. journ. of arts and sciences*; juin 1825, p. 356.)

278. Description de l'Apollonicon; par M. Christ. Davy. (*Repertory of patent invent.*; mars 1828, p. 155.)

C'est un instrument dans le genre du Componium ou du Panharmonicon, qu'on a vu à Paris il y a quelques années, et qui à lui seul remplace un orchestre. C'est un mécanisme très compliqué composé de près de 250 leviers servant à lever et à abaisser les touches. On y trouve des sons de flûte, de voix humaine, de trompette, de haut bois, de violoncelle et même de cimbales. Nous allons essayer d'en donner une idée à nos lecteurs.

La fig. 4, pl. 6, représente un cylindre, semblable à ceux des orgues, portant des gâches ou saillies qui font mouvoir des leviers. Ce cylindre est lui-même mis en mouvement par une roue D, à laquelle est fixé un volant et qu'on peut faire tourner avec un moteur quelconque. Le cylindre est soutenu et tourné sur des supports BBB, fig. 5, qui lui permettent d'aller en avant et en arrière, en cas que l'on voulût recommencer une partie du morceau que l'on joue. A l'axe du cylindre est fixée une vis ayant neuf filets, pour les divers morceaux que l'on veut jouer; un guide marqué en *c* s'arrête au-dessus. L, fig. 4, D, fig. 5, est un levier qui dégage le clavier, et permet aux saillies du cylindre de lever les touches. E, fig. 4, est un rouleau qui empêche un déplacement du cylindre, et par suite un frottement des leviers des touches contre les saillies de métal dont le cylindre est recouvert.

La figure 6 et la figure 7 montrent comment on peut faire entendre plusieurs sons à la fois au moyen de l'appareil en croix BDEK, lequel est mû par la clé A, agissant sur le levier H. La clé est toujours mise en mouvement par une des gâches ou saillies du cylindre.

La figure 4 représente les pédales qui sont fondées sur les principes ordinaires.

C'est à l'aide de ce mécanisme que l'on est parvenu à obtenir des effets étonnans. L'instrument, tel qu'il est, joue l'ouverture de Robin des bois, celle d'Anacréon de Cherubini, l'ouverture de Prométhée de Mozart, une marche d'Haydn, l'ouverture de Figaro de Mozart.

Il serait fort à désirer que l'on pût perfectionner beaucoup les instrumens de cette nature, afin de pouvoir en placer dans les temples et même dans les salles de spectacle, où l'on serait toujours sûr de retrouver les mêmes accords; mais il faudrait, pour qu'ils remplissent exactement le but qu'on se propose, qu'on pût à volonté enfler le son ou en diminuer l'intensité, sans changer le ton, ce qui est assez difficile surtout pour les instrumens à vent.   D...s.

279. Machine à perler les Céréales. — Brevet à G. Sendner de Schwechat près Vienne. (*Jahrbüch. des polytech. Instituts in Wien;* 11ᵉ vol., 1827, p. 373.)

Voyez la fig. 9, planche 6. Dans un cône creux tronqué *aa* et immobile, se meut un cône massif *b* également tronqué. Le premier cône est en forte tôle; le second est recouvert à l'extérieur de la même matière. Ils présentent tous deux des petites aspérités, l'un à la face intérieure, l'autre à la face extérieure. Pendant que le cône massif exécute son mouvement de rotation, le grain tombe d'une trémie *c* dans le cône creux et se trouve poussé dans l'intervalle qui le sépare de l'autre. Les aspérités déchirent son enveloppe; de là il tombe sur un crible *d*, puis dans une nouvelle trémie *e*; pendant ce dernier trajet il reçoit de côté le vent d'un ventilateur qui le débarrasse d'une partie de ses enveloppes; enfin il parvient entre deux disques *f g* recouverts de tôle, et disposés comme des meules, mais garnis d'aspérités de même que les deux cônes. Le disque supérieur remplit l'office de meule courante. Au sortir de là, il passe par un conduit *h*, et il est encore épuré par un ventilateur. En cet état il est bon à porter au moulin. Ce procédé donne de plus belle farine et en plus grande quantité que les autres. V....T.

280. MACHINE A VAPEUR A HAUTE PRESSION ; par M. RAYMOND. —Rapport de M. Baillet. (*Bullet. de la Soc. d'encourag.;* mars 1828, p. 76).

Cette machine à vapeur est à haute pression et sans condensation ; elle est faite pour marcher à cinq atmosphères, et celle que les commissaires ont examinée peut équivaloir à la force de douze ou quatorze chevaux.

Sa construction générale est simple, elle est conforme au brevet d'invention obtenu par M. Raymond, en mai 1825, à une patente d'importation qui a été donnée postérieurement à Londres, à M. Tessier, et au dessin que M. Raymond a communiqué à la Société. Elle paraît exécutée avec soin ; comme toutes les machines de cette espèce, elle n'a ni condenseur, ni pompe à air, et elle est ainsi exempte des résistances que cette pompe occasione et des réparations que son emploi exige. Mais ce qui distingue particulièrement cette machine, c'est qu'elle n'a pas de balancier et que le mouvement du piston est transmis à la manivelle du volant par deux bielles pendantes, un levier coudé en équerre, et une troisième bielle horizontale.

Le cylindre à vapeur, les coussinets de l'axe du levier coudé, et les supports de l'axe de la manivelle et du volant, sont fixés invariablement sur une plate-forme en fonte, qui repose sur un bâtis de charpente placé sur le sol.

Il résulte de cette disposition que la machine a son centre de gravité placé au niveau le plus bas qu'il est possible, que toutes ses parties sont liées entr'elles et assujetties de manière à résister à tous les efforts dirigés en divers sens, et qu'elle n'a besoin, pour être établie solidement, d'aucune construction élevée au-dessus du sol.

La fabrique des machines à vapeur de M. Raymond est en

activité depuis quelques années; elle a déjà versé dans le commerce plusieurs machines à vapeur de différentes dimensions et de différentes forces. Le prix en est fixé à 6,000 fr. pour les deux premiers chevaux, et à 1,000 fr. pour chaque cheval au-dessus de deux.

C'est de cette fabrique que sont sorties les cinq machines de trente et de cinquante chevaux, placées sur des bateaux qui naviguent sur la Seine et sur la Saône, machines qui, suivant les procès-verbaux et les certificats qui nous ont été communiqués, ont une marche satisfaisante, et exigent peu d'entretien.

281. PERFECTIONNEMENS DANS LES MACHINES A VAPEUR.—Patente à A. E. de ROSEN. (*Lond. Journ. of arts*; juin 1828, p. 156.)

L'appareil de M. Rosen consiste en un cylindre dans lequel se meut un piston, l'air qu'il chasse devant lui entre, par le moyen d'un tube, dans un fourneau en fonte, fermé hermétiquement de toutes parts, et dans lequel est un serpentin évasé; l'air, après avoir traversé le feu, passe dans le serpentin et traverse le feu de nouveau, c'est cet air échauffé dont l'auteur veut tirer parti, comme force motrice, en l'appliquant à un piston, ou pour produire de la vapeur, en le faisant passer dans une chambre close de toutes parts, dans laquelle sont rangées des tablettes de fonte en étage. Il y introduit un jet d'eau, et son air chaud produit de la vapeur. Il n'est pas difficile de voir qu'on ne saurait mettre en usage un appareil si dispendieux, qui exige une quantité énorme de combustible, et de plus, une force déjà très-grande pour faire mouvoir le piston dans le cylindre.

D.....s.

282. PERFECTIONNEMENS DANS LA FILATURE.—Patente à E. BAY-LIFFE, (*Ibid.*; juin 1828, p. 151.)

La laine a, comme on sait, une assez grande roideur, ce qui est un obstacle à ce qu'elle puisse être filée et travaillée en tissus très-fins. On a essayé depuis longtemps de lui ôter cette propriété qui l'empêche de s'étendre aussi parfaitement que les autres matières qu'on emploie à faire des tissus. Dans la méthode communément en usage, on se contente de faire passer le fil entre 4 rouleaux. M. Bayliffe propose, 1° de frotter fortement le faisceau de laine contre une roue *a* (pl. 5, fig. 12), à laquelle on donne la forme d'un tambour, afin d'y faire passer un courant de vapeur d'eau; la chaleur étant très-propre à donner à la laine la forme qu'on veut lui faire prendre. Au moyen d'engrenage, on fait tourner la roue *a* plus vite que le rouleau *b*, et celui-ci plus vite que les deux rouleaux *c d*; par là, le faisceau est contraint de s'étendre pour s'enrouler sur le rouleau *b*, dont la vitesse est plus grande que celle des rouleaux *c d*, et chemin faisant, il éprouve une friction de la part de la roue *a*, dont la vitesse est plus grande que celle du rouleau *b*. Le rouleau *f* appuie sur la roue, et le faisceau de laine, forcé de passer entre deux, s'aplatit nécessairement; joignons-y encore l'effet de la chaleur, et nous pourrons concevoir que cet appareil est bien supérieur à tout ce qu'on avait fait en ce genre. Enfin un autre perfectionnement consiste en un rouleau mobile porté par une armure circulaire *h h*, qu'on peut élever ou abaisser à volonté; ce rouleau sert de régulateur, et remplace le rouleau *f*; on l'approche de la roue *a*, quand on veut que la laine perde presque toute son élasticité, et on l'en éloigne quand on n'a pas besoin d'une aussi grande extension.   D. ...s.

283. DESCRIPTION DE CYLINDRES PROPRES A ÉCRASER LES GRAINES OLÉAGINEUSES, construits par M. MAUDSLEY. (*Industriel*; août 1828, p. 206.)

Cet appareil est formé d'une longue trémie verticale, dont l'extrémité inférieure est fermée par un fond mobile et incliné, qui dirige la graine à écraser entre deux cylindres en fonte disposés horizontalement au-dessous de ce fond, et formant un laminoir qui écrase la graine. La quantité de grains qui doit sortir de la trémie est réglée par une vanne que l'on manœuvre à la main, à l'aide d'une corde passant sur une poulie. Les deux cylindres écraseurs sont mus par un engrenage, et une raclette placée le long d'un de ces cylindres, et réglée par des vis de rappel, détache la matière écrasée. Les deux cylindres écraseurs tournent dans deux joues en bois, disposées de chaque côté de manière à empêcher la graine de tomber sur les tourillons des axes des cylindres et dans les coussinets.   ARN.

284. HORLOGES DE M. REVILLON. — Rapport de M. Françœur. (*Bulletin de la Société d'encourag.*; mars 1828, p. 78.).

Cet artiste a présenté à la Société d'encouragement trois horloges fort bien exécutées; l'une, sonnant les heures et les quarts, marchant 8 jours, et pouvant frapper une cloche de 4 à 500 kilogr.; le prix est de 900 fr.; la deuxième, sonnant les heures et les demies, allant trente heures et frappant une cloche de 1,000 à 2,000 kilogr., du prix de 600 fr.; la troisième, qui ne diffère de cette dernière que par les dimensions, et dont le prix est de 350 fr., peut frapper une cloche de 50 à 600 kilogr.

Il n'y a rien de changé, dans l'horloge de M. Révillon, aux pièces du mouvement et de la sonnerie, si ce n'est ce qui concerne le délai; car les détentes sont tellement combinées qu'elles se réduisent à une seule, et aussi en ce qui se rapporte au levier excentrique, qui fait lever le marteau. La roue qui est destinée à produire la levée, dans l'appareil à battre les pieux, est mise en mouvement, à force de bras; cette roue porte à sa circonférence une cheville, qui, en tournant, va buter contre un taquet placé sur une autre roue excentrique à la première; cette deuxième roue tourne donc, entraînée par celle-ci. Cette rotation élève le mouton, dont la corde de suspension s'enroule sur l'axe de la deuxième roue; mais l'excentricité du taquet fait qu'il s'éloigne peu à peu de l'axe de la première roue motrice, et que la cheville l'abandonne bientôt. Alors la deuxième roue, tirée par le poid du mouton, est ramenée en arrière à sa position primitive, pour entrer de nouveau en prise et retourner lorsque le taquet se trouvera poussé par une autre cheville, et cette fonction sera réitérée autant de fois qu'il sera nécessaire, par l'influence de la roue à cheville.

Pour faire de ce mécanisme celui de la sonnerie de M. Révillon, il faut seulement remplacer la seconde roue par un levier, dont le centre de rotation soit excentrique à la roue à cheville, et la force de bras, par un poids qui fait tourner cette roue; le taquet est fixé au levier excentrique, qui se lève quand ce taquet est en prise, et retombe quand il redevient libre. On conçoit aisément comment ce mouvement du levier met les marteaux en jeu. Ce mécanisme est simple et ingénieux; il fonctionne très-bien et mérite d'être accueilli par les horlogers.

285. FOENORIDADE de M. BAJAT. — Rapport de M. Francœur. *Ibid.*; p. 80.)

Le fœnoridade est un grand dessin sur lequel on voit tracé

une série de cercles concentriques-équidistans, des rayons et des lignes spirales allant du centre à la circonférence. Le tout annoté de quelques nombres, qui servent non-seulement à donner l'intérêt d'une somme quelconque pour un nombre de jours désigné, mais encore à résoudre toutes les questions d'intérêt comprises dant cet énoncé : étant donné deux de ces trois choses, le capital, l'intérêt et le temps du placement, trouver la troisième.

L'idée dominante dans la construction du *fœnoridade* est qu'il y a toujours une infinité de capitaux qui produisent le même intérêt à 5 p. o/o, pendant des temps différens. C'est ainsi, par exemple, que 2,190 fr., pendant cent jours, 1460 fr., pendant cent cinquante jours, 600 fr., pendant un an, etc., etc., donnent également 30 fr. d'intérêt. Il suffit, pour que le produit soit le même, que les capitaux soient en raison inverse du temps des placemens. En représentant les capitaux par des arcs de la grande circonférence, et les temps par des longueurs prises sur les rayons qui aboutissent à l'extrémité de ces arcs, les points qui satisfont à cette condition sont situés sur une spirale que les géomètres appellent *hyperbolique*.

Ainsi tous les points d'une de ces courbes, quoique situés sur des rayons de directions diverses, et, par suite, aboutissant à des points qui désignent des capitaux différens, donnent cependant le même intérêt, lequel est marqué au bout de la spirale sur le grand cercle de la figure, comme si le placement eût été d'une autre somme pour une année entière.

286. Description d'une nouvelle machine à percer des trous dans le fer; par M. Pihet. (*Ibid.*; p. 73.)

On emploie ordinairement, pour percer des trous dans des pièces de fer, un vilbrequin dont la mèche est en acier bien trempé, et qu'on fait tourner à la main. Quoique ce procédé soit simple, il est très-long et exige le renouvellement fréquent des mèches. Lorsqu'on a des pièces de fonte très-dures à percer, on supplée à cet outil par un tour dont la mèche, disposée horizontalement, a une vîtesse calculée sur l'épaisseur des pièces, et qui opère avec promptitude et régularité. Le tour est mû par une machine à vapeur ou tout autre moteur, et un ouvrier, en agissant sur un levier, fait constamment appuyer la mèche contre la pièce, retenue entre les mâchoires d'un étau. On voit une semblable machine dans les ateliers de M. Pihet, ingénieur-mécanicien, avenue Parmentier, vis-à-vis les abattoirs Popincourt, où elle est journellement en usage.

Un troisième moyen de percement, encore plus expéditif que le précédent, consiste dans l'emploi d'un poinçon, qu'on fait appuyer, avec une grande force, sur la pièce à percer, posée, à cet effet, sur une matrice; ce poinçon fait partie d'une machine, qui sert en même temps à découper la tôle, et qu'on trouve aujourd'hui dans presque toutes les forges de l'Angleterre; elle a été introduite en France par M. Dufaud. Cette machine, construite sur une grande dimension, et munie d'engrenages, d'un volant et de leviers, est d'un prix assez élevé; ce qui ne permet pas de l'employer dans les petits ateliers.

Le gouvernement, ayant résolu de remplacer les lits militaires en bois par des couchettes en fer, chargea M. Pihet de leur construction; mais il lui imposa la condition que ces couchettes fussent à la fois solides et assez légères pour ne pas surcharger les planchers des bâtimens, et à un prix sinon égal, du moins peu supérieur à celui des couchettes en bois.

Pour remplir ces conditions, il fallait trouver des moyens prompts et économiques propres à confectionner ces couchettes; c'est à quoi M. Pihet est parvenu, en imaginant des outils pour dresser et plier les bandes de fer, et surtout pour les percer du grand nombre de mortaises et de trous nécessaires.

287. PERFECTIONNEMENT DES ROUES DE VOITURES. — Patente à TH. JONES. (*Lond. Journ. of arts;* juin 1828, p. 154.)

Ces roues sont tout en fer, et peuvent être employées avec avantage pour les chariots destinés à voiturer des corps très-pesans. La figure 13 et la figure 14 de la planche 5 les représentent, et la figure 15 représente l'intérieur du moyeu. Les jantes sont en fonte, percées, de distance en distance, de trous coniques pour y laisser pénétrer l'extrémité des rais. Cette construction a l'avantage d'appuyer de plus en plus vers le centre les jantes de la roue. On voit aussi que le moyeu est double, que les raies plongent alternativement dans les deux boîtes du moyeu, et qu'ils font entr'eux des angles, ce qui soutient la roue latéralement. Les figures indiquent assez la manière dont les rais sont fixés au moyeu; c'est à l'aide d'écrous dans lesquels entre l'extrémité du rayon qui est terminé par une vis. Ces roues ont peut-être le désavantage d'avoir un poids considérable; mais ce défaut est racheté par la solidité. **D. . . . . s.**

288. Pompe a incendie a jet continu. (*Bulletin de la Société d'encouragement;* juin 1828, p. 190.)

Cette pompe à incendie, d'invention anglaise, est établie sur le même principe que celle de *Bramah,* et que la pompe aujourd'hui en usage à Paris ; mais elle diffère de ces appareils par sa légèreté, sa simplicité et une disposition bien entendue de son mécanisme. Montée sur un chariot à quatre roues, elle se transporte facilement dans tous les lieux où son secours est reclamé, et porte avec elle, outre une provision d'eau suffisante pour les premiers besoins, tous les ustensiles nécessaires à la manœuvre. Le prix en est, à Londres, de 110 liv. sterl., (2,750 fr.)

289. Voitures a gaz. — Nous fûmes hier témoins sur la route de Hammersmith, de l'essai d'une grande voiture mue par une machine à gaz opérant dans le vide. Cette voiture roula avec une grande facilité à raison de 7 milles à l'heure. Elle contenait plusieurs voyageurs qui témoignèrent leur satisfaction de la supériorité et de la sûreté de sa marche. A en juger par sa puissance locomotive, elle paraît bien capable de remplacer l'usage des voitures et diligences mues par des chevaux et par la vapeur, considérée dans le système général des machines. (*Globe de Londres.—Galign. Messeng.;* 29 sept. 1828.)

290. Voitures a vapeur en Angleterre.

Mardi dernier, M. Burstall fit, sur la route de Leith à Queensferry, l'essai de sa voiture à vapeur. Chargée de 16 voyageurs, elle parcourut un mille, à raison de 8 ou 9 milles par heure, sans s'arrêter, puis elle retourna au point de départ. La montée, dans la direction de l'Ouest, est dans la proportion d'un pied sur 60. (*Scotsman. — Galign. messeng.;* 23 oct. 1828.)

CONSTRUCTIONS.

291. **Traité de la Charpenterie civile**; par J. J. L. G. Monnin. Première partie. In-folio de 17 pages, avec 26 pl.; prix,
10 fr. Paris, 1828; veuve Jean, marchande d'estampes.

Le texte de cet ouvrage donne des notions exactes sur les diverses espèces de bois propre à la charpente, sur la manière d'é-
quarrir et de débiter les bois, et sur les divers assemblages à tenons, mortaises et à queue d'aronde; la suite du texte contient
l'explication des planches, et des principes généraux sur les
précautions à prendre pour faire des ouvrages solides; les cinq
dernières pages renferment plusieurs tableaux numériques qui
font connaître la force du bois de chêne placé de bout ou horizontalement.

Les 18 premières planches représentent les ouvrages de charpenterie qui entrent dans la construction des maisons, tels que
les pans de bois, les planchers, les combles et les escaliers. Les
six planches suivantes sont des dessins perspectifs qui montrent
les principaux instrumens ou machines à l'usage des charpentiers, savoir : la bascule simple, le gruau, les moufles, la chè-
vre, le cric, le cabestan, etc. Enfin, les deux dernières
planches contiennent le plan et le profil d'un bateau à lessive.
Toutes les planches sont bien gravées, et imprimées sur papier
fort; l'ouvrage entier convient parfaitement à ceux qui prati-
quent la charpenterie, ou qui ont le désir d'étudier les principes
de cet art.   H.

292. **Saggio di un nuovo sistema pratico di lavori economici**,
etc.—Essai d'un système pratique de travaux économiques
pour arrêter les ravages des fleuves et rivières; par Philippe
Ferranti, ingénieur. In-4° avec 2 pl. Milan, 1824; Pirotta.

Après avoir donné une idée des différens travaux que l'on
est dans l'usage de faire sur les rivières pour en fortifier les
bords, l'auteur traite de l'exécution de ces travaux au moyen
de claies; il fait connaître la forme particulière des claies
qu'il propose, la manière de les construire, de les mettre
en place et de les immerger, et la forme la plus convenable des

poids dont on se sert pour l'immersion. Il passe ensuite à l'emploi des claies, soit pour revêtir les bords des rivières, soit pour construire des éperons. Le rédacteur de la *Bibliothèque italienne* (Tom. 34, p. 408), à laquelle nous empruntons cette annonce, souhaiterait avoir souvent à annoncer des ouvrages aussi remarquables que l'est celui-ci.

La construction des jetées et revêtemens dans les rivières, au moyen de claies, est en effet peu connue, mais elle n'est pas nouvelle ; seulement elle est rarement pratiquée ; et les ouvrages modernes, antérieurs à 1824, où il en est fait mention avec détail, n'ont pas reçu une grande publicité. Ce fut avec de grandes claies coulées horizontalement, chargées de gravier et maintenues par des pilots battus à la sonnette, que M. Desfontaines, aujourd'hui ingénieur en chef chargé des travaux du Rhin en France, fit barrer, en 1818, près de Strasbourg, un bras du Rhin très-rapide. M. Vauvilliers était alors ingénieur en chef dans le département du Bas-Rhin. Tous les dessins qui se rapportent à ce beau travail ont été insérés dans la 2ᵉ collection des dessins relatifs à l'art de l'ingénieur, lithographiés à l'École des Ponts et Chaussées, sous la direction de M. Bérigny. On trouve quelques mots sur la construction des claies destinées aux barrages dans les notes du devis-modèle des travaux dépendant du service du génie.   **A — T.**

293, ANNUAIRE DU CORPS ROYAL DES PONTS ET CHAUSSÉES, et du corps royal des mines, pour l'année 1828; approuvé par M. Becquey, conseiller d'état, directeur général des ponts et chaussées et des mines ; publié par CARILIAN-GOEURY, libr. 23ᵉ année. In-12 de 324 p. Paris, 1828; Carilian Gœury. (*Voy. le Bullet.*; Tom. VII, n° 342.)

Nous avons fait connaître, en annonçant l'Annuaire pour 1827, le plan suivi pour la rédaction de cet Ouvrage. Celui de cette année présentant la même série d'objets, ne peut nous donner lieu à aucune observation particulière. Nous ferons cependant remarquer qu'il contient 224 p. d'ordonnances ou de circulaires, et que les éditeurs n'ont pas cru devoir profiter des réflexions que cet annuaire nous a dictées dans l'article cité. D.

294. DISSERTATION SUR UN NOUVEAU PROCÉDÉ DE CONSTRUCTION DE MAISONS dites *Babyloniennes*, ou à terrasses, etc.; par

Schwickardi, architecte. 2ᵉ édit. In-8° de 47 p. Paris, 1828; Bachelier.

Le principal objet de cette brochure est de faire connaître les procédés employés par l'auteur pour l'établissement des toits en terrasses sur les maisons, au moyen du cuivre étamé. Il expose en premier lieu les inconvéniens connus des divers genres de toiture qui sont actuellement en usage, et le peu de succès des nouveaux procédés que l'on a essayé d'introduire dans ces derniers temps, tels, par exemple, que l'emploi des diverses espèces de mastic. Après avoir détaillé ensuite les nombreux avantages qui résultent, suivant lui, de l'adoption des toits en terrasses, pourvu que ces toits soient couverts d'après sa méthode, il donne les détails de la *maison babylonienne* qu'il a fait établir à Passy, d'après ces principes. L'ouvrage est terminé par la réfutation de quelques objections qui avaient été faites contre l'emploi du cuivre étamé pour les toitures.

Les idées présentées par M. Schwickardi, quoiqu'elles ne permettent pas d'attribuer à l'auteur des connaissances bien relevées dans les sciences physiques, sont généralement assez plausibles. L'emploi du cuivre étamé pour les toitures est loin d'être économique : mais on ne peut douter, si le succès en était assuré, qu'il ne rendît les habitations plus agréables. L'expérience et le temps peuvent seuls mettre à même de juger avec certitude cette invention, qui n'a pas été adoptée dans les édifices les plus importans que l'on ait construits récemment, les parties plates des toitures ayant été couvertes généralement en cuivre non étamé.   N.

295. Pologénie o kolitchestvié matérialof na postroïkou domof. — Mémoire sur la quantité des matériaux à employer pour la construction des maisons; ouvrage examiné dans le comité des ministres dans sa séance du 13 décembre 1824, et approuvé par S. M. I. le 15 janvier 1825. In-4° de 103 pag., avec 3 fig. St.-Pétersbourg, 1825.

296. Travaux exécutés dans l'intérieur de la salle du théatre de la porte Saint-Martin, à Paris.

Des travaux considérables, et devenus depuis long-temps nécessaires, ont été exécutés dans cette salle pour la sécurité des spectateurs. Un mur en pierres de taille sépare maintenan

la salle de la scène proprement dite; des portes de communi
cation en fer peuvent, en cas d'incendie sur le théâtre, intercepter à l'instant les communications, et un rideau en mailles
de fer achevérait d'isoler les spectateurs. Ce rideau, de 12 à
1,300 livres, est facilement manœuvré par deux hommes, à
moyen de deux tringles en fer le long desquelles il glisse sur des
galets. On a établi en outre dans les combles, au centre de l'é
difice, un double réservoir conique; d'après le procédé de M.
Guérin, capitaine des sapeurs-pompiers. Ces réservoirs, mis
en communication avec un réservoir inférieur, à air comprimé
par un principe analogue à celui de la fontaine du Héron, donnent un jet assez vigoureux pour atteindre toutes les parties de
l'édifice.

Les travaux de restauration, qui ont nécessité une dépense
qui dépasse 200,000 fr., ont été dirigés par M. DEVIENNE d'un
manière fort remarquable. (*Monit. univ.*; 10 nov. 1828.)

297. PERFECTIONNEMENT DANS LA CONSTRUCTION DES VAISSEAUX.
Patente à W. PARSONS. (*Lond. journ. of arts;* juin 1828
p. 164.)

L'auteur blâme la méthode, en usage aujourd'hui, d'assembler les poutres des vaisseaux qui doivent faire de longs voyages, et regarde comme peu solides les varangues, telles qu'on
les fait actuellement. Il propose de les unir au moyen d'un
châssis de fer fondu, qui servirait à en lier toutes les parties.
En ajoutant ce poids considérable à celui du vaisseau, il peut
se dispenser de mettre du lest qui affaiblit toujours le navire,
tandis que le fer qu'il emploie ne fait que le consolider.

D....s.

298. NOTE SUR LA PRÉPARATION DE LA CHAUX HYDRAULIQUE; par
MM. OLLIVIER frères. (*Bull. de la Soc. d'encourag.*; mars
1828, p. 91.)

M. Lafaye avait reconnu, et M. Vicat avait confirmé ce fait,
que les chaux éteintes par immersion pouvaient se conserver
long-temps sans altération.

MM. OLLIVIER, guidés par les conseils de M. Vicat, sont par-
venus à préparer de la chaux qu'ils peuvent garder long-temps
dans des sacs en magasin, sans qu'elle perde de ses propriétés,
et qu'ils donnent au même prix que la chaux non éteinte.

L'emploi de cette chaux est très-avantageux; il évite un mesurage difficile; le transport se fait plus commodément aussi. Elle est la seule qui résiste aux intempéries, et son usage dans les enduits pour les peintures à fresque doit être préféré à tout autre, puisque MM. Ollivier la donnent réduite en poudre très-fine et séparée des matières vitrifiées ou non calcinées au moyen des tamis. Ces opérations, ainsi que la mise en sac de cette chaux pulvérisée, ne sont nullement dangereuses pour les ouvriers; leur moyen même est si commode pour ce travail, qu'il est des hommes qui sont occupés en été 12 heures par jour à remplir des sacs de chaux sans en éprouver la moindre indisposition.

Il sort annuellement de cet établissement de 1 million à 1 million ½ de chaux éteinte qui est employée à la construction des canaux de Bretagne.

MÉLANGES.

299. Nouveau système de Sténographie, ou Art d'écrire aussi vîte que l'on parle; par Hippolyte Prévost, un des sténographes qui recueillent les cours de MM. Villemain, Cousin et Guizot. 2ᵉ *édit.* Broch. in-8° de 47 pages, avec 4 pl.; prix, 1 fr. 50 c. Paris, 1828; Pichon et Didier.

L'art d'écrire aussi vîte que la parole, connu dans les anciennes républiques, n'a cessé d'être plus ou moins en honneur; mais il a dû trouver un plus grand nombre de partisans de nos jours, où la multiplicité de nos cours publics et le rôle que la tribune est appelée à jouer dans notre gouvernement représentatif en ont fait un besoin pour un plus grand nombre de personnes. Toutefois, cet art a-t-il des principes bien certains, et dont l'application ne soit pas entourée de trop de difficultés? Telle est la question importante à résoudre.

« A en juger (dit M. Prévost dans sa *préface*) par le petit nombre de sténographes qui existent, on s'imaginerait que la sténographie est un art bien difficile; et cependant, nous sommes à portée de le dire, cette écriture est plus facile que celle dont on se sert ordinairement. Notre sentiment, à nous, est que la sténographie est un art qui demande un exercice constant et journalier pour offrir des résultats satisfaisans, et qu'il n'est véritablement utile qu'aux personnes qui en ont fait leur profession habituelle. Lorsqu'après une étude longue et persévérante, on est parvenu à se servir de cette écriture de convention avec autant d'habileté et de promptitude que de l'écriture ordinaire, tout n'est pas encore fait; car l'attention et la mémoire jouent un si grand rôle dans l'exercice de cette méthode, qu'à notre avis, bien peu de sténographes peut-être seraient en état de déchiffrer, après un certain laps de temps, ce qu'ils auraient écrit, même sur une matière qui ne leur serait pas entièrement étrangère.

Bien des essais ont été faits déjà pour réunir en corps de doctrine les préceptes de cet art, aussi fugitif que la parole qu'il est appelé à représenter. Nous avons sous les yeux une méthode publiée, en 1801, par **M. Honoré Blanc**, sous le titre d'*Okygraphie* (1), et dans laquelle nous trouvons des renseignemens curieux sur cet objet. Depuis long-temps, nous n'avons plus entendu parler de cette méthode, dont l'auteur, devançant l'emploi qu'on devait faire plus tard des prospectus et des annonces décevantes des journaux, promettait de faire connaître et de développer en une seule leçon la théorie de ses principes abréviateurs. Si l'effet eût répondu à cette offre pompeuse, il n'existerait aujourd'hui personne qui ne fût à même d'employer la méthode okygraphique. L'auteur avait fait en même temps de cette méthode une espèce de chiffre diplomatique, et, avant de publier sa découverte, il avait cru devoir pressentir le ministre des relations extérieures sur l'emploi que le gouvernement pourrait en faire; mais un des employés chargés de la correspondance secrète, et auquel M. Blanc avait été adressé, répondit qu'il serait difficile de faire adopter une nouvelle méthode aux agens diplomatiques, et la proposition tomba d'elle-même.

Avant l'*Okygraphie* de M. Blanc, il avait déjà paru deux méthodes pour abréger l'écriture et la rendre plus rapide: l'une, sous le nom de *Tachygraphie*, imaginée par Coulon Thévenot, en 1790; la seconde, sous le titre de *Sténographie*, inventée par un Anglais nommé Taylor, et dont Bertin fit l'application à la langue française dans un ouvrage qui a paru pour la première

(1) In-8° de LX-67 pages, avec 15 pl. gravées. Paris, an IX (1801); Bidault.

fois en 1792, et dont nous connaissons une édition publiée en 1804 (1). Ces trois méthodes, comme on peut le voir par leur étymologie (2), diffèrent très-peu dans leur but ; mais leurs résultats ne sont pas entièrement les mêmes. «La *tachygraphie* est, des trois procédés, celui qui offre le moins de réductions et qui, par l'extrême multiplicité de ses signes, exige une plus longue étude. Elle peut d'ailleurs donner lieu à de grandes méprises, en ce que le même caractère, un peu plus ou moins allongé, représente tantôt une lettre, tantôt une autre », inconvénient qui réclame de la part du tachygraphe un degré d'attention presque incompatible avec la rapidité qui doit présider à son opération. « La *sténographie* est plus rapide que la tachygraphie ; mais des années d'exercice sont nécessaires pour y acquérir quelque facilité ; et, quand on saura que le principal moyen de réduction qu'elle emploie est de supprimer toutes les voyelles médiantes, et de n'exprimer celles qui commencent un mot que par un signe commun aux 5 voyelles et aux diphtongues, on sera tenté d'appliquer à la sténographie ce vers de Boileau :

J'évite d'être long, et je deviens obscur. »

L'auteur de l'*Okygraphie*, auquel nous empruntons ces deux jugemens, ajoute, à l'appui de celui qu'il porte sur la sténographie, une longue liste de mots qui doivent s'écrire de même dans le système de Taylor ou de Bertin, et qui présentent par conséquent une source d'erreurs fréquentes et inévitables, d'où peuvent naître les plus graves inconvéniens. *Fille* et *folle*, par exemple, s'écriront de même ; *Colette, culotte, culte* et *calotte* seront synonymes, ainsi que *monstre* et *ministre, carême* et *crime, mal* et *miel, beauté fraîche* et *bête farouche* ; enfin, si un père écrit sténographiquement à son fils : *Ménage ton argent*, celui-ci pourra fort bien lire : *Mange ton argent.* M. Blanc reprochait encore à la sténographie l'impossibilité de rendre les noms propres et d'user également de mots nouveaux ou qui ne seraient pas déjà connus de ceux auxquels le sténographe pour-

(1) On peut encore citer 2 ouvrages antérieurs à ceux-ci, savoir : la *Tachygraphie* de la Valade, imprimée à Paris en 1777 et le *Parfait Alphabet* du curé de Saint-Laurent, qui parut 10 ans après, c'est-à-dire en 1787.

(2) De ωχὺς, vite, prompt, ταχέως, avec célérité, vite, στενὸς, étroit, resserré, et de γράφω, j'écris.

rait s'adresser. L'*okygraphie*, à son tour, a essayé quelques critiques assez vives; une lettre, publiée dans le temps par le sténographe Breton, tendait à prouver que la méthode de M. Blanc ne pouvait jamais devenir une écriture assez rapide, parce qu'il fallait une précision presque mathématique dans le placement de ses caractères pour éviter la confusion, reproche que celui-ci avait fait à la tachygraphie, comme on l'a déjà vu plus haut. L'*okygraphie* avait, d'ailleurs, un autre inconvénient, reconnu par l'inventeur lui-même, c'était d'exiger une assez grande surface pour son exécution; un livre imprimé okygraphiquement aurait présenté un volume aussi considérable que s'il eût été imprimé avec des caractères ordinaires (1).

M. Prévost est resté fidèle au système de sténographie qu'il a trouvé établi. Il supprime les voyelles médiales des mots, ainsi que le faisaient Taylor et Bertin, et comme on a vu plus haut que M. Blanc le leur reprochait avec une forte apparence de raison. Il assure que cette absence de voyelles ne rend nullement difficile la reconstruction des mots et leur lecture, parce que son alphabet n'est pas seulement composé de consonnes, mais qu'il renferme encore les sons et les syllabes qui entrent le plus fréquemment dans la composition des mots. Il cite, pour exemple de l'amélioration introduite dans le système de Taylor et Bertin, le mot *plan*, pour lequel il emploie 2 signes au lieu de 3 qu'il aurait fallu à ceux-ci.

Du reste, nous ne nous engagerons pas à donner notre avis aux lecteurs sur la préférence que mérite l'une ou l'autre des 3 méthodes dont nous avons parlé, reconnaissant d'ailleurs notre insuffisance et notre peu de lumières à cet égard, malgré toutes les peines que nous nous sommes données pour satisfaire en ce point notre conscience et notre devoir de critique. Nous dirons seulement que nous avons cru remarquer dans l'exposé de la méthode employée par M. Prévost quelques améliorations, que l'on devait attendre d'un auteur qui parcourt une carrière où d'autres étaient déjà entrés avant lui, et nous donnerons la division qu'il a suivie dans son ouvrage, afin de mettre les lec-

(1) Si l'on veut une méthode qui réduise les livres imprimés à un tiers de leur volume, on peut adopter la typographie si ingénieusement imaginé par Prout, et dont l'abbé Sicard a rendu le compte le plus avantageux dans le rapport qu'il en fit dans le temps à l'Institut national.

teurs plus à portée de juger du degré de confiance et d'intérêt qu'ils doivent accorder à cet ouvrage, écrit dans un but d'utilité publique. Il fait connaître dans la première partie la manière de tracer les caractères sténographiques et les règles qui en régissent l'emploi ; la 1e partie renferme les initiales ; dans la 3e partie sont comprises les finales ou terminaisons ; et enfin, dans la 4e partie, qui n'est que le complément de son système, il communique à ceux qui ont le désir d'obtenir dans la pratique une grande rapidité quelques nouvelles règles et ses principaux moyens abréviatifs particuliers. On y trouve aussi un système de numération et de ponctuation. Le prix modique de cet ouvrage doit être un attrait de plus pour bien des personnes, et, si sa lecture pouvait suffire pour faire de bons sténographes, il obtiendrait bien rapidement un grand nombre d'éditions successives ; mais, quelque soit son mérite, nous pensons que quelques leçons orales et pratiques, données par son auteur, auront un plus sûr résultat, et nous engageons ceux qui éprouvent le besoin d'acquérir cet art à recourir à un moyen que ne remplaceront jamais les principes le mieux exposés et le mieux rédigés. E. HÉREAU.

300. ANNUAIRE DES IMPRIMEURS ET DES LIBRAIRES DE FRANCE ; par M. H. BANCELIN-DUTERTRE, employé à la Direction de la librairie. 1re année. In-18 de XXIII et 433 p. ; prix, 2 fr. Paris, 1828 ; l'auteur, rue Taranne, n° 6, Baudouin frères, Audin.

Cet utile Annuaire contient tous les renseignemens sur la législation de la presse, l'imprimerie et la librairie, et toutes les industries qui s'y rattachent, que l'on peut désirer ; il est bien conçu et très-bien exécuté. L'auteur, par sa position, a pu recueillir les documens les plus certains ; il y a joint une statistique des bibliothèques publiques et des journaux divers qui se publient à Paris et dans les départemens. Enfin, il n'a rien négligé pour rendre cet ouvrage complet et exact, et il remplit parfaitement sa destination. D.

301. TROISIÈME SUPPLÉMENT DU CATALOGUE DES SPÉCIFICATIONS DES BREVETS D'INVENTION, DE PERFECTIONNEMENT ET D'IMPORTATION (année 1827), imprimé par ordre de Son Exc. le comte DE SAINT-CRICQ. Un vol. in-8°. Paris, 1828 ; Huzard.

Ce supplément donne, par ordre alphabétique de matières, les brevets qui ont été délivrés depuis le 1er janvier jusqu'au 31 décembre 1827. Il donne ensuite une table alphabétique des brevets et de leurs cessionnaires ou ayant cause.

302. CODE GÉNÉRAL PROGRESSIF, par M. DE COURDEMANCHE. Rapport de M. Francœur. (*Bulletin de la Soc. d'encourag.*; juin 1828, p. 193.)

M. de Courdemanche a appliqué à la jurisprudence le système de reliure à dos mobile de M. Adam. Déjà deux ouvrages sont publiés : l'un qui traite des *priviléges* et *hypothèques*, l'autre des *lois et réglemens sur la presse.* Lorsqu'un nouveau règlement a paru, il s'intercale facilement dans la section qui s'y rapporte à l'aide des fils déliés en métal qui retiennent les feuillets dans le système de M. Adam. Si l'étendue de la partie intercalée est notable, M. de Courdemanche l'imprime à part, et chacun l'ajoute à la collection. Si l'arrêt n'a que peu de lignes, on se contente de réimprimer l'un des feuillets en caractères plus fins. L'auteur se sert des fonctions décimales pour la pagination, et il a fait précéder les deux traités d'une instruction sur la classification des lois, telle qu'il la conçoit, et sur la manière de consulter les ouvrages.

303. MINÉRALOGIE POPULAIRE, ou Avis aux cultivateurs et aux artisans sur les terres, les pierres, les sables, les métaux et les sels qu'ils emploient journellement, le charbon de terre, la tourbe, la recherche des mines, etc.; par C. P. BRARD. 2e édit.; in-18 de 3 feuilles; prix, 40 c. Paris, 1828; L. Colas. (*Collect. de la bibliothèque d'instruction élémentaire.*)

Ce petit ouvrage est trop connu pour qu'il soit nécessaire d'entrer dans aucun détail sur cette 2e édition (*Voy.* le *Bullet.*; Tom. VI, n° 189).

304. L'ART DU TAILLEUR, ou Application de la Géométrie à la coupe de l'habillement; ouvrage précédé d'un cours élémentaire de géométrie mis à la portée de tout le monde, et accompagné de 120 fig. géométriques et de 70 modèles d'habillement, formant ensemble 36 pl. lithogr.; par M. COMPAING. Br. in-4°; prix, 7 fr. 50 c. Paris, 1828; Dondey-Dupré père et fils.

Où diable la science va-t-elle se nicher, diront les uns, tandis que les autres applaudiront à l'idée de M. Compaing? Ne faudra-t-il pas actuellement, qu'auparavant de s'essayer à faire des habits et des souliers, on ait fait un cours de mathématiques? Non, répondrons-nous; mais il est indubitable que si dans tous les arts manuels on apportait pour son apprentissage quelques élémens de géométrie et le dessin linéaire, nos tailleurs, par exemple, couperaient mieux les habits; nos cordonniers feraient des bottes mieux ajustées aux jambes des personnes qui les commandent, sans, pour cela, que le monde soit menacé d'une nouvelle révolution. L'auteur de cet ouvrage est parti de cette idée simple, qu'en général un habit est une surface développable dont la coupe est susceptible d'être assujettie et ramenée à des formes géométriques, et qu'il pouvait résulter de cette utile application plus de précision et plus de facilité dans la coupe des habits.

L'ouvrage que nous annonçons a pour but d'offrir aux tailleurs les élémens de géométrie nécessaires pour comprendre cette application de la science. Le texte n'offre, à bien dire, que la suite de l'explication des planches. Les 22 premières se rapportent aux élémens généraux; les 14 suivantes aux applications diverses de ces élémens à la coupe de toute sorte d'habits d'hommes et de femmes. Cette seconde partie s'ouvre par une *Dissertation sur l'art du Tailleur*, basée sur les idées de M. de Garsault, auteur de l'*Art du Tailleur*, dans le *Dictionnaire des arts et métiers*. C'est dans l'ouvrage lui-même qu'il faut apprécier le talent de l'auteur dans l'application de la géométrie à la coupe de l'habillement, et suivre, les figures sous les yeux, les explications qu'il présente. Nous nous bornerons à recommander cet ouvrage à tous les tailleurs jaloux de perfectionner leur art et de posséder les connaissances qui peuvent leur donner, sur leurs confrères, une incontestable supériorité. 			D.

305. Nouveau dictionnaire des secrets des arts, métiers et manufactures, contenant un aperçu général et raisonné de toutes les connaissances positives relatives à ces diverses branches; des nouveaux moyens employés pour arriver à leur perfectionnement; des procédés divers et récens mis en usage pour l'amélioration des machines propres à accélérer

et à féconder les efforts de l'industrie; et des substances
éprouvées par l'art pour donner de la solidité, du lustre et
de l'éclat aux différens objets industriels et commerciaux.
Un gros volume in-12 de 636 pag. 2ᵉ édition, revue, corrigée
et augmentée, par SMITH ; prix, 5 fr. Paris, 1828; Corbet
aîné.

Cet ouvrage est rédigé par un homme qui paraît être tout-à-
fait étranger aux sciences qui éclairent l'industrie; il serait donc
dangereux de le consulter; on y trouverait les erreurs les plus
graves. D. B. F.

306. L'INDUSTRIEL, journal des arts et des sciences; par une
Société de gens de lettres et d'industriels. (*Journal hebdoma-
daire* de 1 feuill. in-4° avec 2 pl. lithograph.) Bruxelles,
1828.

Ce recueil paraît depuis le mois de juillet dernier à Bruxelles; et, s'il remplissait convenablement le cadre que son titre
indique; il serait une publication extrêmement utile. Les Pays-
Bas s'occupent beaucoup aujourd'hui des arts industriels; ils
présentent beaucoup d'établissemens remarquables par leur importance et par la supériorité de leur organisation. Nous devons
donc regretter que le recueil en question, au lieu de s'attacher
aux publications sérieuses, s'occupe, comme les petits journaux
è Paris, de littérature et de petits quolibets qui n'ont pas même
toujours le mérite d'être spirituels. L'Industriel est donc un titre qui promet ce que le recueil ne tient pas complètement;
c'est un vol fait à un recueil français, que nos lecteurs ne con-
fondent sans doute pas avec le journal de Bruxelles. Au reste,
au milieu de beaucoup d'articles insignifians, on trouve quelques mémoires et notes utiles que nous analyserons pour le
Bulletin. D. B. F.

07. JERN-KONTORETS ANNALER.—Annales du bureau des mines de fer; années 1824, 1825 et 1826; 5 vol. in-8° avec 2
cah. de planch. Stockholm, 1825-1827; imprim. de Nord-
strœm.

Le *Bureau des fers (Jern-Contoret)*, en Suède, répond en partie
à l'administration des mines d'autres royaumes. Le recueil qu'il
publie contient les travaux qui ont été entrepris, les essais auxquels on s'est livré, et les mémoires des personnes employées
dans l'exploitation des mines, dans les usines, etc. Comme la

plupart de ces matières se rapportent spécialement à la Suède, nous les indiquerons sommairement.

Tom. VIII, année 1824. Rapport sur le voyage fait par le directeur Svedenstierna, dans les districts des mines. — Exposé des travaux entrepris pour le levé des plans des mines, adressé au collége royal des mines par M. de Zweigbergk. Cet exposé indique la méthode employée pour mesurer la capacité des mines à l'aide de la sonde et du quart de cercle. Deux planches sont jointes à cet exposé. — Rapport sur les travaux des élèves de l'École des mines, en 1823. Les travaux, auxquels se sont livrés les élèves, consistent en grande partie dans des analyses chimiques des minérais, et dans des calculs sur les rapports proportionnels entre la forme des fourneaux, la quantité des combustibles employés, et les résultats des fontes. Toutes les analyses chimiques sont insérées dans le rapport. — Notice sur les expériences faites au canal de Gœtha par M. Pasch, à l'effet de préparer un bon ciment hydraulique. Cette notice n'est pas de M. Pasch lui même; c'est seulement un extrait du compte rendu par cet architecte, de ses essais qui ont duré plusieurs années. M. Pasch paraît s'être spécialement livré à des recherches sur les cimens hydrauliques; il reprend cette matière depuis l'antiquité; il cite les travaux des Français et des Anglais; il expose ensuite ses propres essais. M. Pasch a essayé les diverses espèces de chaux que produit la Suède; il les a successivement mêlées d'ardoise alumineuse, d'argile brûlée, de manganèse, de trapp, de grunstein, de granit pulvérisé, d'ocre; il rend compte des résultats de toutes ses expériences. L'auteur donne, pour les mélanger, la préférence au schiste alumineux (*alunskiffer*). On trouverait difficilement, dit-il, une sorte de chaux que le mélange avec le schiste alumineux n'améliore pas. A cet effet, on la fait brûler et on la réduit en poudre. Elle donne au ciment les qualités nécessaires, c. à d. une prompte dessiccation et une grande tenacité. L'auteur convient, qu'en raison du transport, cette substance peut être un peu coûteuse; mais il pense que les grands avantages qu'elle procure en compensent les frais. M. Pasch a fait plus de cent expériences sur le manganèse qu'on a beaucoup recommandé pour les cimens hydrauliques; il l'a employé dans l'état naturel et calciné. On a prétendu qu'on obtient un très-beau ciment en mêlant de la

chaux pulvérisée, du manganèse, de l'argile et du sable, et en
mouillant le mélange. Il se peut, que dans ce cas, il faille peut-
être attribuer à l'argile la bonne qualité du ciment ; quant à l'auteur, il ne s'est point aperçu que le manganèse ajoutait quelque
qualité à la chaux, et il est d'avis qu'on peut entièrement s'en
passer. Il n'a pas non plus trouvé d'avantage à employer le trapp,
le grunstein, la poudre brûlée de granit et l'ocre ; cependant un
peu de la dernière substance peut contribuer à améliorer le ciment. A l'égard des diverses espèces de chaux, l'auteur a trouvé
qu'elles étaient toutes susceptibles d'être converties en ciment
hydraulique ; les pierres calcaires des terrains d'alluvion (*flod-
lægrige*) donnent une meilleure chaux que celles qui appartiennent à des formations plus anciennes. Celles où il y a plus
de chaux, ne valent pas celles où il y a une plus grande quantité de substances étrangères. Une quantité considérable de
terre argileuse dans la chaux, fait que le ciment se conserve
mieux dans l'eau ; la terre siliceuse donne au ciment plus de dureté ; mais elle ne l'empêche point d'éprouver les effets de l'eau.
Les pierres calcaires bitumineuses ont été trouvées les meilleures, peut-être à cause de la portion de schiste alumineux qui
était mêlée à toutes celles que l'auteur a essayées. Le ciment
fait avec cette pierre sèche en peu de minutes, acquiert la dureté
de la pierre, et remplace fort bien le fameux ciment de Par-
ker. C'est ce que prouve l'analyse chimique suivante, d'où l'en
voit que les deux cimens contiennent à peu près les mêmes
substances.

Pierre calcaire bitumineuse de Matala en Suède.		Pierre cimenteuse de Harwich.	
Carbonate de chaux	66,81 p. o/o.	Carbonate de chaux	60,63
Carbonate de fer...	3,49	Talc	2,33
Trace de manganèse		Carbonate de manganèse	3,49
et de talc (indé-		Oxide de fer magnétique	8,01
terminable)			
Schiste alumineux.	29,54	Schiste alumineux	24,30
	99,84		98,76
Perte	0,16	Perte	1,24
	100,00		100,00

Il serait sans doute à désirer, ajoute l'auteur, qu'on pût déterminer au juste les proportions suivant lesquelles il faut mélanger les ingrédiens d'un bon ciment ; mais cela dépend de la qualité de la chaux ; car, comme la composition des diverses espèces

de chaux varie beaucoup, il n'est guère possible de déterminer les proportions des autres ingrédiens. M. Pasch cite une chaux de Faalhagen, provenant des bancs inférieurs du côté de la mer, et dont on s'est beaucoup servi pour les travaux du canal de Gœtha ; cette roche est d'un rouge foncé, et contient 50 pour 100 de chaux ; le reste est de la terre siliceuse mêlée avec de l'oxide de fer, et un peu de terre argileuse et d'oxide de manganèse. Après avoir été brûlée, la pierre donne environ 20 pour 100 de chaux pure. Cette chaux donne un ciment excellent en la préparant ainsi qu'il suit : Chaux pulvérisée et non éteinte, 1 mesure ; sable, $\frac{1}{2}$ mesure ; ou bien : chaux pulvérisée non éteinte, 4 mesures ; sable, 2 mesures ; schiste alumineux pulvérisé, 1 mesure. Au reste, l'auteur ne pouvant donner une formule générale pour le mélange des ingrédiens d'un bon ciment, indique au moins un principe d'après lequel le mélange doit être fait. C'est que, quand le sable et le schiste alumineux ont été mêlés dans la proportion convenable, la quantité de chaux qu'il faut ajouter doit être telle, que l'hydrate de chaux remplisse les espaces qui se trouvent dans le mélange. Avant de procéder à un bon mélange, il faudrait donc connaître beaucoup de choses ; par exemple, le volume d'hydrate de chaux qu'on obtient d'une mesure de chaux pure, le degré de compacité auquel atteignent le sable et le schiste alumineux lorsqu'on les mouille, la capacité des espaces vides qui restent dans le sable, etc. — Expériences pour éprouver la force des barres de fer ; par M. de Uhr. On prit des barres de fer sortant des usines de Skebo ; elles avaient 3 pieds de long, 2 pouces de large et $\frac{1}{4}$ de pouce d'épaisseur, et pesant 15,76 livres de Suède. On les fixa horizontalement dans un morceau de bois ou un arbre, et à l'autre extrémité on suspendit un plateau de balance chargé de poids. L'auteur donne un tableau qui indique les divers poids qui ont fait fléchir les barres ; ils ont varié de 59,19 *lispund* à 83,04. La qualité du minérai et du fer de chaque barre est indiquée ; l'auteur ajoute un dessin de la machine employée pour les épreuves. — Description d'une amélioration faite à la pompe dans la grande mine de Kopparberget ; par Berndtson. Il s'agit de substituer l'écorce d'arbre au cuir pour l'enveloppe d'une partie de la pompe. Une planche est jointe à ce mémoire. —

Nouveau fourneau de carbonisation; par le baron A. Ankars-værd. Nous avons donné séparément un extrait de cet article qui a une planche, et auquel on a joint la traduction d'une notice publiée en Autriche, sur la méthode des Italiens, de convertir le bois en charbon.

Tom. IX, année 1825, *part.* 1. Ce volume contient d'abord deux rapports de M. de Uhr sur les expériences faites dans les usines de Suède, dans le courant de 1824. Les essais dont il est question dans le premier de ces rapports, concernent les relations qui existent entre les soufflets, les fourneaux, la quantité de combustible employé et les résultats des fontes : à ce rapport sont joints plusieurs tableaux qui donnent le détail des expériences. Le 2ᵉ rapport tend à exposer l'emploi des laminoirs pour la préparation des fers, selon la méthode anglaise. Jusqu'à présent, le cylindre n'est point en usage dans les forges de Suède; comme il faudrait pour cela des machines dispendieuses, il est probable que les Suédois demeureront long-temps fidèles aux anciens procédés de forger les fers. Suivent deux rapports sur les travaux de l'École des mines. Ces travaux consistent, en grande partie, comme à l'ordinaire, en analyses chimiques des minérais du royaume. Parmi ces minérais, il y en a deux appelés par les Suédois *Trottsten* et *Skærsten.* Voici leur composition :

Trottsten.		Skærsten.	
Cuivre...	57,480	Cuivre.............	8,320
Fer......	17,127	Fer...............	62,260
Zinc.....	0,745	Zinc..............	1,230
Soufre...	24,150	Soufre...........	26,348
Perte....	0,498	Terre siliceuse....	0,068
	100,000	Terre talqueuse...	0,440
			98,666

Un minérai magnétique, qu'on trouve dans les mines de Fahlun, et qu'on appelle *Blæckkis,* contient, sur cent parties :

Soufre.............	40,022
Fer...............	59,720
	99,742

On s'est occupé aussi, mais avec peu de succès, à retirer le zinc de la *blende* qu'on trouve dans les mines de Suède en assez grande quantité. Un minérai de ce genre, provenant de Wallen et Norsberg a donné, à l'analyse, sur 100 parties :

Fer.............................. 14,630

Cuivre........................... 0,171

Zinc............................. 27,073

Plomb............................ 19,962

Arsenic.......................... 0,464

Soufre........................... 23,460

Terre calcaire................... 8,581

Terre talqueuse.................. 2,920

Substance non décomposée, con-
    tenant de la terre siliceuse.... 0,370
                                     ———
                                     97,634

Depuis qu'on tire un parti si avantageux du fer chromaté pour les couleurs, on a recherché ce minéral et on l'a trouvé en plusieurs endroits de la Norvége. Une espèce qu'on trouve aux environs de Rœraas, donne, sur cent parties :

Oxidule de chrôme.............. 54,089

Oxide de fer..................... 25,661

Terre argileuse.................. 9,020

Terre talqueuse.................. 5,357

Acide silicique.................. 4,833
                                  ———
                                  98,951

Le rapport fait observer la différence qui existe entre les mines de Suède et celles d'autres pays. Dans les mines hors de la Suède, on a ordinairement peu de sortes de minérais, lesquelles, une fois connues, donnent lieu à des fontes dont on peut calculer avec assez de sûreté les résultats. En Suède, au contraire, la même mine donne souvent plusieurs minérais différens; on ouvre chaque année des gangues différentes; de là résulte la nécessité de faire constamment de nouveaux essais, et voilà ce qui explique le grand nombre d'analyses auxquelles on se livre à l'École des mines. —Le volume est terminé par une notice sur les mines de fer, dans l'Allemagne septentrionale; par MM. Bredberg et Sjœgreen. Les mines décrites en détail, dans cette notice, sont celles de la Silésie.

Part. 2. De l'état actuel de la métallurgie; par M. Sjœgreen. L'auteur entre dans les détails de la géométrie souterraine. —Continuation des essais pour éprouver la force des fers ; par

M. de Uhr; les barres de fer ont cédé à des poids de 32 à 45 lispund. — Supplément à la .description d'une nouvelle pompe dans les mines, avec une planche. Cette pompe a été construite dans les mines de cuivre de Kopparberg. — Essais pour éprouver la force des fils de fer. — Description d'un nouveau fourneau à sécher, employé dans les mines de Kopparberg; avec une planche qui fait connaître le plan et les détails de ce fourneau.

Tom. X, année 1826, *partie* 1re. Le rapport sur les travaux des ingénieurs des mines contient un long mémoire et beaucoup de calculs sur la *construction des tuyaux et cheminées des fourneaux à fondre, à une hauteur déterminée, en sorte que leur capacité et celle des soufflets étant connues, on puisse porter au plus haut degré la force fondante du charbon.* — Rapport sur les travaux de l'École des mines. On y trouve, comme de coutume, beaucoup d'analyses de minérais des mines de Suède. — Sur le commerce des fers anglais; avec beaucoup de tableaux tirés des documens du Parlement anglais; par M. de Uhr. — Des chiens de fusil, à poudre fulminante; traduit de l'allemand de Karmasch. — Du mesurage du charbon. Comme ce mesurage a donné lieu à beaucoup de différences dans les fournitures faites aux mines, on a porté en Suède une attention particulière aux moyens d'arriver à un mesurage exact de la capacité et du contenu des auges dans lesquelles on mesure le charbon. On trouve dans ce mémoire une histoire détaillée de toutes les ordonnances et de toutes les expériences relatives à ce sujet. — Instruction sur les paratonnerres; traduit du rapport fait à l'Institut de France par une commission. *Part.* 2e. Cette partie, qui forme un volume de près de 600 pages, porte aussi un titre spécial : *Forsæk at bestæmme valsadt och schmidt staangjerns tæthet.* Essai pour déterminer la densité, la ductilité, la malléabilité, l'élasticité et la force du fer en barre passé au cylindre et forgé. Ce travail, très-considérable, consistant en une longue suite d'expériences, paraît avoir été provoqué par la préférence qu'obtiennent dans quelques pays les fers anglais apprêtés au cylindre, sur les fers forgés de Suède. Il était de l'intérêt de ce dernier royaume de faire de grands essais sur ce sujet. Il paraît qu'ils seront continués. Un atlas joint à ce volume, représente toutes les machines employées pour les essais.   **D.**

308. Rapport fait par M. Jomard sur les instrumens pour le
déssin présentés par M. Tachet (*Bulletin de la Société d'encouragement;* décembre 1817, p. 430).

M. Tachet présenta à la Société 3 instrumens pour le dessin :
l'un ; et le plus important, auquel il donne le nom de *Curvo-
trace*, est composé d'une lame d'acier très-élastique fixée à une
règle au moyen de mains artificielles qui glissent dans une
rainure et se fixent au point voulu au moyen d'une vis.

Lorsqu'on veut tracer une courbe, les porte-lames sont amenés sur la règle jusqu'aux extrémités de la courbe, et la lame
d'acier raccourcie ou allongée, puis fixée avec des vis, détermine l'ouverture de la courbe.

La marine, la géographie, les arts enfin qui souvent font
usage du dessin, peuvent tirer beaucoup d'avantage de cet instrument, qui convient parfaitement aux arts de construction.

Le second objet est une règle qu'il appelle *combinée*, et qui
est formée de quatre pièces taillées en forme d'arc, bien collées
et assujetties dans les bouts ; elle est faite pour les dessins d'architecture et ne peut se déjeter ; l'exécution en est parfaite
aussi.

Enfin M. Tachet, pour obvier à l'inconvénient que les planches à dessins présentent en se déjetant souvent à cause de leur
peu d'épaisseur, en compose une de 96 pièces assemblées à rainures et languettes, et le but de cet assemblage est de produire
par l'effet des pièces en bois de bout, l'effet de la compensa-
ton. En effet, le milieu de la planche ne pouvant céder, le re-
trait n'a pas lieu et les bouts ne se lèvent pas. Le prix de ces
planches est le double de celui des planches ordinaires.

309. Sur le conservatoire national des arts a Londres.

Cet établissement est bien propre à inspirer et à propager
parmi les hautes classes de la société le goût des inventions mécaniques. Il offre, en outre, les moyens de faire adopter plus
généralement qu'elles n'ont été admises jusqu'à présent, ces importantes découvertes qui, à la fois, simplifient les différentes
opérations de l'économie domestique et en étendent l'usage.
Nombre de personnes sont étonnées de voir dans les Conserva-
toires divers objets de cette nature, qui, quoiqu'en partie d'une
invention non récente, leur étaient parfaitement inconnus.
Nous nous bornerons à citer les suivans qui nous paraissent

dévoir probablement obtenir la vogue : 1° les fenêtres à châssis, de l'invention de M. Tuely, demeurant *Kenton-Street, Brunswick-Square.* Au moyen de ces châssis, on sera dispensé du soin de faire nettoyer les vîtres en dehors de la maison; 2° le télégraphe domestique, de la manufacture de M. Marriott. Une personne assise dans l'anti-chambre fait mouvoir du doigt l'aiguille d'un cadran qui correspond à un autre cadran placé dans la cuisine; au moyen de quoi les domestiques sont avertis de l'objet dont leurs maîtres ont besoin. Le prix de cette ingénieuse machine est trop élevé; mais comme l'inventeur n'a point obtenu de patente, cet objet ne tardera pas sans doute à être imité et fabriqué à Birmingham pour la moitié de sa valeur actuelle; 3° un tourne-broche portatif allant au moyen de deux mouvemens simultanés, l'un horizontal, l'autre vertical; de l'invention de M. Marriott; mécanisme très-simple et très-commode; 4° un fauteuil de repos perfectionné, de la manufacture de M. Dawe, demeurant *Margaret-Street, Cavendish-Square.* En élevant un ressort placé sous les bras du fauteuil, on le convertit en une couchette à laquelle on donne le degré d'inclinaison réquis; et en tirant un panneau à coulisse introduit en dessous, on peut en augmenter à volonté la longueur. Avec tous ces avantages le prix de ce meuble n'est pas plus cher que celui d'une chaise pliante ordinaire; 5° un lavoir de la façon de *M. Fryer.* L'inventeur annonce que cette machine lavèra 32 chemises à la fois, et qu'elle est mue avec une facilité telle qu'une personne au moyen de certains compartimens additionnels, peut, sans être aidé et sans employer d'eau chaude, laver de 60 à 100 chemises en 30 minutes, mieux qu'on ne pourrait le faire à la main. Le prix de cet appareil est trop élevé; 6° une montre sans clé, faite par *M. Berolla.* A défaut de clé on remonte la montre en tirant une chaîne qui communique au centre du pendant qui fait tourner le barillet : la chaîne est immédiatement repoussée en arrière par un ressort auquel elle est fixée, et le barillet reste dans la même position. Après que l'on a tiré la chaîne 3 ou 4 fois successivement, la montre se trouve remontée complètement. Au moyen de ce procédé, jamais la chaîne du barillet ne court risque d'être cassée, comme il arrive quand on la bande trop avec la clé, et attendu que l'effet de la chaîne du pendant cesse dès que la montre se trouve com-

plètement remontée (*Times.* — *Galign. Messeng.* Paris, 31
juillet 1828).

310. ÉCOLE DE PEINTURE EN COULEURS VITRIFIABLES fondée à
Paris.

Le dépôt que la Manufacture royale de porcelaine et de peinture sur verre avait rue Sainte-Anne, vient d'être transféré rue
de Rivoli, n° 18.

Le Roi, sur la proposition du vicomte de La Rochefoucauld,
à décidé qu'une école royale et gratuite de peinture en couleurs vitrifiables sur porcelaine, verre, etc., serait jointe à cette
dépendance de sa manufacture. Cette école a pour but de donner aux artistes déjà habiles dans les arts du dessin, ou aux
jeunes gens déjà assez avancés dans ces arts pour faire présumer
avantageusement de leurs talents à venir, les moyens d'acquérir
commodément et sans frais la pratique de l'art de peindre en
couleurs vitrifiables avec facilité et sûreté.

En conséquence cette école sera ouverte à dater du 1er
août 1828. M. Constantin y est nommé professeur et donnera
deux fois par semaine des leçons aux personnes qui seront admises à les recevoir, soit comme internes, soit comme externes.
L'admission est prononcée par le vicomte de La Rochefoucauld,
chargé du département des beaux-arts de la maison du Roi,
sur la proposition de l'administrateur de la manufacture royale
de porcelaine. Il faut, pour être admis, faire preuve de talent
dans les arts du dessin et adresser sa demande au vicomte de
La Rochefoucauld. L'instruction est de deux ans au plus. L'admission, soit comme interne, soit comme externe, ne donne ni
droit ni titre pour être attaché à la manufacture royale, ni
même pour être occupé par elle ni pendant ni après l'instruction. Un talent supérieur continuera d'être le seul titre pour
obtenir de concourir aux travaux de cet établissement-modèle
(*Nouveau Journal de Paris;* 30 juillet 1828).

TABLE

DES ARTICLES CONTENUS DANS CE CAHIER.

Arts mécaniques.

PARIS. — IMPRIMERIE DE FIRMIN DIDOT,
RUE JACOB, Nº 24.

BULLETIN

DES SCIENCES TECHNOLOGIQUES.

NOTA. Les chiffres romains indiquent le volume, et les chiffres arabes les numéros des articles.

A.

B.

C.

E.

G.

I.

M.

N.

O.

P.

E. 2

T.

V.

FIN DE LA TABLE.

PARIS. — IMPRIMERIE DE A. FIRMIN DIDOT, RUE JACOB, N° 24.

E.

Lightning Source UK Ltd.
Milton Keynes UK
UKHW021341200219
337612UK00006B/250/P